数学·统计学系列

数论中的问题与结果

Problems and Results in Number Theory

曹珍富 编著

黑龍江省精品圖書出版工程

哈爾濱工業大學出版社
HARBIN INSTITUTE OF TECHNOLOGY PRESS

内容简介

本书囊括了数论中的历史与现代问题，同时对这些问题研究的结果与发表论文的出处做了详细介绍.

全书共六章，分别为：素数，整除，堆垒数论，丢番图方程，整数序列，以及一些其他问题. 本书是在编译理查德 · K. 盖依(Richard K. Guy)所著《数论中尚未解决的问题》(*Unsolved Problems in Number Theory*)的基础上增加新的问题与结果，同时做适当删减而写成的. 其中完全新写的内容有 A18，D2，D5，D9，D25，D26，D27，D28，E28，F20，F30 等.

本书可供数学工作者、研究生、大学生以及数学爱好者阅读与参考.

图书在版编目(CIP)数据

数论中的问题与结果/曹珍富编著. —哈尔滨：哈尔滨工业大学出版社，2020. 10

ISBN 978 - 7 - 5603 - 8784 - 0

Ⅰ. ①数… Ⅱ. ①曹… Ⅲ. ①数论-研究
Ⅳ. ①O156

中国版本图书馆 CIP 数据核字(2020)第 071695 号

策划编辑 刘培杰 张永芹
责任编辑 张永芹 张嘉芮
封面设计 孙茵艾
出版发行 哈尔滨工业大学出版社
社　　址 哈尔滨市南岗区复华四道街 10 号 邮编 150006
传　　真 0451 - 86414749
网　　址 http://hitpress. hit. edu. cn
印　　刷 哈尔滨博奇印刷有限公司
开　　本 787 mm × 1092 mm 1/16 印张 14. 5 字数 237 千字
版　　次 2020 年 10 月第 1 版 2020 年 10 月第 1 次印刷
书　　号 ISBN 978 - 7 - 5603 - 7329 - 4
定　　价 58. 00 元

◎ 前言

数论是一门古老的数学分支，由于它研究的问题简明易懂，因此它比任何其他数学分支都更吸引人们的注意．许多业余数学爱好者都是从这里起步，通过对数论中的一些问题的探讨，获得了从事数学研究的信心．这一点对初做研究的人来说是非常重要的．

在许多数论问题的研究中，我国都处于领先地位，而且自古以来，我们的祖先就已从事数论中某些问题的研究，并取得了举世瞩目的成果．如闻名于世的孙子定理（又称中国剩余定理），它不仅是初等数论中的一个精美的定理，而且在计算机科学、通信理论等现代科学技术领域中也得到了相当广泛的应用．早在商高年代，我们的祖先就知道“勾三股四而弦五”的结论，即给出了方程 $x^2+y^2=z^2$ 的一组正整数解 $x=3,y=4,z=5$，这要比古希腊3世纪的丢番图（Diophantus）研究这类方程早许多．在我国近代的数学家中，华罗庚、柯召、闵嗣鹤等老一辈数论学家曾取得过辉煌成就，其中尤为突出的是华罗庚教授在解析数论上的工作，是被举世公认的．20世纪60年代以来，我国数论学家陈景润、王元、潘承洞等，在筛法与哥德巴赫（Goldbach）猜想等问题上取得了国际上领先的成果．受到他们的鼓舞，我国年轻的数论工作者在许多问题上也取得了一系列的新进展．为了使更多的人了解数论中的问题与结果，我在1987年10月编译了理查德·K．盖依所著的《数论中尚未解决的问题》（*Unsolved Problems in Number Theory*，New York：Springer-Verlag，1981），但由于种种原因没有出版．鉴于盖依教授的书写得非常好，我认为值得向国内广大数学工作者与数学爱好者推荐．现在，许多问题有了新的进展，而且又有许多新问题被提出来，所以丰富与发展盖依教授的书就是一件很有意义的事．本书就是在当时编译书稿的基础上改写的，在保留了原书参考资料的基础上，又增加了许多新资料，并且在原书的框架下，几乎对每个问题均进行了重写，删掉了个别含糊不清的问题，同时增加了若干新的问题与结果，其中有些章节是完全新增的，比如A18，D2，D5，D9，D25，D26，D27，D28，E28，F20，F30等．

全书共分六章,分别为:素数,整除,堆垒数论,丢番图方程,整数序列,以及一些其他问题.

应该指出,由于本书成稿时间比较早,虽然这次改写尽了全力,但仍会有挂一漏万之处,特别是在本书即将出版之际,国内外许多新的问题与结果不断涌现,现已没有精力增写这部分内容,也不可能跟上这样的步伐.

我由衷地感谢对本书的出版给予支持、帮助的各界朋友.当时在哈尔滨工业大学读研究生的江卫民和唐虎林二位同志,在本书原稿的编译过程中自始至终给予了极大的帮助,尤其是江卫民同志,在翻译初稿和抄稿上协助我做了大量的工作,借此机会一并向他们致以诚挚的感谢!

曹珍富

◎ 目录

素 数

A

我们把正整数分成三类:

(1)单位数:1;

(2)素数:2,3,5,7,11,13,17,19,23,29,31,37,…;

(3)合数:4,6,8,9,10,….

若一个大于1的数仅有的正约数是1和它本身,便称这个数为素数;否则称为合数. Euclid证明了素数个数无限,因此,至少从Euclid起,素数就已经引起了数学家的兴趣.

通常用p_n表示第n个素数,如$p_1=2$,$p_2=3$,$p_{99}=523$,用$\pi(x)$表示不超过x的素数个数,例如$\pi(2)=1$,$\pi(3.5)=2$,$\pi(1\ 000)=168$. m,n的最大公约数(G. C. D)用(m,n)表示,若$(m,n)=1$,则称m,n互素.

Dirichlet证明了,当$(a,b)=1$时,算术级数

$$a,a+b,a+2b,a+3b,\cdots$$

中有无限多个素数. Schinzel和Sierpinski曾写过一篇综述素数问题的文章,其中给出了大量的参考文献.

在本书D23的表9中给出了小于1 000的素数表.

许多世纪以来,一直吸引着许多数论学家注意的问题是:怎样确定一个大数是素数还是合数? 如果是合数,那么它的因子又是什么? 随着高速计算机的出现,这一问题已取得了可观的进展,而密码分析的需要又更进一步促进了它的发展.

本书中我们总用c表示正常数,用$\langle x\rangle$表示不小于x的最小整数,而用$[x]$表示不大于x的最大整数.

[1] ADLEMAN L, LEIGHTON F T. An $O(n^{1/10.89})$ primality testing algorithm[J]. Math. Comp., 1981,36:261-266.

[2]BRENT R P. An improved Monte Carlo factorization algorithm[J]. BIT Numerical Mathematics,1980,20(2):176-184.
[3]曹珍富.公钥密码学[M].哈尔滨:黑龙江教育出版社,1993.
[4]DIXON J D. Asymptotically fast factorization of integers[J]. Math. Comp., 1981,36:255-260.
[5]GUY R K. How to factor a number[C]. Congressus Numerantium XVI Proc. 5th Manitoba Conf. Numer. Math.,1976(16):49-89.
[6]LENSTRA H W. Primality testing[J]. Studieweek Getaltheorie en Computers, Stichting Mathematisch Centrum, Amsterdam, 1980:41-60.
[7]MILLER G L. Riemann's hypothesis and tests for primality[J]. J. Comput. System Sci.,1976,13(3):300-317.
[8]POLLARD J M. Theorems on factorization and primality testing[J]. Proc. Cambridge Philos. Soc., 1974,76(3):521-528.
[9]POLLARD J M. A Monte Carlo method for factorization[J]. BIT Numerical Mathematics,1975,15(13):331-334.
[10]RIVEST R, SHAMIR A, ADLEMAN L. A method for obtaining digital signatures and public key cryptosystems[J]. Communications A. C. M., 1978, 21(2):120-126.
[11]SCHINZEL A, SIERPINSKI W. Sur certains hypotheses concernant les nombres premiers[J]. Acta Arith.,1958,4:185-208.
[12]SOLOVAY R, STRASSEN V. A fast Monte-Carlo test for primality[J]. SIAM J. Comput.,1977,6:84-85.
[13]WILLIAMS H C. Primality testing on a computer[J]. Ars Combin.,1978,5:127-185.
[14]WILLIAMS H C, HOLTE R. Some observations on primality testing[J]. Math. Comp.,1978,32:905-917.
[15]WILLIAMS H C, JUDD J S. Some algorithms for prime testing using generalized Lehmer functions[J]. Math. Comp.,1976,30:867-886.

A1　二次函数的素数值

形如 a^2+1 的素数有无限多个吗？Hardy 和 Littlewood(他们的猜想 E)猜测:比 n 小的素数的个数 $p(n)$ 渐近于 $c\sqrt{n}/\ln n$,即 $p(n)\sim c\sqrt{n}/\ln n$,也就是说,当 $n\to\infty$ 时,$p(n)$ 与 $\sqrt{n}/\ln n$ 的比值趋于一个常数 c,这个常数是

$$c=\prod_{p}\left\{1-\frac{\left(\frac{-1}{p}\right)}{p-1}\right\}=\prod_{p}\left\{1-\frac{(-1)^{(p-1)/2}}{p-1}\right\}\approx 1.372\,7$$

其中,$\left(\frac{-1}{p}\right)$是 Legendre 符号(参见 F5),且$\prod\limits_{p}$取遍所有奇素数. 对用更一般的二次表达式表示的素数个数,他们做了类似的猜想,唯一的差别只是 c 值不同. 但是,我们不知道一般的次数大于 1 的整值多项式(一次多项式已证明可取无穷多个素数)如何,甚至对每一个 $b>0$ 是否都有一个形如 a^2+b 的素数也没有解决.

Iwaniec 已证明,存在无穷多个 n,使 n^2+1 至多为两个素数的乘积. 他的结果可推广到另外一些不可分解的二次多项式上.

Ulam 和其他人注意到,当整数序列按方螺旋形式(参见图 1)写出时,素数形成的图形似乎是一些对角线,每一条对角线对应一个特定的含素数的二次多项式. 例如,图 1 的主对角线与 Euler 的著名多项式 n^2-n+41 相对应. Rabinovitch 和陆洪文发现了更一般的事实,这些事实由类数 1 的虚或实的二次域决定,例如 Euler 多项式是 Rabinovitch 的特例,陆洪文的多项式为 N^2-n-n^2,这里 $N>1$ 使得二次域 $Q(\sqrt{4N^2+1})$的类数为 1. 例如 $N=13$ 符合要求,故当 $n=1,2,\cdots,12$ 时,$169-n-n^2$ 均是素数.

421	420	**419**	418	417	416	415	414	413	412	411	410	**409**	408	407	406	405	404	403	402
422	**347**	346	345	344	343	342	341	340	339	338	**337**	336	335	334	333	332	**331**	330	**401**
423	348	**281**	280	279	278	**277**	276	275	274	273	272	**271**	270	**269**	268	267	266	329	400
424	**349**	282	**223**	222	221	220	219	218	217	216	215	214	213	212	**211**	210	265	328	399
425	350	**283**	224	**173**	172	171	170	169	168	**167**	166	165	164	**163**	162	209	264	327	398
426	351	284	225	174	**131**	130	129	128	**127**	126	125	124	123	122	161	208	**263**	326	**397**
427	352	285	226	175	132	**97**	96	95	94	93	92	91	90	121	160	207	262	325	396
428	**353**	286	**227**	176	133	98	**71**	70	69	68	**67**	66	**89**	120	159	206	261	324	395
429	354	287	228	177	134	99	72	**53**	52	51	50	65	88	119	158	205	260	323	394
430	355	288	**229**	178	135	100	73	54	**43**	42	49	64	87	118	**157**	204	259	322	393
431	356	289	230	**179**	136	**101**	74	55	44	**41**	48	63	86	117	156	203	258	321	392
432	357	290	231	180	**137**	102	75	56	45	46	**47**	62	85	116	155	202	**257**	320	391
433	358	291	232	**181**	138	**103**	76	57	58	**59**	60	**61**	84	115	154	201	256	319	390
434	**359**	292	**233**	182	**139**	104	77	78	**79**	80	81	82	**83**	114	153	200	255	318	**389**
435	360	**293**	234	183	140	105	106	**107**	108	**109**	110	111	112	**113**	152	**199**	254	**317**	388
436	361	294	235	184	141	142	143	144	145	146	147	148	**149**	150	**151**	198	253	316	387
437	362	295	236	185	186	187	188	189	190	**191**	192	**193**	194	195	196	**197**	252	315	386
438	363	296	237	238	**239**	240	**241**	242	243	244	245	246	247	248	249	250	**251**	314	385
439	364	297	298	299	300	301	302	303	304	305	306	307	308	309	310	**311**	312	**313**	384
440	365	366	**367**	368	369	370	371	372	**373**	374	375	376	377	378	**379**	380	381	382	**383**

图 1　素数(黑体字)形成的对角线型

[1] GARDNER M. The remarkable lore of prime numbers[J]. Scientific Amer., 1964,210: 120-128.

[2] HARDY G H, LITTLEWOOD J E. Some problems of "partitio numerorum" Ⅲ: on the expression of a number as a sum of primes[J]. Acta Math., 1922, 44(1):1-70.

[3] IWANIEC H. Almost-primes represented by quadratic polynomials[J]. Invent.

Math. , 1978,47:171-188.
[4]陆洪文. 关于实二次域的类数[J]. 科学通报,1979,24:149-150.
[5]POMERANCE C. A note on the least prime in an arithmetic progression[J]. J. Number Theory, 1980,12(2):218-223.

A2 与阶乘有关的素数

形如 $n!+1$ 的素数是否有无限多个？当 $n\leqslant 230$ 时，使 $n!+1$ 为素数的 n 值仅仅是 1,2,3,11,27,37,41,73,77,116 和 154. 形如 $n!-1$ 或 $x=1+\prod_{i=1}^{k}p_i$ 的素数是否也有无限多个？当 $p_k\leqslant 1\ 031$ 时，x 为素数的 p_k 的值仅是 2,3,5,7,11,31,379,1 019 和 1 021.

设 q 是大于 x 的最小素数，Fortune 猜想，对于所有的 k，$q-x+1$ 是素数. 显然，它不能被前 k 个素数除尽. Selfridge 注意到，Fortune 猜想的真实性依赖于 Schinzel 的一个猜想，即对 $x>8$，在 x 和 $x+(\ln x)^2$ 间总存在一个素数. 目前已知的 $q-x+1$ 形的数都是素数，它们随 $k=1,2,3,\cdots$ 分别是 3,5,7,13,23,17,19,23,37,61,67,61,71,47,107,59,61,109,89,103,79,…. 因此，很可能 Fortune 猜测的答案是“对的 ”. 但是，短时期内在计算机或分析工具力所能及的范围内，这种猜测的证明似乎是不可想象的.

有希望解决但仍然很困难的是下面的 Erdös 和 Stewart 猜想：$1!+1=2$，$2!+1=3$，$3!+1=7$，$4!+1=5^2$，$5!+1=11^2$ 是 $n!+1=p_k^a p_{k+1}^b$ 且 $p_{k-1}\leqslant n<p_k$ 的仅有的几种情形吗？(注意，在上述五种情形里，$(a,b)=(1,0),(1,0),(0,1),(2,0)$ 和 $(0,2)$.)

Erdös 又问，是否存在无穷多个素数 p，对每一个 $k(1\leqslant k!<p)$ 均有 $p-k!$ 是合数？例如，对 $p=101$ 和 $p=211$，$p-k!\ (1\leqslant k!<p)$ 都是合数. 他认为下面的一个问题也许更容易证明：是否有无穷多个整数 $n(l!<n\leqslant(l+1)!)$，其所有素因子均大于 l，且所有 $n-k!\ (1\leqslant k\leqslant l)$ 是合数.

David Silverman 注意到，当 $m=1,2,3,4$ 和 8 时，乘积 $\prod_{i=1}^{m}\frac{p_i+1}{p_i-1}$ 是整数，是否还有其他的 m 使上述乘积为整数.

[1]ANGELL I O, GODWIN H J. Some factorizations of $10^n\pm 1$[J]. Math. Comp. , 1974,28:307-308.
[2]BORNING A. Some results for $k!\pm 1$ and $2\cdot 3\cdot 5\cdot\cdots\cdot p\pm 1$[J]. Math. Comp. ,1972,26(118):567-570.
[3]GARDNER M. Mathematical games: the strong law of small numbers[J]. Sci.

Amer. ,1980,243:18-28.

[4]KRAVITZ S, PENNEY D E. An extension of Trigg's table[J]. Math. Mag. ,1975,48(2):92-96.

[5]TEMPLER M. On the primality of $k!+1$ and $2*3*5*\cdots*p+1$[J]. Math. Comp. ,1980,34(149):303-304.

A3 Mersenne 素数与 Fermat 数

人们对具有特定形式的素数一直抱有兴趣,特别是对与完全数(参见 B1)相联系的 Mersenne 素数2^p-1(这里 p 必然是素数,但不是充分条件. 例如,$2^{11}-1=2\ 047=23\times89$),以及 Repunit 素数$(10^p-1)/9$.

借助于计算机及在使用计算机时用一些更为复杂的技术,Lucas-Lehmer 试验不断地增加着,得到这样一个素数表(对素数表中的每一个 p,2^p-1 也是素数):2,3,5,7,13,17,19,31,61,89,107,127,521,607,1 279,2 203,2 281,3 217,4 253,4 423,9 689,9 941,11 213,19 937,21 701,23 209,44 497,86 243,132 049,216 091,…. 无疑地,它们的个数将会是无穷多的. 但是,要证明它却毫无希望. 假定 $M(x)$表示 2^p-1 为素数的个数,其中 $p\leqslant x$ 为素数. 对 $M(x)$的大小,我们希望找到一个令人信服的直观推断. Gillies 认为 $M(x)\sim c\ln x$,但有些人不相信.

Lehmer 令 $S_1=4$,$S_{k+1}=S_k^2-2$,假定 2^p-1 是一个 Mersenne 素数,注意到 $S_{p-2}\equiv2^{(p+1)/2}$或$-2^{(p+1)/2}\pmod{2^p-1}$,那么 $S_{p-2}\equiv2^{(p+1)/2}\pmod{2^p-1}$还是 $S_{p-2}\equiv-2^{(p+1)/2}\pmod{2^p-1}$?

Selfridge 猜测,如果 n 是形如 $2^k\pm1$ 或 $2^{2k}\pm3$ 的素数,那么 2^n-1 和$(2^n+1)/3$ 要么全是素数,要么全不是素数. 此外,如果 2^n-1 和$(2^n+1)/3$ 都是素数,那么 n 便具有 $2^k\pm1$ 或 $2^k\pm3$ 的形式. 一个新的 Mersenne 猜想为:如果下面三条中有两条是正确的,那么第三条也正确:(a)$n=2^k\pm1$ 或 $n=4^k\pm3$;(b)2^n-1 是素数;(c)$(2^n+1)/3$ 是素数. 这个新猜想对于 $n<10^5$ 是正确的(参见[4]). Mullin 推广了这个猜想. 设 P,Q 是两个互素的非零整数,$P^2-4Q\neq0$,再设 a,b 是方程 $x^2-Px+Q=0$ 的两个根,定义 $u_n=(a^n-b^n)/(a-b)$ $(n\geqslant0)$,$v_n=(a^n+b^n)/(a+b)$(n 为奇数),则 Mullin 提出了更一般的猜想:如果下面三条中有两条是正确的,那么第三条也是正确的:(a)$n=2^k\pm1$ 或 $4^k\pm3$;(b)u_n 是一个素数;(c)v_n 是一个素数.

如果 p 是素数,那么 2^p-1 总是无平方因子吗? 这似乎又是一个不可回答的问题. 回答“不”是安全的. 如果运气好的话,这个问题也许能由计算机解出. 正如 Lehmer 在谈到各种分解方法时所说的:“机遇恰在角落周围徘徊.”

Selfridge准确地以下面的问题表述上面的问题在计算上的困难性:"试找到50或更多个像1 093和3 511的素数"(这两个素数p是仅有的比3×10^9小且它们的平方能除尽2^p-2的素数).

与$(10^p-1)/9$是素数对应的p值已知的有2,19,23,317,1 031,最后两个是Hugh Williams发现的. 大于1的Repunit数绝不可能是平方数和立方数,这可由Ljunggren关于丢番图方程$\frac{x^n-1}{x-1}=y^q$的结果立即推出. 但是,我们不知道什么时候它们是无平方因子数.

Fermat数$F_n=2^{2^n}+1$也一直是人们感兴趣的问题. 对于$0\leqslant n\leqslant4$,F_n均是素数,对于$5\leqslant n\leqslant19$和许多更大的n,F_n为合数. Hardy和Wright给出了一个直观的推断:Fermat数中仅有有限个是素数. Selfridge更支持如下猜想:所有其他的Fermat数全为合数. 王元(1979)指出:F_{14}是目前未知其任何素因子的最大复合数.

由于形如$k\cdot2^n+1$的数极有可能成为Fermat数的因子,因此,它们也受到了特别的注意,至少对k较小时是如此. 例如,Hugh Williams发现,如果$k=5$,那么,当$n=3\ 313$,4 678和5 947时,$k\cdot2^n+1$是素数,且第一个能除尽$F_{3\,310}$. 另外,Richard Brent已证明$p=1\ 238\ 926\ 361\ 552\ 897$能除尽$F_8$(参见B19).

我们不大可能确切知道Fibonacci序列:1,1,2,3,5,8,13,21,34,55,89,144,233,377,610,987,1 597,…(其中$u_1=u_2=1,u_{n+1}=u_n+u_{n-1},n\geqslant2$)是否包含无穷多个素数. 类似地,对于相关的Lucas序列:1,3,4,7,11,18,29,47,76,123,199,322,521,843,1 364,…和其他更多的由二次递推关系式定义的Lucas-Lehmer序列($(u_1,u_2)=1$),情况是否也是如此呢? Graham已证明,Lucas-Lehmer序列当

$$u_1=1\ 786\ 772\ 701\ 928\ 802\ 632\ 268\ 715\ 130\ 455\ 793$$

$$u_2=1\ 059\ 683\ 225\ 053\ 915\ 111\ 058\ 165\ 141\ 686\ 995$$

时,它不含有任何素数.

Raphael Robinson考察了Lucas序列$u_0=0,u_1=1,u_{n+1}=2u_n+u_{n-1}(n\geqslant1)$,并且定义了本原部分$L_n$,这里$L_n$满足

$$u_n=\prod_{d\mid n}L_n$$

注意到$L_7=13^2,L_{30}=31^2$,因此,他问是否存在$n>30$使L_n是一个平方数?

[1] ANDREWS G E. Some formulae for the Fibonacci sequence with generalizations[J]. Fibonacci Quart., 1969, 7(2): 113-130.

[2] ARCHIBALD R C. Mersenne's numbers[J]. Scripta Math., 1935, 3: 117.

[3] BAILLIE R. New primes of the form $k\cdot2^n+1$[J]. Math. Comp., 1979, 33:

1333-1336.

[4] BATEMAN P T, SELFRIDGE J L, WAGSTAFF S S. The new Mersenne conjecture[J]. Amer. Math. Monthly, 1989, 96(2): 125-128.

[5] BRENT R P. Factorization of the eighth Fermat number[J]. Abstracts Amer. Math. Soc., 1980, 1: 565.

[6] BRENT R P, POLLARD J M. Factorization of the eighth Fermat number[J]. Math. Comp., 1981, 36(154): 627-630.

[7] BRILLHART J, LEHMER D H, SELFRIDGE J L. New primality criteria and factorizations of $2^m \pm 1$[J]. Math. Comp., 1975, 29: 620-627.

[8] BRILLHART J, TONASCIA J, WEINBERGER P. On the Fermat quotient[J]. Computers in Number Theory, Proc. Sci. Res. Council Atlas Sympos, 1971: 213-222.

[9] CAO Z F. On the diophantine equation $ax^2 + by^2 = p^z$[J]. J. Harbin Inst. Tech., 1991, 26(6): 108-111.

[10] GARDNER M. Mathematical games: the strong law of small numbers[J]. Sci. Amer., 1980, 243: 18-28.

[11] GILLIES D B. Three new Mersenne primes and a statistical theory[J]. Math. Comp., 1964, 18: 93-97.

[12] GOSTIN G B. A factor of F_{17}[J]. Math. Comp., 1980, 35: 975-976.

[13] GRAHAM R L. A Fibonacci-like sequence of composite numbers[J]. Math. Mag., 1964, 37: 322-324.

[14] HALLYBURTON J C, BRILLHART J. Two new factors of Fermat numbers[J]. Math. Comp., 1975, 29: 109-112.

[15] WILLIAMS H C, SEAH E. Some primes of the form $(a^n - 1)/(a - 1)$[J]. Math. Comp., 1979, 33: 1337-1342.

[16] YATES S. The mystique of repunits[J]. Math. Mag., 1978, 51: 22-28.

[17] LUCAS E. Théorie des fonctions numériques simplements périodiques[J]. Amer. J. Math., 1878, 1: 184-240, 289-321.

[18] MATTHEW G, WILLIAMS H C. Some new primes of the form $k \cdot 2^n + 1$[J]. Math. Comp., 1977, 31: 797-798.

[19] MORRISON M A, BRILLHART J. A method of factoring and the factorization of F_7[J]. Math. Comp., 1975, 29: 183-205.

[20] MULLIN A A. Letter to the editor: "the new Mersenne conjecture" [Amer. Math. Monthly, 1989, 96(2): 125-128] by P. T. Bateman, J. L. Selfridge and S. S. Wagstaff, Jr. [J]. Amer. Math. Monthly, 1989, 96(6): 511.

[21] NOLL C, NICKEL L. The 25th and 26th Mersenne primes [J]. Math. Comp., 1980,35:1387-1390.
[22] ONDREJKA R. Primes with 100 or more digits [J]. J. Recreational Math., 1969,2:42-44; Addenda, 1970,3:161-162; More on large primes, 1979,11: 112-113.
[23] POWERS R E. The tenth perfect number [J]. Amer. Math. Monthly, 1911(18): 195-197; Proc. London Math. Soc., 1919,13(2):39.
[24] ROBINSON R M. A report on primes of the form $k \cdot 2^n + 1$ and on factors of Fermat numbers [J]. Proc. Amer. Math. Soc., 1958,9:673-681.
[25] SHIPPEE D E. Four new factors of Fermat numbers [J]. Math. Comp., 1978,32:941.
[26] SLOWINSKI D. Searching for the 27th Mersenne prime [J]. J. Recreational Math., 1978,11: 258-261.
[27] STEWART C L. The greatest prime factor of $A^n - B^m$ [J]. Acta Arith., 1975, 26:427-433.
[28] STEWART C L. Divisor properties of arithmetical sequences [D]. Cambridge: University of Cambridge, 1976.
[29] TUCKERMAN B. The 24th Mersenne prime [J]. Proc. Nat. Acad. Sci. U. S. A., 1971,68:2319-2320.
[30] WALL D D. Fibonacci series modulo m [J]. Amer. Math. Monthly, 1960, 67: 525-532.
[31] 华罗庚. 数论导引[M]. 北京:科学出版社,1979.
[32] WILLIAMS H C. Some primes with interesting digit patterns [J]. Math. Comp., 1978,32:1306-1310.

A4 同余类中的素数

如果正整数 b 整除 $a-c$,那么我们就说,a 与 c 对模 b 同余,且记作 $a\equiv c \pmod b$. Chowla 猜想,如果 $(a,b)=1$,那么存在无穷多对相邻素数 p_n, p_{n+1},使 $p_n \equiv p_{n+1} \equiv a \pmod b$. 从 Littlewood 定理可知 $b=4, a=1$ 的情形成立,且此时相邻素数出现的范围已经给出. 而当 $b=4, a=3$ 时,Knapowski 和 Turán 也给出相邻素数出现的范围. Turán 注意到,寻找相邻素数 $\equiv 1 \pmod 4$ 的长序列将是有益的(比如,与 Riemann 假设联系起来看). Den Haan 找到了 9 个这样的相邻素数:11 593,11 597,11 617,11 621,11 633,11 657,11 677,11 681,11 689. 下面一个更长的序列有 11 个素数:

766 261,766 273,766 277,766 301,766 313,766 321,766 333,766 357,766 361,766 369,766 373

Turán 对素数属性特别感兴趣. 设 $\pi(n;a,b)$ 表示 $p\equiv a(\bmod b)$ 的个数,其中素数 $p<n$,那么对于满足 $(a,b)=1$ 的每一对 a,b,存在无穷多个 n 值,使 $\pi(n;a,b)>\pi(n;a_1,b)$ 对于每一个 $a_1\not\equiv a(\bmod b)$ 均成立吗? Knapowski 和 Turán 解决了一些特殊的情形,但是,对于一般情形,该问题仍有待人们去解决.

对于 $\pi(n;a,b)$,1950 年,Linnik 证明了存在 c,如果 $n=b^c$,那么 $\pi(n;a,b)>0$. 这里的 c 称为 Linnik 常数. 现在的问题是:c 能取多大? 显然 c 取得越小越好. 1959 年,潘承洞首次确定 $c\leqslant 5\ 448$,1977 年,Jutila 证明了 $c\leqslant 60$,后又改进为 $c\leqslant 36$,陈景润证明了 $c\leqslant 17$,后又改进为 $c\leqslant 15$,这是比较好的结果(参见[11]).

$\pi(n;a,b)$ 与偶数 n 表示为两奇素数和的表示方法个数密切相关(参见 C1). Chebyshev 注意到 $\pi(n;1,3)<\pi(n;2,3)$ 和 $\pi(n;1,4)<\pi(n;3,4)$ 对 n 取较小的值成立. Leech, Shanks 和 Wrench 分别独立地发现当 $n=26\ 861$ 时,有 $\pi(n;1,4)>\pi(n;3,4)$. Bays 和 Hudson 发现,第一个不等式对于两个集合中的数,不等号相反,这两个集合中的每一个都含有 1.5×10^8 多个整数,且每个整数在 $n=608\ 981\ 813\ 029$ 与 $n=610\ 968\ 213\ 796$ 之间.

[1] BAYS C, HUDSON R H. The appearance of tens of billions of integers x with $\pi_{24,13}(x)<\pi_{24,1}(x)$ in the vicinity of 10^{12}[J]. J. Reine Angew. Math., 1978(299/300):234-237.

[2] BAYS C, HUDSON R H. Details of the first region of integers x with $\pi_{3,2}(x)<\pi_{3,1}(x)$[J]. Math. Comp., 1978,32:571-576.

[3] BAYS C, HUDSON R H. Numerical and graphical description of all axis crossing regions for the moduli 4 and 8 which occur before 10^{12}[J]. Internat. J. Math. Sci., 1979,2: 111-119.

[4] HUDSON R H. A common combinatorial principle underlies Riemann's formula, the Chebyshev phenomenon, and other subtle effects in comparative prime number theory I[J]. J. Reine Angew. Math., 1980,313: 133-150.

[5] JUTILA M. On Linnik's constant[J]. Math. Scand., 1977,41:45-62.

[6] KNAPOWSKI S, TURÁN P. Uber einige Fragen der vergleichenden Primzahltheorie[M]// Number Theory and Analysis. New York: Plenum Press,1969, 157-171.

[7] KNAPOWSKI S, TURÁN P. On prime numbers ≡1 resp. 3(mod 4)[M]// Number Theory and Algebra. New York: Academic Press,1977:157-165.

[8] LEECH J. Note on the distribution of prime numbers[J]. J. London Math.

Soc., 1957,32:56-58.
[9]潘承洞.堆垒素数论的一些新结果[J].数学学报,1959,9:315-329.
[10]SHANKS D. Quadratic residues and the distribution of primes[J]. Math. Tables Aids Comp., 1959, 13: 272-284.
[11]姚琦."1+2"以后——介绍陈景润在解析数论研究中的最新成果[J].自然杂志,1981(2):106-108.

A5 素数算术级数

仅由素数组成的算术级数能有多长?它们中最小素数有多大?表1列出了含有 n 个素数的级数 $a, a+d, \cdots, a+(n-1)d$,它们是由 Golubev, Karst, Root, Seredinskii 和 Weintraub 发现的.当然,此时公差必定使得每个不超过 n 的素数成为其因子(除非 $n=a$).人们猜测 n 可能任意大.如果能改进 Szemerédi 定理(参见 E7),那么这个猜想就能成立.

对于更一般的情形,Erdös 猜想,如果 $\{a_i\}$ 为任意的整数无穷序列,且 $\sum 1/a_i$ 是发散的,那么,该序列包含任意长的算术级数. Erdös 为这一猜想的证明或找到反例提供了3 000美元的奖金.

Pomerance 把点 (n, p_n) 画出来得到素数图,并且证明对于每一个 k,都能找到 k 个素数在一条直线上.

Grosswald 已证明,在下面的意义下,存在一个长的算术级数全由"准素数"组成,即存在无穷多个 k 项的算术级数,每一项至多是 r 个素数的乘积,其中 $r \leqslant [k\ln k+0.892k+1]$.

表1 长的素数算术级数

n	d	a	$a+(n-1)d$	发现时间
12	11 550	166 601	293 651	K,1967
12	13 860	110 437	262 897	K,1967
12	13 860	152 947	305 407	K,1967
12	30 030	23 143	353 473	G,1958
12	30 030	1 498 141	1 829 471	K,1968
12	30 030	188 677 831	189 008 161	R,1969
12	30 030	805 344 823	805 675 153	R,1969
12	90 090	409 027	1 400 017	S,1966
12	90 090	802 951	1 793 941	K,1969
12	90 090	862 397	1 853 387	K,1969
13	60 060	4 943	725 663	

续表 1

n	d	a	$a+(n-1)d$	发现时间
13	510 510	766 439	6 892 559	S,1965
14	2 462 460	46 883 579	78 895 559	
16	9 699 690	53 297 929	198 793 279	
16	223 092 870	2 236 133 941	5 582 526 991	R,1969
17	87 297 210	3 430 751 869	4 827 507 229	W,1977

当$(l,k)=1$时,算术级数$kn+l(n=1,2,\cdots)$中最小素数$P(k,l)$应为多大?潘承洞首先指出,存在可以计算的绝对常数c使$P(k,l)=O(k^c)$,陈景润证明了$c\leqslant 168$.

[1]陈景润. 关于算术级数中的最小素数和L-函数零点的两个定理[J]. 中国科学,1977,20(5):383-414.

[2]ERDÖS P, TURÁN P. On certain sequences of integers[J]. J. London Math. Soc., 1936,11: 261-264.

[3]GERVER J. The sum of the reciprocals of a set of integers with no arithmetic progression of k terms[J]. Proc. Amer. Math. Soc., 1977,62:211-214.

[4]GERVER J L, RAMSEY L T. Sets of integers with no long arithmetic progressions generated by the greedy algorithm[J]. Math. Comp., 1979,33:1353-1359.

[5]GOLUBEV V A. Faktorisation der Zahlen der form $x^3\pm 4x^2+3x\pm 1$[J]. Anz. Oesterreich. Akad. Wiss. Math.-Naturwiss. Kl., 1969:184-191.

[6]GROSSWALD E. Long arithmetic progressions that consist only of primes and almost primes[J]. Notices Amer. Math. Soc., 1979,26:A-451.

[7]GROSSWALD E. Arithmetic progressions of arbitrary length and consisting only of primes and almost primes[J]. J. Reine Angew. Math., 1980,317:200-208.

[8]GROSSWALD E, HAGIS P. Arithmetic progressions consisting only of primes[J]. Math. Comp., 1979,33:1343-1352.

[9]HEATH-BROWN D R. Almost-primes in arithmetic progressions and short intervals[J]. Math. Proc. Cambridge Philos. Soc., 1978,83:357-375.

[10]KARST E. 12-16 primes in arithmetical progression[J]. J. Recreational Math., 1969,2:214-215.

[11]KARST E. Lists of ten or more primes in arithmetical progressions[J]. Scripta Math., 1970,28: 313-317.

[12]KARST E, ROOT S C. Teilfolgen von primzahlen in arithmetischer progression[J].

Anz. Oesterreich. Akad. Wiss. Math.-Naturwiss. Kl., 1972,8:178-179.
[13]潘承洞.论算术级数中之最小素数[J].科学记录新辑,1957(1):283-286.
[14]POMERANCE C. The prime number graph[J]. Math. Comp., 1979,33:399-408.
[15]SIERPINSKI W. Remarque sur les progressions arithmetiques[J]. Colloq. Math., 1955,3:44-49.
[16]WEINTRAUB S. Seventeen primes in arithmetic progression[J]. Math. Comp., 1977,31:1030.
[17]WEINTRAUB S. Primes in arithmetic progression[J]. BIT Numerical Mathematics, 1977,17:239-243.
[18]ZARANKIEWICZ K. Problem 117[J]. Colloq. Math., 1955,3:46,73.

A6 算术级数中的连续素数

甚至一直有人猜测,存在任意长的连续的素数算术级数,例如 251,257,263,269 和 1 741,1 747,1 753,1 759. Jones 等人发现了含有 5 个连续素数的序列 $10^{10}+24\ 493+30k(0<k\leqslant 4)$,不久以后,Lander 和 Parkin 找到了有 6 个连续素数的序列:$121\ 174\ 811+30k(0\leqslant k\leqslant 5)$. 他们又证明了,$9\ 843\ 019+30k(0\leqslant k\leqslant 4)$是有 5 个连续素数的级数中的最小级数,且在小于 3×10^8 时还有另外 25 个这样的级数,但没有其他长度为 6 的这样的级数.

现在,人们仍不清楚在算术级数中具有 3 个连续素数的集合是否有无限多个?但 Chowla 在不限制为连续素数时证明了这个问题的答案是肯定的.

[1]CHOWLA S. There exists an infinity of 3-combinations of primes in A. P. [J]. Proc. Lahore Philos. Soc., 1994,6(2):15-16.
[2]ERDÖS P, RENYI A. Some problems and results on consecutive primes[J]. Simon Stevin, 1950,27:115-125.
[3]JONES M F, LAL M, BLUNDON W J. Statistics on certain large primes[J]. Math. Comp., 1967,21:103-107.
[4]LANDER L J, PARKIN T R. Consecutive primes in arithmetic progression[J]. Math. Comp.,1967,21:489.

A7 Cunningham 链

证明 p 是素数的一个普通方法涉及 $p-1$ 的分解,如果 $p-1=2q$,其中 q 是另一个素数,那么,这个问题的规模便减少了一半. 因此,观察一下素数的 Cunningham 链是非常有趣的:该链的后一项是紧邻的前项的 2 倍加 1. Lehmer 发现仅有三条这样的链,各有 7 个素数. 链中最小的数小于 10^7:

1 122 659, 2 245 319, 4 490 639, 8 981 279, 17 962 559, 35 925 119, 71 850 239;

2 164 229, 4 328 459, 8 656 919, 17 313 839, 34 627 679, 69 255 359, 138 510 719;

2 329 469, 4 658 939, 9 317 879, 18 635 759, 37 271 519, 74 543 039, 149 086 079.

他还找到起始数为 10 257 809 和 10 309 889 的另外两条链. $p+1$ 的分解也能被用来证明 p 是素数. Lehmer 基于 $p+1=2q$ 找到 7 条长度为 7 的链. 前三条链的起始值分别为 16 651, 67 651 和 165 901. 已知不存在长度为 8 的链. Lehmer 估计,在 6 或 7 百万次试算中,可能有一次能找到一条起始数在 10^9 附近的链.

[1] LEHMER D H. Tests for primality by the converse of Fermat's theorem[J]. Bull. Amer. Math. Soc., 1927, 33: 327-340.

[2] LEHMER D H. On certain chains of primes[J]. Proc. London Math. Soc., 1965, 14A: 183-186.

A8 相邻素数之差

有许多问题都与相邻素数的区间有关,记 $d_n=p_{n+1}-p_n$,因此有 $d_1=1$,且所有其他的 d_n 都是偶数,那么 d_n 能有多大? 并且 d_n 是多少? Rankin 已证明

$$d_n>\frac{c\ln n\ln\ln n\ln\ln\ln\ln n}{(\ln\ln\ln n)^2}$$

对于无穷多个 n 成立. Erdös 为常数 c 可取任意大值的证明或找到反例提供了 10 000 美元的奖金. Rankin 的最好结果是 $c=e^{\gamma}$,其中 γ 为 Euler 常数.

最著名的一个猜想是孪生素数猜想,即 $d_n=2$ 有无穷多个. 陈景润(1973)证明了:有无限多个素数 p,使 $p+2$ 为不超过两个素数之积. Hardy 和 Littlewood 的猜想 B 为:小于 n 且差为偶数 k 的素数对的个数 $p_k(n)$ 为

$$p_k(n)\sim\frac{2cn}{(\ln n)^2}\prod\frac{p-1}{p-2}$$

其中乘积取遍 k 的所有奇素因子(因此,当 $k=2$ 时,乘积取 1),且 $c=\prod(1-1/(p-1)^2)$,"$\prod$"取遍所有奇素数. 因而 $2c\approx1.320\ 32$. Lehmer 和

Riesel独立地发现了大孪生素数 $9\times2^{211}\pm1$. 最近,Crandall 和 Penk 又发现了有 64,136,154,203 和 303 位的孪生素数. Williams 找到 $156\times5^{202}\pm1$,Baillie 找到 $297\times2^{546}\pm1$. Atkin 和 Rickert 又找到孪生素数对 $694\ 513\ 810\times2^{2\ 304}\pm1$ 与 $1\ 159\ 142\ 985\times2^{2\ 304}\pm1$. Parady 和 Smith 找到了已知的最大三对新孪生素数 $663\ 777\times2^{7\ 650}\pm1$, $571\ 305\times2^{7\ 701}\pm1$ 和 $1\ 706\ 595\times2^{11\ 235}\pm1$.

Bombieri 和 Davenport 已经证明

$$\lim_{n\to\infty}\frac{d_n}{\ln p_n}\leqslant\frac{2+\sqrt{3}}{8}\approx0.466\ 50$$

(无疑,真正的答案为零. 当然,若孪生素数猜想的真实性得到确认,则将推导出这一点). Huxley 已证明,$d_n<p_n^{7/12+\varepsilon}$. Heath-Brown 和 Iwaniec 最近已把上述结果改进为 $d_n<p_n^{11/20+\varepsilon}$. Cramer 用 Riemann 假设证明了,$\sum_{n\leqslant x}d_n^2<cx(\ln x)^4$. Erdös 猜测,上述不等式右边应为 $cx(\ln x)^2$. 但是,他同时认为,没有希望证明这一点. Riemann 假设蕴含 $d_n<p_n^{1/2+\varepsilon}$.

Shanks 已给出了一个直观的推断支持下述猜想:如果 $p(g)$ 是 g 或更多个合数形成的区间后的第一个素数,那么 $\ln p(g)\sim\sqrt{g}$. Lehmer 把所有小于 37×10^6 的素数制成一个表,从表 2 中可知,在素数 20 831 323 和 20 831 533 之间有 209 个合数,即 $g=209$. Lander 和 Parkin 继续这一工作,找到 $g<314$. Brent 继续到 $g<534$. 表 2 中,对应于 $g=381$ 和 651 项的 p_{n+1} 的值是 $p(g)$. Weintraub 已经找到 1.1×10^{16}附近的区间值 $g=653$.

表 2　若干相邻素数间的间隔

g	p_n	p_{n+1}	发现者
209	20 831 323	20 831 533	Lehmer
219	47 326 693	47 326 913	Parkin
221	122 164 747	122 164 969	Lander,Parkin
233	189 695 659	189 695 893	Lander,Parkin
281	436 273 009	436 273 291	Lander,Parkin
291	1 453 168 141	1 453 168 433	Lander,Parkin
381	10 726 904 659	10 726 905 041	Lander,Parkin
463	42 652 618 343	42 652 618 807	Brent
533	614 487 453 523	614 487 454 057	Brent
601	1 968 188 556 461	1 968 188 557 063	Brent
651	2 614 941 710 599	2 614 941 711 251	Brent

陈景润(1979)已证明,对于充分大的 x 和任意的 $\alpha\geqslant0.477$,在区间 $[x,x+x^{\alpha}]$ 内必存在一个数,它至多是两个素数的积. 有一个著名的猜想没有解决:在 n^2 与 $(n+1)^2$ 之间一定存在素数. 显然,如能证明在 $[x,x+x^{\alpha}]$ $(\alpha\geqslant0.5)$ 内存在素数,则上述猜想已被证明. 现在只能证明当 $\alpha>0.55$ 时,对充分大的

x,$[x,x+x^{\alpha}]$中存在素数.

[1]ATKIN A O L, RICKERT N W. On a larger pair of twin primes[J]. Notices Amer. Math. Soc. ,1979,26: A-373.

[2]BAILLIE R. New primes of the form $k \cdot 2^n+1$[J]. Math. Comp. , 1979,33: 1333-1336.

[3]BOMBIERI E, DAVENPORT H. Small differences between prime numbers[J]. Proc. Roy. Soc. Ser. A,1966,293:1-18.

[4]BRENT R P. The first occurrence of large gaps between successive primes[J]. Math. Comp. , 1973,27:959-963.

[5] CADWELL J H. Large intervals between consecutive primes [J]. Math. Comp. ,1971,25:909-913.

[6]陈景润.大偶数表为一个素数与一个不超过两个素数的乘积之和[J].中国科学,1973,16(2):111-128.

[7]CHEN J R. On the distribution of almost primes in an interval Ⅱ[J]. Sci. Sinica. , 1979,22: 253-275.

[8]COOK R J. On the occurrence of large gaps between prime numbers[J]. Glasgow Math. J. ,1979,20:43-48.

[9]CRAMER H. On the order of magnitude of the difference between consecutive prime numbers[J]. Acta Arith. , 1937,2:23-46.

[10]CRANDALL R E, PENK M A. A search for large twin prime pairs[J]. Math. Comp. ,1979,33:383-388.

[11] HEATH-BROWN D R. The difference between consecutive primes[J]. J. London Math. Soc. ,1978,18(2):7-13.

[12]HEATH-BROWN D R, IWANIEC H. On the difference between consecutive primes[J]. Inventiones Math. , 1979,55:49-69.

[13]HUXLEY M N. The difference between consecutive primes[J]. Proc. Symp. Pure Math. Amer. Math. Soc. , 1972,24: 141-145.

[14]HUXLEY M N. On the difference between consecutive primes[J]. Invent. Math. , 1972,15:164-170.

[15] HUXLEY M N. A note on large gaps between prime numbers[J]. Acta Arith. , 1980,38:63-68.

[16]HUXLEY M N. Small differences between consecutive primes Ⅰ[J]. Mathematika, 1973,20:229-232.

[17]IVIC A. On sums of large differences between consecutive primes[J]. Math.

Ann., 1979,241:1-9.
[18] IWANIEC H, JUTILA M. Primes in short intervals[J]. Ark. Mat., 1979,17:167-176.
[19] LANDER L J, PARKIN T R. On first appearance of prime differences[J]. Math. Comp., 1967,21:483-488.
[20] LEHMER D H. Table concerning the distribution of primes up to 37 millions[J]. Math. Tables Aids Comp., 1959,13(65):56-57.
[21] PARADY B K, SMITH J F, ZARANTONELLO S E. Largest known twin primes[J]. Math. Comp., 1990,55(191):381-382.
[22] RANKIN R A. The difference between consecutive primes[J]. J. London Math. Soc., 1938,13: 242-247.
[23] RIESEL H. Lucasian criteria for the primality of $N=h\cdot 2^n-1$[J]. Math. Comp., 1969,23:869-875.
[24] SHANKS D. On maximal gaps between successive primes[J]. Math. Comp., 1964,18:646-651.
[25] WEINTRAUB S. A large prime gap[J]. Math. Comp., 1981,36:279.
[26] WILLIAMS H C. Primality testing on a computer[J]. Ars Combinatoria, 1978,5:172-185.
[27] WILLIAMS H C, ZARNKE C R. A report on prime numbers of the form $M=(6a+1)2^{2m-1}-1$ and $M'=(6a-1)2^{2m}-1$[J]. Math. Comp., 1968,22:420-422.
[28] WOLKE D. Grosse differenzen zwischen aufeinanderfolgenden primzahlen[J]. Math. Ann., 1975,218:269-271.

A9 类型中素数个数

比孪生素数猜想更一般的猜想是这样的:假如不用同余关系来消除它们,那么任何给定类型的素数集合都有无穷多个.例如有无穷多个 3 个一组的素数集合$\{6k-1,6k+1,6k+5\}$和$\{6k+1,6k+5,6k+7\}$似乎是正确的,它的证明要比孪生素数猜想困难,但它的似是而非却具有很大的吸引力,而且 Hensley 和 Richards 已经证明,下面的猜想不能和它相容,即对于所有的整数$x,y\geqslant 2$,有

$$“\pi(x+y)\leqslant\pi(x)+\pi(y)”$$

这里,我们之所以放了引号,是因为它极有可能是错的.实际上,有希望找到与它相矛盾的x,y值.但是,还有一个替代猜想

$$\pi(x+y)\leqslant\pi(x)+2\pi(y/2)$$

此时 Hensley-Richards 的方法无法对上式进行评论了.

Smith 注意到,在素数序列 11,13,17,19,23,29,31,37 中,后一项与前一项的差序列为 2,4,2,4,6,2,6,至少有 3 个素数序列是这样的差序列,其起始数分别为 15 760 091,25 658 841 和 93 625 991. 但在这 3 种情形里,与 41 对应的项都不是素数. 当 $n=88\ 830$ 和 855 750 时,$n-11,n-13,\cdots,n-41$ 都为素数,但 $n-43$ 不是素数. John Leech 注意到,找到 33 个比 11 大的连续整数,其中包含 10 个素数这一问题仍未解决. 更一般地,找到 n 个数的集合,在此集合中,同余条件不影响它至少含有 $\pi(n)$ 个素数.

[1] ERDÖS P, RICHARDS I. Density functions for prime and elatively prime numbers[J]. Monatsh. Math., 1977,83:99-112.

[2] HENSLEY D, RICHARDS I. On the incompatibility of two conjectures concerning primes[J]. Proc. Symp. Pure Math. Amer. Math. Soc., 1972,24:123-127.

[3] RICHARDS I. On the incompatibility of two conjectures concerning primes, a discussion of the use of computers in attacking a theoretical problem[J]. Bull. Amer. Math. Soc., 1974,80:419-438.

[4] SMITH H F. On a generalization of the prime pair problem[J]. Math. Tables Aids Comput., 1957,11:249-254.

A10 Gilbreath 猜想

我们用 $d_n^1=d_n, d_n^{k+1}=|d_{n+1}^k-d_n^k|$ 来定义 d_n^k(参见图 2). Gilbreath 猜想,对于所有的 k, $d_1^k=1$. Killgrove 和 Ralston 已证明了 $k<63\ 419$(即素数小于 792 722)时猜想成立.

1 2 3 4 5 6 7 8 9 10 11 12 13 14 15 16 17 18 19 20 21 22 23 24
2 3 5 7 11 13 17 19 23 29 31 37 41 43 47 53 59 61 67 71 73 79 83 89
1 2 2 4 2 4 2 4 6 2 6 4 2 4 6 6 2 6 4 2 6 4 6
1 0 2 2 2 2 2 2 4 4 2 2 2 2 0 4 4 2 2 4 2 2
1 2 0 0 0 0 0 2 0 2 0 0 0 2 4 0 2 0 2 2 0
1 2 0 0 0 0 2 2 2 2 0 0 2 2 4 2 2 2 0 2
1 2 0 0 0 2 0 0 0 2 0 2 0 2 2 0 0 2 2
1 2 0 0 2 2 0 0 2 2 2 2 2 0 2 0 2 0
1 2 0 2 0 2 0 2 0 0 0 0 2 2 2 2 2
1 2 2 2 2 2 2 2 0 0 0 2 0 0 0 0
1 0 0 0 0 0 0 2 0 0 2 2 0 0 0

图 2　素数序列的逐次绝对差

人们认为,关于这个猜想已弄得过分神秘了,其实,它与素数本身没有什么关系. 但是,对任何由 2 和奇数组成的序列猜想是正确的. 这些奇数以"有理"速率增加,并且具有"有理"大小的区间.

[1] KILLGROVE R B, RALSTON K E. On a conjecture concerning the primes[J]. Math. Tables Aids Comput., 1959,13:121-122.

A11 相邻素数差的增加和减小

因为素数占的比例逐渐减少,所以虽然不一定每一次必有 $d_m < d_{m+1}$,但它却出现了无穷多次. Erdös 和 Turán 已经证明,$d_n > d_{n+1}$ 也是如此. 他们还证明了使 $d_n > d_{n+1}$ 成立的 n 值具有正下密率. 但是,现在仍不知道是否存在无穷多个由三个递增或递减的相邻的 d_n 组成的集合. 如果不存在,那么,存在 n_0 使得对每一个 i 和 $n > n_0$,我们都有 $d_{n+2i} > d_{n+2i+1}$ 和 $d_{n+2i+1} < d_{n+2i+2}$ 吗? Erdös 为证明这样的 n_0 不存在提供了 100 美元的奖金.

[1] ERDÖS P. On the difference of consecutive primes[J]. Bull. Amer. Math. Soc., 1948,54:885-889.

[2] ERDÖS P, TURÁN P. On some new questions on the distribution of prime numbers[J]. Bull. Amer. Math. Soc., 1948,54:371-378.

A12 几种伪素数

Pomerance, Selfridge 和 Wagstaff 称满足 $a^{n-1} \equiv 1 \pmod n$ 的奇合数 n 为以 a 为基的伪素数(记为 psp(a)),从而避免了大量文献中出现的不适用的"复合伪素数"概念. 如果对每一个与 n 互素的 a,奇合数 n 都是 psp(a),那么称 n 为 Carmichael 数. 又如果对于任意奇合数 n 有 $(a,n)=1$,且 $a^{(n-1)/2} \equiv \left(\frac{a}{n}\right) \pmod n$,那么称它为以 a 为基的欧拉伪素数(记为 epsp(a)),其中 $\left(\frac{a}{n}\right)$ 是 Jacobi 符号(参见 F5). 最后,若奇合数 n 满足 $n-1=2^s \cdot d$,d 为奇数,且 $a^d \equiv 1 \pmod n$(否则,对某些 r,$a^{d \cdot 2^r} \equiv -1 \pmod n$,其中 $0 \leqslant r < s$),则称它为以 a 为基的强伪素数(记为 spsp(a)). 这些定义可由 Venn 图来说明(参见图 3). 图 3 还给出了每一个集合中的最小元素.

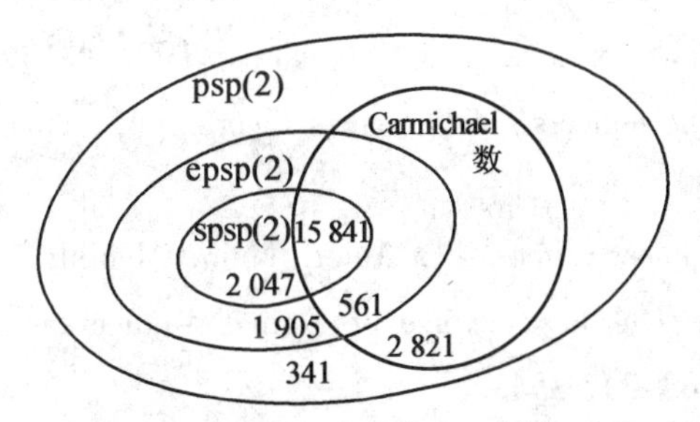

图3 伪素数集合的关系及每一个集合中的最小元素

下面的 $P_2(x)$,$E_2(x)$,$S_2(x)$和 $C(x)$分别表示小于 x 的 psp(2),epsp(2),spsp(2)和 Carmichael 数的个数,其数值由 Pomerance,Selfridge 和 Wagstaff 共同给出:

$x=10^3,10^4,10^5,10^6,10^7,10^8,10^9,10^{10},2.5\times10^{10}$

$P_2(x)=3,22,78,245,750,2\ 057,5\ 597,14\ 884,21\ 853$

$E_2(x)=1,12,36,114,375,1\ 071,2\ 939,7\ 706,11\ 347$

$S_2(x)=0,5,16,46,162,488,1\ 282,3\ 291,4\ 842$

$C(x)=1,7,16,43,105,255,646,1\ 547,2\ 163$

Lehmer 和 Erdös 证明了

$$c_1\ln x<P_2(x)<x\exp\{-c_2(\ln x\ln\ln x)^{1/2}\}$$

而 Pomerance 把界改进为

$$\exp\{(\ln x)^{5/14}\}<P_2(x)<x\exp\{(-\ln x\ln\ln\ln x)/2\ln\ln x\}$$

并且他猜测,真实的估计应是

$$\exp\{(\ln x)^{5/14}\}<P_2(x)<x\exp\{(-\ln x\ln\ln\ln x)/\ln\ln x\}$$

偶 psp(2)也是存在的. 例如,Lehmer 找到一个:$161\ 038=2\times73\times1\ 103$,而 Beeger 证明了有无穷多个. 如果 F_n 是 Fermat 数 $2^{2^n}+1$,且如果 $k>1$,$n_1<n_2<\cdots<n_k<2^{n_1}$,那么 Cipolla 证明了 $F_{n_1}F_{n_2}\cdots F_{n_k}$是 psp(2).

如果 $P_n^{(a)}$ 是第 n 个 psp(a),那么 Szymiczek 证明了$\sum 1/P_n^{(2)}$ 是收敛的. 而 Makowski 证明了$\sum 1/\ln P_n^{(a)}$ 是发散的. Rotkiewicz 列出了关于伪素数的 58 个问题和 20 个猜想.

[1]BEEGER N G W H. On even numbers m dividing 2^m-2[J]. Amer. Math. Monthly, 1951,58:553-555.

[2]CARMICHAEL R D. On composite numbers P which satisfy the Fermat congruence $a^{P-1}\equiv1$(mod P[J]. Amer. Math. Monthly, 1912,19(2):22-27.

[3]CIPOLLA M. Sui numeri composti P che verificiano la congruenza di Fermat

$a^{P-1} \equiv 1 \pmod P$[J]. Annali di Matematica, 1904,9:139-160.
[4]ERDÖS P. On the converse of Fermat's theorem[J]. Amer. Math. Monthly, 1949,56:623-624.
[5]ERDÖS P. On almost primes[J]. Amer. Math. Monthly, 1950,57:404-407.
[6] LEHMER D H. On the converse of Fermat's theorem[J]. Amer. Math. Monthly, 1936,43:347-354.
[7]MAKOWSKI A. On a problem of Rotkiewicz on pseudoprime numbers[J]. Elem. Math., 1974,29:13.
[8]MAKOWSKI A, ROTKIEWICZ A. On pseudoprime numbers of special form[J]. Colloq. Math., 1969,20:269-271.
[9]POMERANCE C, SELFRIDGE J L, WAGSTAFF S S. The pseudoprimes to $25 \cdot 10^9$[J]. Math. Comp., 1980,35:1003-1026.
[10]ROTKIEWICZ A. Pseudoprime numbers and their generalizations[J]. Student Association of the Faculty of Sciences, Univ. of Novi Sad, 1972.
[11]ROTKIEWICZ A. Sur les diviseurs composés des nombres $a^n - b^n$[J]. Bull. Soc. Roy. Sci. Liége, 1963,32:191-195.
[12]ROTKIEWICZ A. Sur les nombres pseudopremiers de la forme $ax + b$[J]. Paris:Comptes Rendus Acad. Sci., 1963,257:2601-2604.
[13]ROTKIEWICZ A. Sur les formules donnant des nombres pseudopremiers[J]. Colloq. Math., 1964,12:69-72.
[14]ROTKIEWICZ A. Sur les nombres pseudopremiers de la forme $nk+1$[J]. Elem. Math., 1966,21:32-33.
[15]SZYMICZEK K. On prime numbers p,q and r such that pq,pr and qr are pseudoprimes[J]. Colloq. Math., 1964,13:259-263.
[16] SZYMICZEK K. On pseudoprime numbers which are products of distinct primes[J]. Amer. Math. Monthly, 1967,74:35-37.

A13　Carmichael 数

Carmichael 数(参见 A12)必定是无平方因子数且至少含有三个素因子,如 $561=3\times 11\times 17$. 但我们不知道是否存在无穷多个 Carmichael 数. Erdös 猜测,当 $x\to\infty$ 时,$\frac{(\ln C(x))}{\ln x}\to 1$,$C(x)$表示小于 x 的素数个数. 他改进了 Knödel 的

一个结果并证明了

$$C(x) < x \exp(-c \ln x \ln \ln \ln x / \ln \ln x)$$

而同时 Pomerance, Selfridge 和 Wagstaff(参见 A12)也证明了上述结果,只是 $c = 1 - \varepsilon$. 并且,他们给出了支持此猜想的直观推断,即当 $c = 2 + \varepsilon$ 时

$$C(x) > x \exp(-c \ln x \ln \ln \ln x / \ln \ln x)$$

成立.

Hill 已找到一个巨大的 Carmichael 数为 pqr,其中 $p = 5 \times 10^9 + 371$, $q = 10^{20} + 741$ 和 $r = 1 + (p-1)(q+2)/433$. Pomerance, Selfridge 和 Wagstaff,已经找到所有小于 2.5×10^{10} 的 Carmichael 数. 最近,Jaeschke 计算了 2.5×10^{10} 至 2.5×10^{13} 的所有 Carmichael 数,共 6 075 个.

[1] BAILLIE R, WAGSTAFF S S. Lucas pseudoprimes[J]. Math. Comp., 1980, 35: 1391-1417.

[2] ERDÖS P. On pseudoprimes and Carmichael numbers[J]. Publ. Math. Debrecen, 1956, 4: 201-206.

[3] HILL J R. Large Carmichael numbers with three prime factors[J]. Notices Amer. Math. Soc., 1979, 26: A-374.

[4] JAESCHKE G. The Carmichael numbers to 10^{12}[J]. Math. Comp., 1990, 55(191): 383-389.

[5] KNÖDEL W. Eine obere Schranke für die Anzahl der Carmichaelschen Zahlen kleiner als x[J]. Arch. Math., 1953, 4: 282-284.

[6] LEHMER D H. Strong Carmichael numbers[J]. J. Austral. Math. Soc. Ser. A, 1976, 21: 508-510.

[7] POMERANCE C, SELFRIDGE J L, WAGSTAFF S S. The pseudoprimes to $25 \cdot 10^9$[J]. Math. Comp., 1980, 35(151): 1003-1026.

[8] VAN DER POORTEN A J, ROTKIEWICZ A. On strong pseudoprimes in arithmetic progressions[J]. J. Austral. Math. Soc. Ser. A, 1980, 29: 316-321.

[9] WAGSTAFF S S. Large Carmichael numbers[J]. Math. J. Okayama Univ., 1980, 22: 33-41.

[10] WILLIAMS H C. On numbers analogous to Carmichael numbers[J]. Canad. Math. Bull., 1977, 20: 133-143.

[11] YORINAGA M. Numerical computation of Carmichael numbers[J]. Math. J. Okayama Univ., 1978, 20: 151-163.

A14 好素数

Erdös 和 Straus 称素数 p_n 为好的,如果 $p_n^2 > p_{n-i}p_{n+i}$ 对于所有 $i(1 \leqslant i \leqslant n-1)$ 成立. 例如:5,11,17,29 是好素数. Pomerance 用"素数图"(参见 A5)证明了有无穷多个好素数,并提出下面几个问题:使 p_n 为好素数的 n 的集合的密率为 0 吗? 存在无穷多个 n 使 $p_n p_{n+1} > p_{n-i}p_{n+1+i}$ 对所有 $i(0 < i < n)$ 成立吗? 存在无穷多个 n 使 $p_n + p_{n+1} < p_{n-i} + p_{n+1+i}$ 对所有 $i(0 < i < n)$ 成立吗? 对所有 $i(0 < i < n)$ 使 $2p_n < p_{n-i} + p_{n+i}$ 成立的 n 的集合,其密率为 0 吗(Pomerance 已证明了有无穷多个这样的 n)? 又 $\limsup(\min_{0<i<n}(p_{n-i} + p_{n+i}) - 2p_n) = \infty$ 吗?

A15 连续数乘积的同余

1979 年,Erdös 发现:$3 \times 4 \equiv 5 \times 6 \times 7 \equiv 1 \pmod{11}$,并问使

$$\prod_{i=1}^{k_1}(a+i) \equiv \prod_{i=1}^{k_2}(a+k_1+i)$$
$$\equiv \prod_{i=1}^{k_3}(a+k_1+k_2+i) \equiv 1 \pmod{p}$$

成立的最小素数 p 是什么? 这里 a, k_1, k_2, k_3 是整数. 他认为,对任意个上述同余乘积式,这样的素数都存在.

A16 Gauss 素数与 Eisenstein 素数

除了有理域,素数还能定义在其他域上. 在复数域上,它们被称为 Gauss 素数. 利用普通素数问题可重新对 Gauss 素数进行阐述.

从存在唯一分解的角度看,Gauss 整数 $a+b\mathrm{i}$(其中 a, b 是整数,$\mathrm{i}^2 = -1$)似乎有点像普通整数(仅除了序、单位($\pm 1, \pm \mathrm{i}$)以及相伴数:如 7 的相伴数 7, -7, $7\mathrm{i}$ 和 $-7\mathrm{i}$). 形如 $4k-1$ 的素数仍为 Gauss 素数(3,7,11,19,23,…),但是,其他的普通素数则不然,因为它可分解为 Gauss 素数的积,如

$$2 = (1+\mathrm{i})(1-\mathrm{i})$$
$$5 = (2-\mathrm{i})(2+\mathrm{i}) = -(2\mathrm{i}-1)(2\mathrm{i}+1)$$
$$\vdots$$
$$13 = (2+3\mathrm{i})(2-3\mathrm{i})$$
$$17 = (4+\mathrm{i})(4-\mathrm{i})$$

$$29=(5+2i)(5-2i)$$

当我们把 Gauss 素数 $\pm1\pm i$, $\pm2\pm i$, $\pm3i$, $\pm2\pm3i$, $\pm4\pm i$, $\pm5\pm2i$,…画在 Argand 图上时,结果它们形成了令人愉悦的图案(参见图 4). 这些图案在给地板贴瓷砖和制蜡染桌布时已被人们采用.

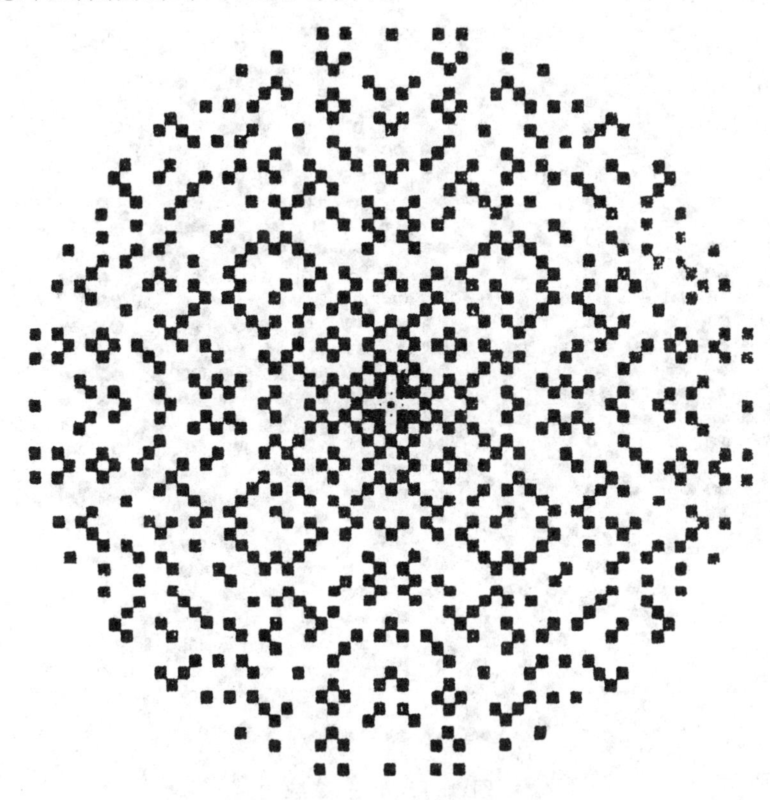

图 4　范数小于 1 000 的 Gauss 素数

Motzkin 和 Gordon 问,人们能否以 Gauss 素数为"踏脚石",以边界长为步距从起点"走"到无穷? 这大概不可能. Jordan 和 Rabung 已证明步距至少是 4.

Eisenstein 整数 $a+b\omega$ 具有唯一的分解,其中 a,b 是整数,ω 是 1 的复三次单位根且满足 $\omega^2+\omega+1=0$,这些素数再次形成一个图形,因为有 6 个单位数 ±1, $\pm\omega$, $\pm\omega^2$,因此图形是对称六边形,素数 2 和形如 $6k-1$(5,11,17,23,29,41,…)的素数仍然是 Eisenstein 素数,但素数 3 和形如 $6k+1$ 的那些素数能被分解,如

$$3=(1-\omega)(1-\omega^2)$$
$$7=(2-\omega)(2-\omega^2)$$
$$13=(3-\omega)(3-\omega^2)$$
$$19=(3-2\omega)(3-2\omega^2)$$

$$31=(5-\omega)(5-\omega^2)$$

$$37=(4-3\omega)(4-3\omega^2)$$

在含有复三次单位根的域上，Eisenstein 素数被描绘成图 5 的形式，与这些素数对应的问题也能重新阐述.

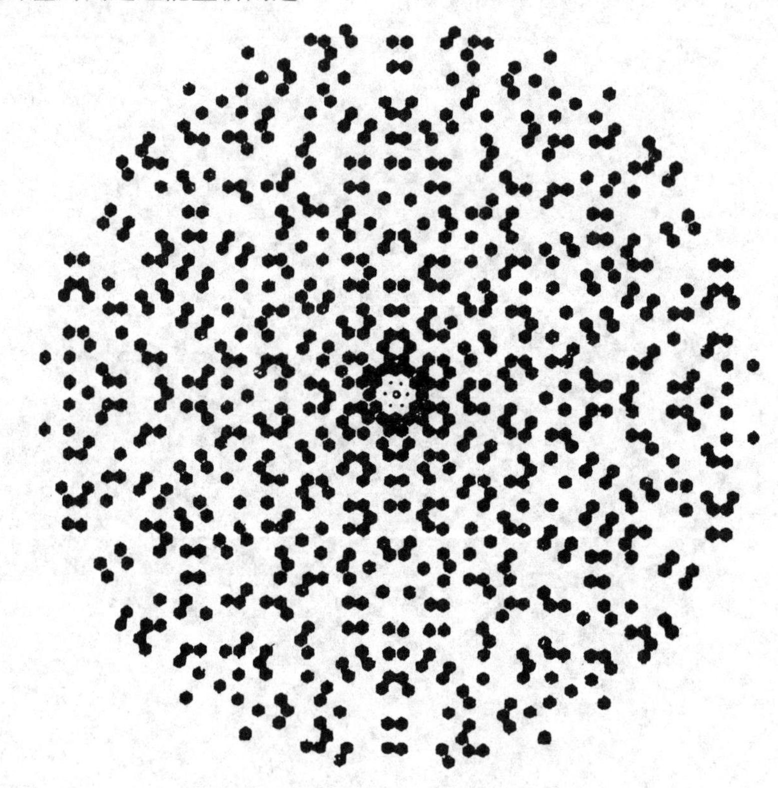

图 5　Eisenstein 素数

人们已利用 Eisenstein 素数设计密码体制，那么，相距很远的两个 Eisenstein 素数的乘积能以多快的速度分解？对 Gauss 素数的相应问题如何？

[1]曹珍富. 公钥密码学[M]. 哈尔滨：黑龙江教育出版社，1993.

[2]曹珍富. $Z[\omega]$环上的两类密码体制[J]. 电子科学学刊，1992，14(3)：286-290.

[3]JORDAN J H, RABUNG J R. A conjecture of Paul Erdös concerning Gaussian primes[J]. Math. Comp.，1970，24：221-223.

A17 素性的充要条件

Wilson 定理:p 是素数的充分必要条件是$(p-1)!\ +1\equiv 0(\bmod p)$. Willans 和 Wormell 利用 Wilson 定理得到关于 p_n,$\pi(x)$或素性的充要条件的一些公式,且仅用到初等函数,但过程比较烦琐,此处无法刊出. Matjasevic 和其他逻辑学家用 Wilson 定理解决了 Hilbert 第十问题. 那么,存在能替代 Wilson 定理的类似结论吗?

Sierpinski 注意到,从 Fermat 定理可得出,若 p 是素数,则 $1^{p-1}+2^{p-1}+\cdots+(p-1)^{p-1}+1\equiv 0(\bmod p)$,那么逆命题成立吗? Giuga 证明了 $p\leqslant 10^{1\,000}$时逆命题成立,康继鼎和周国富证明了逆命题仅当 p 为素数或 $p=\prod_{j=1}^{n}p_j$ 时成立,其中 $p_j(j=1,2,\cdots,n)$为不同的奇素数,$n>100$,且 $p_1\cdots p_{j-1}p_{j+1}\cdots p_n\equiv 1(\bmod p_j(p_j-1))(j=1,2,\cdots,n)$. 曹珍富猜想,对任意 n 个奇素数 $p_j(j=1,2,\cdots,n)$,$p_1\cdots p_{j-1}\cdot p_{j+1}\cdots p_n\equiv 1(\bmod p_j(p_j-1))(j=1,2,\cdots,n)$不成立,因而前述逆命题成立.

[1] DICKSON L E. History of the theory of numbers[M]. New York: G. E. Stechert & Co. , 1934.

[2] GIUGA G. Sopra alcune proprieta caratteristiche dei numeri primi[J]. Period. Math. ,1943,23(4):12-27.

[3] GIUGA G. Su una presumibile proprietà caratteristica dei numeri primi[J]. Ist. Lombardo Sci. Lett. Rend. Cl. Sci. Mat. Nat. ,1950,14(3):511-528.

[4] 康继鼎,周国富. 关于居加猜想与费马数为素数的充要条件[J]. 数学通报,1981(12):20-22.

[5] SIERPINSKI W. Elementary theory of number [M]. Warsaw:PWN-Polish Scientific Publishers,1987: 205.

[6] WILLANS C P. On formulae for the Nth prime number[J]. Math. Gaz. , 1964,48: 413-415.

[7] WORMELL C P. Formulae for primes[J]. Math. Gaz. , 1967,51:36-38.

A18 一个素数同余式组

如果 $p_j(j=1,2,\cdots,n)$是奇素数,那么 $2p_1\cdots p_{j-1}p_{j+1}\cdots p_n+1\equiv 0(\bmod p_j)(j=1,2,\cdots,n)$成立吗? 柯召和孙琦已经证明当 $1\leqslant n\leqslant 5$ 时均仅有一组素数 $p_j(j=1,2,\cdots,n)$满足同余式组,即有

$$n=1: p_1=3$$
$$n=2: p_1=3, p_2=7$$
$$n=3: p_1=3, p_2=7, p_3=43$$
$$n=4: p_1=3, p_2=11, p_3=23, p_4=31$$
$$n=5: p_1=3, p_2=11, p_3=23, p_4=31, p_5=47\ 059$$

同时,柯召和孙琦还猜想,对每个 n,同余式组最少有一组解. 曹珍富、刘锐和张良瑞借助于计算机证明了当 $n=6$ 时,同余式组也仅有一组解,即 $p_1=3, p_2=11, p_3=17, p_4=101, p_5=149, p_6=3\ 109$. 因此,他们猜想同余式组最多有一组解.

[1] CAO Z F, LIU R, ZHANG L R. On the equation $\sum_{j=1}^{s}(1/x_j)+(1/(x_1\cdots x_s))=1$ and Znám's problem[J]. J. Number Theory, 1987, 27: 206-211.

[2] 柯召, 孙琦. 关于单位分数表 1 的问题[J]. 四川大学学报(自然科学版), 1964, 1: 13-29.

A19 Erdös-Selfridge 对素数的分类

Erdös 和 Selfridge 将素数进行如下分类:如果 $p+1$ 仅有素因子 2 或 3,那么 p 为第 1 类;如果 $p+1$ 的每一个素因子属于不大于 $r-1$ 的各类素数,那么 p 为第 r 类,其中等号至少对于一个素因子成立. 例如:

第 1 类:2,3,5,7,11,17,23,31,47,53,71,107,127,191,431,647,863,971 …;

第 2 类:13,19,29,41,43,59,61,67,79,83,89,97,101,109,131,137,139,149,167,179,197,199,211,223,229,239,241,251,263,269,271,281,283,293,307,317,319,359,367,373,377,383,419,439,449,461,467,499,503,509,557,563,577,587,593,599,619,641,643,659,709,719,743,751,761,769,809,827,839,881,919,929,953,967,979,991 …;

第 3 类:37,103,113,151,157,163,173,181,193,227,233,257,277,311,331,337,347,353,379,389,397,401,409,421,457,463,467,487,491,521,523,541,547,571,601,607,613,631,653,683,701,727,733,773,787,811,821,829,853,857,859,877,883,911,937,947,983,997 …;

第 4 类:73,313,443,617,661,673,677,691,739,757,823,887,907,941,977 …;

第 5 类:1 021,1 321,1 381….

容易证明,对任给的 $\varepsilon>0$ 和所有的 r,不超过 n 的第 r 类中素数个数为 $o(n^{\varepsilon})$. 但不知道每一类中是否有无穷多个素数. 若 $p_1^{(r)}$ 表示第 r 类中的最小素数,则 $p_1^{(1)}=2, p_1^{(2)}=13, p_1^{(3)}=37, p_1^{(4)}=73, p_1^{(5)}=1\ 021$. Erdös 猜想 $(p_1^{(r)})^{1/r}\to$

∞. 但 Selfridge 认为它极可能是有界的.

如果用 $p-1$ 代替 $p+1$,并且按照以上类似的分类,那么上面相应的问题如何?

[1]ERDÖS P. Problems in number theory and combinatorics[C]. Congressus Numerantium XVIII, Proc. 6th Conf. Numerical Math., Manitoba, 1976:35-58.

A20 取 n 使 $n-2^k$ 为素数等

Erdös 猜想 7,15,21,45,75 和 105 是仅有的 n 值,它使对所有满足 $2 \leqslant 2^k < n$ 的 k,$n-2^k$ 是素数. Mientka 和 Weitzenkamp 已证明了 $n<2^{44}$ 时猜想为真. Vaughan 利用 Montgomery 筛法也给出了一个估计.

Erdös 又猜想,对无穷多个 n,所有的整数 $n-2^k(1 \leqslant 2^k < n)$ 是无平方因子数(参见 F12).

Cohen 和 Selfridge 问不为 $\pm p^a \pm 2^b$ 形的最小正奇数是什么? 其中 p 为素数,$a \geqslant 0$,$b \geqslant 1$,且式中"$\pm$"可任取. 他们注意到该数大于 2^{18},但不超过

6 120 6 699 060 672 7 677 809 211 5 601 756 625 481 957 616-
163 192 298 173 436 854 933 451 240 674 174 209 468 558 999 326 569

一方面,Crocker 证明了存在无穷多个奇整数不为 2^k+2^l+p 的形式. Erdös 问,对每个 r 是否存在无穷多个奇整数,它不是一个素数与 2 的 r 次或更低次幂的和? 它们的密率为正吗? 它们含有无穷算术级数吗? 另一方面,Gallagher 证明了,对任给的 $\varepsilon>0$,存在充分大的 r 使素数与 2 的 r 次或更低次幂的和的密率大于 $1-\varepsilon$.

Erdös 又问,是否存在不为 2^k+s 形式的奇整数,其中 s 是无平方因子数. 此问题与覆盖同余(参见 F13)有联系.

设 $f(n)$ 是 n 表示为 2^k+p 的个数,又设 $\{a_i\}$ 是使 $f(n)>0$ 的 n 值序列,那么 $\{a_i\}$ 的密率存在吗? Erdös 证明了 $f(n)>c \ln \ln n$ 对无穷多个 n 成立,但是不能肯定是否 $f(n)=o(\ln n)$. 他猜想

$$\lim \sup (a_{i+1}-a_i)=\infty$$

如果存在任意大的最小模覆盖系,那么该猜想成立.

Carl Pomerance 注意到当 $n=210$ 时,对所有 $7<p<n$,$n-p$ 为素数,他问是否存在其他满足上述关系的 n?

[1] COHEN F, SELFRIDGE J L. Not every number is the sum or difference of two prime powers[J]. Math. Comp., 1975,29:79-81.
[2] CROCKER R. On the sum of a prime and of two powers of two[J]. Pacific J. Math., 1971,36:103-107.
[3] ERDÖS P. On integers of the form $2^r + p$ and some related problems[J]. Summa Brasil. Math., 1947,2:113-123.
[4] GALLAGHER P X. Primes and powers of 2[J]. Inventiones Math., 1975,29:125-142.
[5] MIENTKA W E, WEITZENKAMP R C. On *f*-plentiful numbers[J]. J. Combin. Theory, 1969,7:374-377.
[6] DE POLIGNAC A. Recherches nouvelles sur les nombres premiers[J]. Paris: C. R. Acad. Sci. 1849,29:397-401,738-739.
[7] VAUGHAN R C. Some applications of Montgomery's sieve[J]. J. Number Theory,1973,5:64-79.

整　除

B

我们用 $d(n)$ 表示 n 的正因子个数，用 $\sigma(n)$ 表示这些因子的和，用 $\sigma_k(n)$ 表示这些因子 k 次幂的和，因此有 $\sigma_0(n)=d(n)$，$\sigma_1(n)=\sigma(n)$. 我们又用 $s(n)$ 表示 n 的真因子的和，也即除了 n 本身，n 的正因子的和，因此 $s(n)=\sigma(n)-n$.

各类算术函数的迭代用 $s^k(n)$ 表示. $s^k(n)$ 的定义为：对 $k\geqslant 0$，$s^0(n)=n$，$s^{k+1}(n)=s(s^k(n))$.

我们用符号 $d|n$ 表示 d 除尽 n，$e\nmid n$ 表示 e 除不尽 n，$p^k\parallel n$ 表示 $p^k|n$ 但 $p^{k+1}\nmid n$，而且 $[m,n]$ 表示连续的整数 $m,m+1,\cdots,n$.

B1　完全数

满足 $s(n)=n$ 的数称为完全数. Euclid 得到，若 2^p-1 是素数，则 $2^{p-1}(2^p-1)$ 是完全的. 例如，6，28，496 等（参见 A3 中的 Mersenne 素数表）. Euler 证明，$2^{p-1}(2^p-1)$ 是仅有的偶完全数.

那么奇完全数是否存在？这是数论中的一个“臭名昭著”的未解决问题. Euler 首先证明：若 n 为奇完全数，则 $n=p^a q_1^{2b_1}\cdots q_s^{2b_s}$，这里 $p,q_1,\cdots,q_s$ 表示不同的奇素数，a 及 $b_1,\cdots,b_s$ 表示正整数，且 $p\equiv a\equiv 1\pmod 4$. Starni 证明：如果所有的 $q_i\equiv 3\pmod 4$，那么 $\sigma(p^a)/2$ 是合数；如果所有的 $q_i\equiv 1\pmod 4$，那么 $p\equiv a\pmod 8$. Tuckerman，Hagis，Stubblefield，Buxton 和 Elmore 已把界逐渐地推到了 10^{200}，在此界下，不存在奇完全数（但人们对 Buxton 和 Elmore 的证明存有疑问）. Brent，Cohen 和

te Riele 将界推到 10^{300}. Hagis 和 Chein 已独立证明奇完全数可被至少 8 个互异素数除尽.

Muskat 证明奇完全数可以被大于 10^{12} 的素数幂除尽. Hagis 和 McDaniel 证明最大的素因子大于 100 110. Pomerance 证明次最大的素因子比 138 大. 而 Condict 和 Hagis 已把上述的界改进到 300 000 和 1 000. Pomerance 还证明至多有 k 个互异因子的奇完全数小于 $(4k)^{(4k)^{2k^2}}$.

有一个未解决的问题是:两位以上的完全数,把它的各位数字加起来得到一个数,再把这个数的各位数字加起来又得到一个数,一直做下去,直到得到一个一位数. 那么这个一位数一定是 1 吗? (参见[12])很容易证明,对偶完全数这个问题的回答是肯定的. 又由于奇完全数很可能是不存在的,所以这个问题的回答很可能是肯定的.

[1]BRENT R P, COHEN G L, TE RIELE H J J. Improved techniques for lower bounds for odd perfect numbers[J]. Math. Comp. ,1991,57(196):857-868.

[2]BUXTON M, ELMORE S. An extension of lower bounds for odd perfect numbers[J]. Notices Amer. Math. Soc. ,1976,23:A-55.

[3]CHEIN E Z. An odd perfect number has at least 8 prime factors[D]. Philadelphia:Pennsylvania State Univ. ,1979.

[4]CHEIN E Z. An odd perfect number has at least 8 prime factors[J]. Notices Amer. Math. Soc. ,1979,26:A-365.

[5]COHEN G L. On odd perfect numbers[J]. Fibonacci Quart. ,1978,16:523-527.

[6]COHEN G L. On odd perfect numbers(Ⅱ),multiperfect numbers and quasiperfect numbers[J]. J. Austral. Math. Soc. ,Ser. A,1980,29:369-384.

[7]COHEN G L, HENDY M D. Polygonal supports for sequences of primes[J]. Math. Chronicle,1980,9:120-136.

[8]CONDIET J T. On an odd perfect number's largest prime divisor[D]. Middlebury:Middlebury College,1978.

[9]DANDAPAT G G, HUNSUCKER J L, POMERANCE C. Some new results on odd perfect numbers[J]. Pacific J. Math. ,1975,57:359-364.

[10]EULER L. Commentationes arithmeticae[J]. Opera Postuma,1862,1:14-15.

[11]EWELL J A. On the multiplicative structure of odd perfect numbers[J]. J. Number Theory,1980,12:339-342.

[12]葛克阳. 数学猜想和它的故事[M]. 北京:人民教育出版社,1989.

[13]GRÜN O. Über ungerade vollkommene Zahlen[J]. Math. Zeit. ,1952,55:

353-354.
[14] HAGIS P. A lower bound for the set of odd perfect numbers[J]. Math. Comp., 1973, 27: 951-953.
[15] HAGIS P. Every odd perfect number has at least 8 prime factors[J]. Notices Amer. Math. Soc., 1975, 22: A-60.
[16] HAGIS P. Outline of a proof that every odd perfect number has at least eight prime factors[J]. Math. Comp., 1980, 34: 1027-1032.
[17] HAGIS P. On the second largest prime factor of an odd perfect number[M]. Proc. Grosswald Conf., Lecture Notes in Mathematics, New York: Springer-Verlag, 1980.
[18] HAGIS P, MCDANIEL W. On the largest prime divisor of an odd perfect number[J]. Math. Comp., 1973, 27: 955-957.
[19] KANOLD H J. Untersuchungen über ungerade vollkommene Za * hlen[J]. J. Reine Angew. Math., 1941, 183: 98-109.
[20] MCCARTHY P J. Odd perfect numbers[J]. Scripta Math., 1957, 23: 43-47.
[21] MCDANIEL W. On odd multiply perfect numbers[J]. Boll. Un. Mat. Ital., 1970, 3(4): 185-190.
[22] MCDANIEL W L, HAGIS P. Some results concerning the non-existence of odd perfect numbers of the form $p^{\alpha}M^{2\beta}$[J]. Fibonacci Quart., 1975, 13: 25-28.
[23] MUSKAT J B. On divisors of odd perfect numbers[J]. Math. Comp., 1966, 20: 141-144.
[24] NORTON K K. Remarks on the number of factors of an odd perfect number[J]. Acta Arith., 1961, 6: 365-374.
[25] PERISASTRI M. A note on odd perfect numbers[J]. Math. Stud., 1958, 26: 179-181.
[26] POMERANCE C. Odd perfect numbers are divisible by at least seven distinct primes[J]. Acta Arith., 1974, 25: 265-300.
[27] POMERANCE C. The second largest factor of an odd perfect number[J]. Math. Comp., 1975, 29: 914-921.
[28] POMERANCE C. Multiply perfect numbers, Mersenne primes and effective computability[J]. Math. Ann., 1977, 226(3): 195-206.
[29] ROBBINS N. The non-existence of odd perfect numbers with less than seven distinct prime factors[D]. New York: Polytech. Inst. Brooklyn, 1972.
[30] SALIÉ H. Über abundante Zahlen[J]. Math. Nachr., 1953, 9: 217-220.

[31]SERVAIS C. Sur les nombres parfaits[D]. Mathesis,1888,8:92-93.
[32]SHANKS D. Solved and unsolved problems in number theory[M]. 2nd ed. New York: Chelsea Publishing Company, 1978.
[33]STARNI P. On the Euler's factor of an odd perfect number[J]. J. Number Theory,1991,37:366-369.
[34]TUCKERMAN B. A search procedure and lower bound for odd perfect numbers[J]. Math. Comp. ,1973,27:943-949.

B2 相关完全数

也许是因为未能够证明奇完全数存在,所以作者定义了若干紧密相关的概念,也由此产生了大量的问题,其中许多问题似乎不比原始问题更易处理.

对于完全数 $\sigma(n)=2n$,若 $\sigma(n)<2n$,则 n 称为不足数;若 $\sigma(n)>2n$,则 n 称为过剩数;若 $\sigma(n)=2n-1$,则 n 称为近完全数. 2 的幂是近完全数,但不知道是否还有其他的近完全数. 若 $\sigma(n)=2n+1$,则 n 被称为拟完全数. 拟完全数必定是奇平方数. 但是,没有一个人知道是否存在拟完全数. Masao Kishore 证明:若 n 是拟完全数,则 $n>10^{30}$,且 $\omega(n)\geqslant 6$,其中 $\omega(n)$ 是 n 的不同素因子的个数. Hagis 和 Cohen 已改进此结果到 $n>10^{35}$,$\omega(n)\geqslant 7$. Catteneo 起初声称已证明了 $3\nmid n$,但是,Sierpinski 和其他人已经说明 Catteneo 的证明是靠不住的. Kravitz 在一封信中做出了更一般的猜测,不存在过剩数 n,使得 $\sigma(n)-2n$ 是奇平方数. 对此,Graeme Cohen 写道,下面的结果是很有趣的:

$$\sigma(2^2 3^2 5^2)=3(2^2 3^2 5^2)+11^2$$

以及若 $\sigma(n)=2n+k^2$,$(n,k)=1$,$\omega(n)=3$,则 $105\mid n$ 或 $165\mid n$,且 $n>10^{500}$,$k>10^{250}$. 后来,在放宽了 $(n,k)=1$ 的条件后,他分别找到了

$$n=2\cdot 3^2\cdot 238\ 897^2, k=3^2\cdot 23\cdot 1\ 999$$

和

$$n=2^2\cdot 7^2\cdot p^2, p=53,277,541,153\ 941,358\ 276\ 277$$

$$k=7\cdot 29, 5\cdot 7\cdot 23, 5\cdot 7\cdot 43, 5\cdot 7\cdot 103\cdot 113, 5\cdot 7\cdot 227\cdot 229\cdot 521$$

他证明了后 5 个数中的第一个是有奇平方过剩数的最小整数. Erdös 问,对于某些常数 c,使 $|\sigma(n)-2n|<c$ 成立的大数的特征是什么? 例如 $n=2^m$,还存在其他的吗?

如果一个数是它本身的一些因子的和,那么 Sierpinski 把它称为伪完全的. 例如 $20=1+4+5+10$. Erdös 已证明它们的密率存在. 若一个数是过剩的,但它的所有真因子都是不足的,则称此数为本原过剩的;若一个数是伪完全的,但它的真因子却没有一个是伪完全的,则称它是本原伪完全的. 若 n 的所有因子

的调和平均为整数,则 Pomerance 称它为调和数. Andreas 和 Zachariou 称它们为 Ore 数,且称本原伪完全数为不可分的半完全数. 他们注意到,一个伪完全数的倍数还是伪完全的,且伪完全数和调和数都包含完全数作为其真子集. 后一个结果归于 Ore. 所有形如 $2^m p$ 的数都是本原伪完全的,其中 $m \geqslant 1$,p 是介于 2^m 与 2^{m+1} 间的素数. 但也存在不具有上述形式的伪完全数,如 770. 另外还知道,存在无穷多个本原伪完全数不是调和数. 最小的奇本原伪完全数是 945. Erdös 证明奇本原伪完全数有无穷多个.

Garcia 找到了小于 10^7 的全部调和数,共 45 个. 同时还找到了比 10^7 大的 200 多个调和数. 其中除 1 和完全数以外,最小的一个是 140. 现在的问题是除 1 以外,它们中的任何一个是平方数吗? 它们的个数有无穷多吗? 如果回答是肯定的,那么对小于 x 的那些数的个数,找出上界和下界. Kanold 已证明它们的密率为 0,并且 Pomerance 证明形如 $p^a q^b$(p,q 是素数)的调和数是偶完全数. 如果 $n = p^a q^b r^c$ 是调和数,那么它是偶的吗?

调和数将取哪些值? 大概不可能是 4,12,16,18,20,22,…;那它取 23 吗? Ore 自己猜想:每一个 Ore 数都是偶数,言外之意是不存在奇完全数.

Bateman,Erdös,Pomerance 和 Straus 证明了,对于使 $\sigma(n)/d(n)$ 为整数的 n 的集合,其密率为 1;使 $\sigma(n)/d^2(n)$ 为整数的 n 的集合,其密率为 1/2,具有形式 $\sigma(n)/d(n)$ 的有理数 $r \leqslant x$ 的个数是 $o(x)$. 他们寻找 $\frac{1}{x}\sum 1$ 的渐近公式,这里和式取遍小于或等于 x 且使 $d(n)$ 除不尽 $\sigma(n)$ 的所有 n. 他们猜测,使 $d(n)$ 除尽 $s(n) = \sigma(n) - n$ 的整数 n 的密率为 0. 但是,他们缺乏直截了当的证明.

Benkoski 称一个数为怪异的,如果它是过剩的但不是伪完全的. 例如 70 不是 $1+2+5+7+10+14+35=74$ 的任何子集的和. 小于一百万的数中有 24 个本原怪异数:70,836,4 030,5 830, 7 192,…. 而非本原怪异数包括:$70p$,p 是素数,且 $p > \sigma(70) = 144$;$836p$,p 是 421,487,491 或 p 是素数且 $p \geqslant 557$;$7\ 192 \times 31$. 一些大怪异数是 Kravitz 发现的,且 Benkoski 和 Erdös 证明它们的密率是正的,这里,一些未解决的问题是:存在无穷多个本原过剩数,它们是怪异的吗? 每一个奇过剩数是伪完全的(也就是说,不是怪异的)吗? 对于怪异数 n,$\sigma(n)/n$ 能是任意大吗? Benkoski 和 Erdös 猜测后一问题的回答是"不". Erdös 对上述后两个问题的解决分别提供 10 美元和 25 美元的奖金.

若 $\sigma(n) = kn$,则这样的数 n 被称为倍完全数或 k 重完全数. 例如,普通的完全数是 2 重完全数,120 是 3 重完全数. Dickson 的《数论的历史》记载了人们对这样的数颇具兴趣. 已知的最大 k 值为 8. 对于这样的 k,Brown 给出了三个例子(Franqui 和 Garcia 又给出了另外两个),它们最小的是 $2 \cdot 3^{23} \cdot 5^9 \cdot 7^{12} \cdot 11^3 \cdot$

$13^3 \cdot 17^2 \cdot 19^2 \cdot 23 \cdot 29^2 \cdot 31^2 \cdot 37 \cdot 41 \cdot 53 \cdot 61 \cdot 67^2 \cdot 71^2 \cdot 73 \cdot 83 \cdot 89 \cdot 103 \cdot 127 \cdot 131 \cdot 149 \cdot 211 \cdot 307 \cdot 331 \cdot 463 \cdot 521 \cdot 683 \cdot 709 \cdot 1\,279 \cdot 2\,141 \cdot 2\,557 \cdot 5\,113 \cdot 6\,481 \cdot 10\,429 \cdot 20\,857 \cdot 110\,563 \cdot 599\,479 \cdot 1\,648\,168\,401$. 无疑地,$k$ 能取我们希望的那样大,尽管 Erdös 猜想 $k = o(\ln \ln n)$. Hagis 和 Cohen 对 $k > 2$ 重完全数证明了其最大的两个素因子分别大于或等于 100 129 和 1 009;Hagis 又进一步证明第三大素因子大于或等于 101.

Minoli 和 Bear 定义,若 $n = 1 + k\sum d_i$,其中 $\sum d_i$ 是 n 的所有真因子的和,$1 < d_i < n$,则 n 称为 k 次超完全数. 显然,若 n 是 k 次超完全数,则 $k\sigma(n) = (k+1)n + k - 1$. 例如,21,2 133 和 19 521 都是 2 次超完全的,325 是 3 次超完全的. 他们猜想,对于每一个 k,存在 k 次超完全数.

Graham 问,是否 $s(n) = [n/2]$ 蕴含着 n 是 2 或是 3 的幂.

Erdös 假设对于某些 k,$f(n)$ 是满足 $n = \sum_{i=1}^{l} d_i$ 的最小整数,其中,$1 < d_1 < d_2 < \cdots < d_l = f(n)$ 是 $f(n)$ 的因子的递增序列. 那么 $f(n) = o(n)$ 吗? 或是它仅对“几乎所有的”n 成立吗?

$$n = 1,2,3,4,5,6,7,8,9,10,11,12,13,14$$
$$f(n) = 1, -, 2, 3, -, 5, 4, 7, 15, 12, 21, 6, 9, 13$$
$$n = 15,16,17,18,19,20,21,22,23,24,25,26,27,28$$
$$f(n) = 8,12,30,10,42,19,18,20,57,14,36,46,30,12$$

[1] ABBOTT H, AULL C E, BROWN E, et al. Quasiperfect numbers[J]. Acta Arith., 1973, 22:439-447.

[2] ARTUHOV M M. On the problem of odd h-fold perfect numbers[J]. Acta Arith., 1973, 23:249-255.

[3] SURYANARAYANA D. Quasi-perfect numbers, Ⅱ[J]. Bull. Calcutta Math. Soc., 1977, 69(6):421-426.

[4] BENKOSKI S J. Problem E2308[J]. Amer. Math. Monthly, 1972, 79:774.

[5] BENKOSKI S J, ERDÖS P. On weird and pseudoperfect numbers[J]. Math. Comp., 1974, 28:617-623.

[6] BROWN A L. Multiperfect numbers[J]. Scripta Math., 1954, 20:103-106.

[7] CATTENEO P. Sui numeri quasiperfetti[J]. Boll. Un. Mat. Ital., 1951, 6(3):59-62.

[8] COHEN G L, HENDY M D. On odd multiperfect numbers[J]. Math. Chronicle, 1980, 9:120-136.

[9] CROSS J T. A note on almost perfect numbers[J]. Math. Mag., 1974, 47:230-231.

[10] ERDÖS P. Problems in number theory and combinatorics[C]. Congressus Numerantium XVIII, Proc. 6th Conf. Numerical Math. Manitoba, 1976.

[11] FRANQUI B, GARCIA M. Some new multiply perfect numbers[J]. Amer. Math. Monthly, 1953, 60: 459-462.

[12] FRANQUI B, GARCIA M. 57 new multiply perfect numbers[J]. Scripta Math., 1954, 29: 169-171.

[13] GARCIA M. A generalization of multiply perfect numbers[J]. Scripta Math., 1953, 19: 209-210.

[14] GARCIA M. On numbers with integral harmonic mean[J]. Amer. Math. Monthly, 1954, 61: 89-96.

[15] HAGIS JR. P. The third largest prime factor of an odd multiperfect munber exceeds 100[J]. Bull. Malaysian Math. Soc., 1986, 9(2): 43-49.

[16] HORNFECT B, WIRSING E. Über die Häufigkeit vollkommener Zahlen[J]. Math. Ann., 1957, 133: 431-438.

[17] JERRARD R P, TEMPERLEY N. Almost perfect numbers[J]. Math. Mag., 1973, 46: 84-87.

[18] KANOLD H J. Üder das harmonische Mittel der Teiler einer natürlichen Zahlen[J]. Math. Ann., 1957, 133: 371-374.

[19] KENDALL D G. The scale of perfection[J]. J. Appl. Probability, 1982, 19A: 125-138.

[20] KISHORE M. Odd almost perfect numbers[J]. Notices Amer. Math. Soc., 1975, 22: A-380.

[21] KISHORE M. Quasiperfect numbers are divisible by at least six distinct prime factors[J]. Notices Amer. Math. Soc., 1975, 22: A-441.

[22] KISHORE M. Odd integers N with 5 distinct prime factors for which $2-10^{-12} < \sigma(N)/N < 2+10^{-12}$[J]. Math. Comp., 1978, 32: 303-309.

[23] KLAMKIN M S. Problem E1445* [J]. Amer. Math. Monthly, 1960, 67: 1028.

[24] KRAVITZ S. A search for large weird numbers[J]. J. Recreational Math., 1976, 9: 82-85.

[25] MAKOWSKI A. Remarques sur les fonctions $\theta(n)$, $\varphi(n)$ et $\sigma(n)$[J]. Mathesis, 1960, 69: 302-303.

[26] MAKOWSKI A. Some equations involving the sum of divisors[J]. Elem. Math., 1979, 34: 82.

[27] MINOLI D. Issues in non-linear hyperperfect numbers[J]. Math. Comp., 1980, 34: 639-645.

[28]MINOLI D, BEAR R. Hyperperfect numbers[J]. Pi Mu Epsilon J. ,1975, 6(3):153-157.

[29]THRIMURTHY P. On the averages of the divisors of a number[J]. Vidya B 21,1978,1:31-35.

[30]PAJUNEN S. On primitive weird numbers[J]. A collection of manuscripts, related to the Fibonacci sequence, 18th Anniv. vol. ,Fol. Gibonacci Assoc. ,162-166.

[31]POMERANCE C. On multiply perfect numbers with a special property[J]. Pacific J. Math. ,1975,57:511-517.

[32]POMERANCE C. On the congruences $\sigma(n)\equiv a(\bmod n)$ and $n\equiv a(\bmod \varphi(n))$[J]. Acta Arith., 1975,26(3):e19-21.

[33]POULET P. La chasse aux nombres I[M]. Bruxelles:[s. n.],1929:9-27.

[34]ANDREAS, ZACHARIOU E. Perfect, semi-perfect and Ore numbers[J]. Bull. Soc. Math. Grece(N. S),1972,13:12-22.

[35]TE RIELE H J J. Hyperperfect numbers with three different prime factors[J]. Math. Comp. ,1981,36(153):297-298.

[36]ROBBINS N. A class of solutions of the equation $\sigma(n)=2n+t$[J]. Fibonacci Quart. ,1980,18(2):137-147.

[37]SHAPIRO H N. Note on a theorem of Dickson[J]. Bull. Amer. Math. Soc. , 1949,55:450-452.

[38]SHAPIRO H N. On primitive abundant numbers[J]. Comm. Pure Appl. Math. ,1968,21(2):111-118.

[39]SIERPINSKI W. Sur les nombres pseudoparfaits[J]. Mat. Vesnik,1965,17(2): 212-213.

[40]SIERPINSKI W. Number theory [M]. Warsaw:PWN-Polish Scientific Publishers,1959.

B3 酉完全数

若 d 整除 n,且$(d,n/d)=1$,则称 d 为 n 的酉因子数. 若 n 是它的酉因子(不包括 n 自身)的和,则称其为酉完全数. 已知不存在奇酉完全数,且 Subbarao 猜想,仅存在有限个偶酉完全数. Subbarao, Carlitz 和 Erdös 每人为这一问题的解决提供 10 美元奖金. Subbarao 为每一个新例子提供 10 美分奖金. 若 $n=2^a m$,其中 m 是奇数且有 r 个不同的素因子,则当 $a\leqslant 10$ 或 $r\leqslant 6$ 时, Subbarao 和其他人已证明,除了 $2\cdot 3$, $2^2\cdot 3\cdot 5$, $2\cdot 3^2\cdot 5$ 和 $2^6\cdot 3\cdot 5\cdot 7\cdot 13$,没有酉完

全数. 而当 m 为无平方因子的奇数时,Graham 证明除了 $2 \cdot 3, 2^2 \cdot 3 \cdot 5$ 和 $2^6 \cdot 3 \cdot 5 \cdot 7 \cdot 13$,无酉完全数. Wall 已找到酉完全数:

$$2^{18} \cdot 3 \cdot 5^4 \cdot 7 \cdot 11 \cdot 13 \cdot 19 \cdot 37 \cdot 79 \cdot 109 \cdot 157 \cdot 313$$

并且证明,它是第五个这样的数. Frey 已证明,如果 $N = 2^m p_1^{a_1} \cdots p_r^{a_r}$ 是酉完全的,其中 $(N,3) = 1$,那么 $m > 144, r > 144, N > 10^{440}$.

Ligh 和 Wall 也定义了 n 的非酉因子 d 的概念,即 d 是 n 的因子且 $(d, n/d) > 1$. 若 n 的非酉因子的和为 n,则称 n 为非酉完全数. 他俩证明:当 $2^p - 1$ 为 Mersenne 素数时,$2^{p+1}(2^p - 1)$ 是非酉完全数,并且猜想:不存在其他的非酉完全数. Hagis Jr. 证明小于 10^{15} 的奇非酉完全数是不存在的.

[1] FREY H A N. Über unitär perfekte Zahlen[J]. Elem. Math., 1978, 33(4): 95-96.

[2] GRAHAM S W. Unitary perfect numbers with squarefree odd part[J]. Fibonacci Quart., 1989, 27(14): 317-322.

[3] HAGIS JR P. Odd nonunitary perfect numbers[J]. Fibonacci Quart., 1987, 28: 11-15.

[4] LIGH S, WALL C R. Functions of nonunitary divisors[J]. Fibonacci Quart., 1987, 25: 333-338.

[5] SUBBARAO M V. Are there an infinity of unitary perfect numbers[J]. Amer. Math. Monthly, 1970, 77: 389-390.

[6] SUBBARAO M V, SURYANARAYANA D. Sums of the divisor and unitary divisor functions[J]. J. Reine Angew. Math., 1978, 302: 1-15.

[7] SUBBARAO M V, WARREN L J. Unitary perfect numbers[J]. Canad. Math. Bull., 1966, 9: 147-153.

[8] SUBBARAO M V, COOK T J, NEWBERRY R S, et al. On unitary perfect numbers[J]. Delta, 1972, 3(1): 22-26.

[9] WALL C R. The fifth unitary perfect number[J]. Canad. Math. Bull., 1975, 18(1): 115-122.

B4 互满数、酉互满数

若 $m \neq n$,且 $\sigma(m) = \sigma(n) = m + n$,则称 m, n 为互满数. 已知有上千个互满数存在. 最小的互满数对中,较小的一个是 220,它出现在 *Genesis*, xxxii, 14 中,并且从那时起,互满数就引起了希腊人和阿拉伯人的注意. 对于这段历史,请见 Lee 和 Madachy 的文章.

现在,人们相信存在无穷多对互满数. 事实上,Erdös 猜想,满足 $m < n < x$ 的互满数对的个数 $A(x)$ 至少是 $cx^{1-\varepsilon}$. 他改进 Kanold 的一个结果,证明了 $A(x) = o(x)$,并且,用他的方法还能得到 $A(x) \leqslant cx/\ln\ln\ln x$,而 Pomerance 则获得了更好的结果

$$A(x) \leqslant x \exp\{-c(\ln\ln\ln x \ln\ln\ln\ln x)^{1/2}\}$$

Erdös 猜想,对每一个 k 都有 $A(x) = o(x/(\ln x)^k)$. Pomerance 证明了

$$A(x) \leqslant x \exp\{-(\ln x)^{1/3}\}$$

因此证实了 Erdös 的猜想. 该结果还推出互满数的倒数和是有限的,这一事实以前是不知道的. Pomerance 也注意到,他的证明可修改一下,给出更强一点的结果

$$A(x) \ll x \exp\{-c(\ln x \ln\ln x)^{1/3}\}$$

现在仍不知道是否有 m,n 为一奇一偶或有 $(m,n) = 1$ 的互满数对存在. Bratley 和 McKay 猜想,所有奇互满数对的两个数均能被 3 除尽.

te Riele 发现了若干非常大的互满数对,分别有 32,40,81 和 152 位数. Kaplansky 在 1975 年的 *Encyclopedia Brittanica Yearbook* 一书的数学条目中提到了 te Riele 的发现. 在这之前知道的互满数对仅有 25 位数.

McClung 研究了酉互满数对 m,n,它满足 $\sigma^*(m) = \sigma^*(n) = m + n$,这里 $\sigma^*(n)$ 表示 n 的酉因子(参见 B3)的和. 他用 $\sigma^*(fk) = f\sigma^*(k)$ 定义了产生子 (f,k),这里 f 是有理数,k 和 fk 是整数. 由产生子从已知的一对酉互满数可产生新的酉互满数对. Najar 研究了产生子等价类的运算.

[1] ALANEN J, ORE O, STEMPLE J G. Systematic computations on amicable numbers[J]. Math. Comp. ,1967,21(98):242-245.

[2] ARTUHOV M M. To the problems in the theory of amicable numbers [J]. Acta Arith. ,1975,27(1):281-291.

[3] BORHO W. On Thabit ibn Kurrah's formula for amicable numbers[J]. Math. Comp. ,1972,26:571-578.

[4] BORHO W. Befreundete Zahlen mit gegebener Primteileranzahl[J]. Math. Ann. ,1974,209(3):183-193.

[5] BORHO W. Eine Schranke für befreundete Zahlen mit gegebener Teileranzahl[J]. Math. Nachr. ,1974,63:297-301.

[6] BORHO W. Some large primes and amicable numbers[J]. Math. Comp. , 1981,36(153):303-304.

[7] BRATLEY P, MCKAY J. More amicable numbers[J]. Math. Comp. ,1968, 22(103):677-678.

[8]BRATLEY P, LUNNON F, MCKAY J. Amicable numbers and their distribution[J]. Math. Comp. ,1970,24(110):431-432.

[9]BROWN B H. A new pair of amicable numbers[J]. Amer. Math. Monthly, 1939,46(6):345.

[10]COSTELLO P. Four new amicable pairs[J]. Notices Amer. Math. Soc. ,1974,21: A-483.

[11]COSTELLO P. Amicable pairs of Euler's first form[J]. Notices Amer. Math. Soc. ,1975,22:A-440.

[12]ERDÖS P. On amicable numbers[J]. Publ. Math. Debrecen,1955,4:108-111.

[13]ERDÖS P, RIEGER G J. Ein Nachtrag über befreundete Zahlen[J]. J. Reine Angew. Math. ,1975,273:220.

[14]ESCOTT E B. Amicable numbers[J]. Scripta Math. ,1946,12:61-72.

[15]GARCIA M. New amicable paris[J]. Scripta Math. ,1957,23:167-171.

[16]GIOIA A A, VAIDYA A M. Amicable numbers with opposite parity[J]. Amer. Math. Monthly,1967,74:969-973.

[17]HAGIS P. On relatively prime odd amicable numbers[J]. Math. Comp. ,1969,23: 539-543.

[18]HAGIS P. Lower bounds for relatively prime amicable numbers of opposite parity[J]. Math. Comp. , 1970,24(112):963-968.

[19]HAGIS P. Relatively prime amicable numbers of opposite parity[J]. Math. Mag. ,1970,43:14-20.

[20]KANOLD H J. Über die Dichten der Mengen der vollkommenen und der befreundeten Zahlen[J]. Math. Z. ,1954,61(1):180-185.

[21]KANOLD H J. Über befreundete Zahlen Ⅰ[J]. Math. Nachr. ,1953,9(4): 243-248.

[22]KANOLD H J. Über befreundete Zahlen Ⅲ[J]. J. Reine Angew. Math. ,1969,234: 207-215.

[23]LEE E J. Amicable numbers and the bilinear diophantine equation[J]. Math. Comp. ,1968,22(101):181-187.

[24]LEE E J. On divisibility by nine of the sums of even amicable pairs[J]. Math. Comp. ,1969,23(107):545-548.

[25]LEE E J, MADACHY J S. The history and discovery of amicable numbers[J]. J. Recreational Math. ,1972,5(2):77-93.

[26]NAJAR R M. Operations on generators of unitary amicable pairs[J]. Fibonac-

ci Quart. ,1989,27(2):144-152.
[27]ORE O. Number theory and its history[M]. New York:McGraw-Hill,1948.
[28]POMERANCE C. On the distribution of amicable numbers[J]. J. Reine Angew. Math. ,1977:293-294.
[29]POULET P. 43 new couples of amicable numbers[J]. Scripta Math. ,1948,14:77.
[30]TE RIELE H J J. Four large amicable pairs[J]. Math. Comp. ,1974,28:309-312.

B5 拟互满数

若 $\sigma(m)=\sigma(n)=m+n+1, m<n$,则 Garcia 称数对$(m,n)$为拟互满数. 例如(48,75),(140,195),(1 575,1 648),(1 050,1 925)和(2 024,2 295)都是拟互满数. Rufus Isaacs 注意到 m 和 n 中的每一个都是另一个的真因子的和.

Hagis 和 Lord 已经找到了 $n<10^7$ 的所有的 46 对这样的数,它们都具有不同的奇偶性,至今尚未发现有相同奇偶性的 m,n. 如果 m,n 有同样的奇偶性,那么 $m>10^{10}$. 如果$(m,n)=1$,那么 mn 至少含有 4 个不同的素因子,并且如果 mn 是奇的,那么 mn 至少有 21 个不同的素因子.

Beck 和 Najar 定义,满足

$$\sigma(m)=\sigma(n)=m+n-1, m<n$$

的 m,n 称为增广互满数. 他们找到了 11 对这样的 m,n,同时还发现,不存在 $n<10^5$ 的增广酉互满数或活泼数(参见 B7).

[1] BECK W E, NAJAR R M. More reduced amicable pairs[J]. Fibonacci Quart. ,1977,15:331-332.
[2]BECK W E, NAJAR R M. Fixed points of certain arithmetic functions[J]. Fibonacci Quart. ,1977,15(4):337-342.
[3] HAGIS P, LORD G. Quasi-amicable numbers[J]. Math. Comp. , 1977, 31(138):608-611.
[4]LAL M, FORBES A. A note on Chowla's function[J]. Math. Comp. ,1971, 25:923-925.

B6 整除序列

既然有些数是过剩数,有些数是不足数,那么很自然人们要问,当作因子和函数的迭代并得到一序列$\{s^k(n)\}$,$k=0,1,2,\cdots$(这里的序列称为整除序列)时将发生什么情况呢? Catalan 和 Dickson 猜想,所有这样的序列都是有界的. 但是,我们现在有直观的推断,几乎对所有偶数 n,序列将趋于无穷. 人们曾认为这样最小的偶数 n 为 138,但 Lehmer 最终证明了,在达到最大值

$$s^{117}(138)=179\ 931\ 895\ 322=2\times61\times929\times1\ 587\ 569$$

之后,该序列将终止在 $s^{177}(138)=1$ 上. 下一个数是 276,尽管对其存在疑问. 后来由 Lehmer,接着为 Godwin,Selfridge,Wunderlich 和其他人在做出大量计算后得到

$$S^{469}(276)=149\ 384\ 846\ 598\ 254\ 844\ 243\ 905\ 695\ 992\ 651\ 412\ 919\ 855\ 640$$

Lenstra 已证明,可以构造任意长的单调递增整除序列.

用其他数论函数的迭代将会如何? 例如用 $s_e(n)$ 迭代,这里 $s_e(n)$ 表示 n 的真指数因子(参见 B16)的和. 参看 B16 所附 Hagis Jr. 的文章.

[1] ALANEN J. Empirical study of aliquot series[J]. Math. Comp., 1974, 28(127):878-880.

[2] CATALAN E. Propositions et questions direrses[J]. Bull. Soc. Math. France, 1887,16:128-129.

[3] DEVITT J S. Aliquot Sequences[J]. Math. Comp.,1978,32:942-943.

[4] DEVITT J S, GUY R K, SELFRIDGE J L. Third report on aliquot sequences[C]. Congressus Numeratium XVIII, Proc. 6th Manitoba Conf. Numerical Math., 1976:177-204.

[5] DICKSON L E. Theorems and tables on the sum of the divisors of a number[J]. Quart. J. Math.,1913,44:264-296.

[6] ERDÖS P. On asymptotic properties of aliquot sequences[J]. Math. Comp., 1976,30(135):641-645.

[7] GUY R K. Aliquot sequences[M]. London: Academic Press,1977:111-118.

[8] GUY R K, SELFRIDGE J L. Interim report on aliquot series[C]. Congressus Numerantium V,Proc. Conf. Numerical Math. Winnipeg,1971:557-580.

[9] GUY R K, SELFRIDGE J L. Combined report on aliquot sequences[R]. The Univ. of Calgary Math. Res. Report No. 225, May. 1974.

[10] GUY R K, SELFRIDGE J L. What drives an aliquot sequence[J]. Math. Comp.,1975,29(129):101-107.

[11] GUY R K, WILLIAMS M R. Aliquot sequences near 10^{12}[C]. Congressus Numerantium XII,Proc. 4th Conf. Numerical Math. Winnipeg,1974:387-406.

[12] GUY R K, LEHMER D H, SELFRIDGE J L, et al. Second report on aliquot sequences[C]. Congressus Numerantium Ⅸ, Proc. 3rd Conf. Numerical Math. Winnipeg,1973:357-368.
[13] PAXSON G A. Aliquot sequences[J]. Amer. Math. Monthly,1956,63:614.
[14] POULET P. La chasse aux nombres Ⅰ[M]. Bruxelles:[s. n.],1929.
[15] TE RIELE H J J. A note on the Catalan-Dickson conjecture[J]. Math. Comp.,1973,27(121):189-192.

B7 整除圈或活泼数

对某个正整数 n,如果存在 t 使 $s^k(n)=s^{k+t}(n)$ 对任何 k 成立,那么 $s^k(n)$ 称为一个整除圈,这样的 n 称为活泼数,最小正整数 t 称为圈的周期. 找到 n 使 $s^k(n)$ 的周期为 1 和 2 是容易的. Poult 找到了两个活泼数使 $s^k(n)$ 的周期分别为 5 和 28. 对 $k\equiv 0,1,2,3,4 \pmod 5$,$s^k(12\ 496)$ 分别取值为

$$12\ 496=2^4\times 11\times 71,14\ 288=2^4\times 19\times 47,15\ 472=2^4\times 967$$

$$14\ 536=2^3\times 23\times 79,14\ 264=2^3\times 1\ 783$$

对 $k\equiv 0,1,\cdots,27 \pmod{28}$,$s^k(14\ 316)$ 取下列值:

14 316,19 116,31 704,47 616,83 328,177 792,295 488,629 072,589 786, 294 896,358 336,418 904,366 556,274 924,275 444,243 760,376 736,381 028, 285 778,152 990,122 410,97 946,48 976,45 946,22 976,22 744,19 916,17 716

时隔 50 多年,随着高速计算机的出现,Henri Cohen 找到了周期为 4 的 9 个圈. Borho,David 和 Root 又找到了其他的一些圈. 那些周期为 4 的圈的最小元素取下列值:

1 264 460,2 115 324,2 784 580,4 938 136,7 169 104,18 048 976, 18 656 380,28 158 165,46 722 700,81 128 632,174 277 820,209 524 210, 330 003 580,498 215 416

人们猜测不存在周期为 3 的圈.

[1] BORHO W. Über die Fixpunkte der k-fach iterierten Teilersummenfunktion[J]. Mitt. Math. Gesellsch. Hamburg,1969,9(5):34-48.
[2] COHEN H. On amicable and sociable numbers[J]. Math. Comp., 1970, 24(110):423-429.
[3] POULET P. Question 4865[J]. L'Intermediaire Des Math.,1918,25:100-101.

B8 酉整除序列

整除序列和整除圈的概念用到仅有酉因子(参见 B3)被求和的情形时,产生了酉整除序列和酉活泼数,与 $\sigma(n)$ 和 $s(n)$ 类似,此时我们用 $\sigma^*(n)$ 和 $s^*(n)$ 表示.

存在无界的酉整除序列吗?值得认真考虑的序列是 6 的奇数倍数序列,因为 6 既是一个酉完全数又是一个普通的完全数.若 $3\parallel n$,则序列是递增的.但是,当出现了 3 的高次幂时,则序列递减.关于是哪种情况占主导地位,现在仍是争论之点.一旦序列的某项是 $6m$,m 为奇数,那么,除了 3 的奇次幂,均有 $\sigma^*(6m)$ 是 6 的偶倍数和 $s^*(6m)$ 为 6 的奇倍数吗?

te Riele 对 $n<10^5$ 讨论了所有的酉整除序列,发现仅有的没有终止或呈周期变化的序列是 89 610.后来的计算表明,此序列在第 568 项达到最大值

$$645\ 856\ 907\ 610\ 421\ 353\ 834$$
$$=2\times 3^2\times 13\times 19\times 73\times 653\times 3\ 047\ 409\ 443\ 791$$

且在它的第 1 129 项结束.

只有素因子的期望值很大时,才能预测序列的典型特性,但素因子大到 $\ln\ln n$时,序列又已远远超出了计算机的计算范围.在已考察的 10^{12}附近的 80 个序列中,全为终止或趋向周期化,其中一个序列超过 10^{23}.

酉互满数和酉活泼数可能比其普通数出现得更经常一些.Lal,Tiller 和 Summers 找到了周期为 1,2,3,4,5,6,14,25,39 和 65 的圈,酉互满对的例子是(56 430,64 530)和(1 080 150,1 291 050),而(30,42,54)是周期为 3 的圈,(1 482,1 878,1 890,2 142,2 178)是周期为 5 的圈.

Erdös 一直想找到一个数论函数,其迭代可能为有界的.他定义 $W(n)=n\sum 1/p_i^{a_i}$,其中 $n=\prod p_i^{a_i}$,且 $W^k(n)=W(W^{k-1}(n))$.注意到$(W(n),n)=1$,那么能证明 $W^k(n)(k=1,2,\cdots)$是有界的吗?又$|\{W(n)\mid 1\leqslant n\leqslant x\}|=o(x)$成立吗?

若对所有的 $m<n$ 使得 $m+f(m)\leqslant n$,则 Erdös 和 Selfridge 称 n 为数论函数 $f(n)$的闸.Euler 的 φ 函数(参见 B36)和 $\sigma(m)$ 增加得太快以至于没有闸.但是,m 的不同素因子的个数 $\omega(m)$ 有无穷多个闸吗?现已知 2,3,4,5,6,8,9,10,12,14,17,18,20,24,26,28,30,$\cdots$都是 $\omega(m)$的闸.如果 $\Omega(m)$是 m 的素因子的个数(素因子不是必须互异),那么 $\Omega(m)$有无穷多个闸吗?Selfridge 注意到,99 840 是 $\Omega(m)<10^5$ 的最大的闸.m 的因子个数 $d(m)$ 没有闸,因为 $\max\{d(n-1)+n-1,d(n-2)+n-2\}\geqslant n+2$,而

$$\max_{m<n}(m+d(m))=n+2$$

有无穷多组解吗？这是非常令人怀疑的. 其一解为 $n=24$，下一个较大的解大概又超出了计算机的计算范围.

[1] ERDÖS P. A melange of simply posed conjectures with frustratingly elusive solutions[J]. Math. Mag., 1979, 52: 67-70.

[2] ERDÖS P. Problems and results in number theory and graph theory[C]. Congressus Numerantium XXVII, Proc. 9th Manitoba Conf. Numerical Math. Comput., 1979: 3-21.

[3] GUY R K, WUNDERLICH M C. Computing unitary aliquot sequences—a preliminary report[C]. Congressus Numerantium XXVII, Proc. 9th Manitoba Conf. Numerical Math. Comput., 1979: 257-270.

[4] HAGIS P. Unitary amicable numbers[J]. Math. Comp., 1971, 25: 915-918.

[5] HAGIS P. Unitary hyperperfect numbers[J]. Math. Comp., 1981, 36: 299-301.

[6] LAL M, TILLER G, SUMMERS T. Unitary sociable numbers[C]. Congressus Numerantium VII, Proc. 2nd Conf. Numerical Math. Winnipeg, 1972: 211-216.

[7] TE RIELE H J J. Unitary aliquot sequences[J]. Math. Comp., 1978, 32: 944-945.

[8] TE RIELE H J J. Further results on unitary aliquot sequences[J]. Math. Comp., 1978, 32(143): 1-59.

[9] TE RIELE H J J. A theoretical and computational study of generalized aliquot sequences[J]. Math. Comp., 1978, 32(143): 945-946.

[10] WALL C R. Topics related to the sum of unitary divisors of an integer[D]. Knoxville: Univ. of Tennessee, 1970.

B9 超完全数

Suryanarayana 用 $\sigma^2(n)=2n$ 定义了超完全数，即 n 满足 $\sigma(\sigma(n))=2n$. 他和 Kanold 证明了偶超完全数恰是 2^{p-1}，其中 p 满足 2^p-1 为 Mensenne 素数. 存在奇超完全数吗？若存在，则 Kanold 证明了它们是完全平方数. Dandapat 等人证明了 n 或 $\sigma(n)$ 至少可被三个不同素数整除.

更一般地，Bode 称满足 $\sigma^m(n)=2n$ 的 n 为 m 重完全数，且证明了对 $m\geqslant 3$，不存在偶 m 重完全数. 他还证明了，对于 $m=2$，不存在小于 10^{10} 的奇超完全数.

Hunsucker 和 Pomerance 已改进这个上界到 7×10^{24},并且他们还得到了关于 n 为超完全数时,n 和 $\sigma(n)$ 的不同素因子的个数的结果.

如果 $\sigma^2(n)=2n+1$,此时它将与先前把 n 称为拟完全数的术语相一致. Mersenne 素数便是这样的数,还有其他的拟超完全数吗? 存在"几乎超完全数"使 $\sigma^2(n)=2n-1$ 吗?

Erdös 问,当 $k\to\infty$ 时,$(\sigma^k(n))^{1/k}$是否有极限? 他猜想,对每一个 $n>1$,它为无穷.

Schinzel 问,当 $n\to\infty$ 时,对每个 k,是否有

$$\liminf \sigma^k(n)/n<\infty$$

他观察到,对 $k=2$,由 Rényi 的很深刻的定理,上式将成立. Makowski 和 Schinzel 给出 $k=2$ 时上述极限为 1 的初等证明.

[1] BODE D. Über eine Verallgemeinerung der Vollkommenen Zahlen[D]. Braunschweig:Springer,1971.

[2] ERDÖS P. Some remarks on the iterates of the φ and σ functions[J]. Colloq. Math.,1967,17(2):195-202.

[3] HUNSUCKER J L, POMERANCE C. There are no odd superperfect numbers less than 7×10^{24}[J]. Indian J. Math.,1975,17:107-120.

[4] KANOLD H J. Über "Super perfect numbers"[J]. Elem. Math.,1969,24:61-62.

[5] LORD G. Even perfect and superperfect numbers[J]. Elem. Math.,1975,30(4):87-88.

[6] MAKOWSKI A, SCHINZEL A. On the functions $\varphi(n)$ and $\sigma(n)$[J]. Colloq. Math.,1964,13(1):95-99.

[7] SCHINZEL A. Ungelöste Problem Nr. 30[J]. Elem. Math.,1959,14:60-61.

[8] SURYANARAYANA D. Super perfect numbers[J]. Elem. Math.,1969,24:16-17.

[9] SURYANARAYANA D. There is no odd superperfect number of the form $p^{2\alpha}$[J]. Elem. Math.,1973,28:148-150.

B10 不可摸数

Erdös 已证明,存在无穷多个 n 使 $s(x)=n$ 没有解. Alanen 称这样的 n 为不可摸数(untouchable). 事实上,Erdös 证明了不可摸数具有正的小密率. 下面是

一些小于 1 000 的不可摸数：

2,5,52,88,96,120,124,146,162,178,188,206,210,216,238,246,248,262,268,276,288,290,292,304,307,322,324,326,336,342,372,406,408,426,430,448,472,474,498,516,518,520,530,540,552,556,562,576,584,612,624,626,628,658,668,670,714,718,726,732,738,748,750,756,766,768,782,784,792,802,804,818,836,848,852,872,892,894,896,898,902,916,926,936,964,966,976,982,996

从 Goldbach 猜想(参见 C1)似乎成立的观点来看,5 为唯一的奇不可摸数大概是可能的,因为如果 $2n+1=p+q+1$,p,q 为不同的素数,那么 $s(pq)=2n+1$. 这能独立地被证明吗？存在任意长的连续偶不可摸数序列吗？不可摸数的区间间隔能是多大？

[1] ERDÖS P. Über die Zahlen der form $\sigma(n)-n$ und $n-\varphi(n)$[J]. Elem. Math.,1973,28:83-86.

[2] ERDÖS P. Some unconventional problems in number theory[J]. Astérisque,1979,61:73-82.

B11 $m\sigma_k(m)=n\sigma_k(n)$的解

Leo Moser 已经注意到,$n\varphi(n)$唯一地确定 n 而 $n\sigma(n)$则不能($\varphi(n)$是 Euler 函数,参见 B27). 例如,$m\sigma(m)=n\sigma(n)$对于 $m=12,n=14$ 成立. 现在$\sigma(n)$的积性保证了 $m\sigma(m)=n\sigma(n)$的解有无穷多个,例如 $m=12q,n=14q$,其中$(q,42)=1$. 因此,Moser 问是否有无穷多组原始解(例如 $m=12,n=14$ 是原始解)？在这个意义上,对任意的 $m^*=m/d,n^*=n/d,d>1,(m^*,n^*)$不是解. 我们给出的例子是解 $m=2^{p-1}(2^q-1),n=2^{q-1}(2^p-1)$中最小的一组,其中 $2^p-1,2^q-1$ 是不同的 Mesenne 素数,因而,这些解我们仅知道有限个. 另一类解是：$m=2^7\times3^2\times5^2\times(2^p-1),n=2^{p-1}\times5^3\times17\times31$,其中 2^p-1 是除 3 和 31 以外的 Mesenne 素数,$p=5$ 在剔除公因子 31 后也给出原始解. 还存在其他的解,如 $m=2^4\times3\times5^3\times7,n=2^{11}\times5^2$ 和 $m=2^9\times5,n=2^3\times11\times31$. 一个满足$(m,n)=1$ 的例子为 $m=2^5\times5,n=3^3\times7$.

Erdös 观察到,如果 n 是无平方因子数,那么形如 $n\sigma(n)$的整数是两两不同的. 他还能证明,$m\sigma(m)=n\sigma(n)$满足 $m<n<x$ 的解的个数是 $cx+o(x)$. 存在三个不同的数 l,m,n 使 $l\sigma(l)=m\sigma(m)=n\sigma(n)$吗？方程 $\sigma(a)/a=\sigma(b)/b$ 存在无穷多个原始解吗？如不限制解为原始的,Erdös 证明了满足 $a<b<x$ 的

解的个数为 $cx+o(x)$. 如限制 $(a,b)=1$,至今尚不知道它是否存在解.

Erdös 认为,对于任意的 $\varepsilon>0$,方程 $x\sigma(x)=n$ 解的个数小于 $n^{\varepsilon/\ln\ln n}$,并且他说解的个数可能小于 $(\ln n)^c$.

用 $\sigma_k(n)$ 代替 $\sigma(n)$ 可以提出一些类似的问题,其中 $\sigma_k(n)$ 是 n 的因子的 k 次幂的和,例如,存在不同的数 m,n 使 $m\sigma_2(m)=n\sigma_2(n)$ 吗? 对于 $k=0$ 的情形,我们得到 $md(m)=nd(n)$ 有解 $(m,n)=(18,27),(24,32),(56,64)$ 和 $(192,224)$,而且最后一对再添上 168,给出三个不同的数 l,m,n 使 $ld(l)=md(m)=nd(n)$ 成立. 此外,$md(m)=nd(n)$ 存在无穷多组原始解 (m,n),例如

$$m=2^{qt-1}p,n=2^{pt\cdot 2^{tu}-1}q$$

其中 p 和 $q=u+p\cdot 2^{tu}$ 是素数. 许多另外的解能被构造出来,例如 $(2^{70},2^{63}\times 71)$,$(3^{19},3^{17}\times 5)$ 和 $(5^{51},5^{49}\times 13)$.

柯召和孙琦在不限制为原始解时证明了 $a(d(n))^s=b(\varphi(n))^t$,$a(\sigma(n))^t=b(\varphi(n))^s(s\neq t)$,$a(\sigma(n))^s=b(d(n))^t$ 以及 $a(\sigma(n))^t=bn(d(n))^s$ 均仅有有限个解,这里 a,b,s 和 t 均是给定的正整数. 但 $a(\sigma(n))^s=b(\varphi(n))^s$ 是否仅有有限个解?

[1]ERDÖS P. Remarks on number theory Ⅱ:some problems on the σ function[J]. Acta Arith.,1959,5:171-177.

[2]柯召,孙琦. 论一类型积性数论函数方程[J]. 四川大学学报(自然科学版),1965,2:1-10.

B12 $\sigma_k(n)=\sigma_k(n+l)$ 的解

Sierpinski 问是否存在无穷多个 n 使 $\sigma(n)=\sigma(n+1)$? Hunsucker 等人扩充了 Makowski 以及 Mientka 和 Vogt 的表,并且已经找到小于 10^7 的 113 组解

14,206,957,1 334,1 364,1 634,2 685,2 974,4 364,…

他们还获得了与方程 $\sigma(n)=\sigma(n+l)$ 有关的统计表. Mientka 和 Vogt 问,对怎样的 l(如果有),$\sigma(n)=\sigma(n+l)$ 有无穷多组解? 如果 l 是阶乘,他们找到了许多组解. 但当 $l=15$ 和 $l=19$ 时仅有两组解. 他们又问,对每一个 l 和 m,是否存在 n 使 $\sigma(n)+m=\sigma(n+l)$ 成立?

对于 $\sigma_k(n)$(参见 B11),人们可提相应的问题. $\sigma_2(n)=\sigma_2(n+1)$ 仅有的解是 $n=6$,因为对于 $n>7$ 有 $\sigma_2(2n)>\sigma_2(2n+1)$. 注意到 $\sigma_2(24)=\sigma_2(26)$,Erdös 怀疑 $\sigma_2(n)=\sigma_2(n+2)$ 有无穷多组解,并且他认为 $\sigma_3(n)=\sigma_3(n+2)$ 完全没有解.

[1]GUY R K, SHANKS D. A constructed solution of $\sigma(n)=\sigma(n+1)$[J]. Fibonacci Quart.,1974,12:299.

[2]HUNSUCKER J L, NEBB J, STEARNS R E. Computational results concerning some equations involving $\sigma(n)$[J]. Math. Student,1973,41:285-289.

[3]MAKOWSKI A. On some equations involving functions $\varphi(n)$ and $\sigma(n)$[J]. Amer. Math. Monthly,1960,67:668-670.

[4]MIENTKA W E, VOGT R L. Computational results relating to problems concerning $\sigma(n)$[J]. Mat. Vesnik,1970,7:35-36.

B13　一个无理数问题

$\sum_{n=1}^{\infty}(\sigma_k(n)/n!)$是无理数吗？已知对 $k=1,2$,它是如此.

[1]ERDÖS P, KAC M. Problem 4518[J]. Amer. Math. Monthly,1953,60:47.

B14　$\sigma(q)+\sigma(r)=\sigma(q+r)$的解

Max Rumney(Eureka,1963,26:12)问是否方程 $\sigma(q)+\sigma(r)=\sigma(q+r)$有无穷多组原始解？这里的原始解与 B11 中的定义类似. 若 $q+r$ 是素数,则 $\sigma(q)+\sigma(r)=\sigma(q+r)$仅有的解是$(q,r)=(1,2)$. 若 $q+r=p^2$,其中 p 是素数,则由 $\sigma(q)+\sigma(r)=\sigma(q+r)$推出 q,r 之一是素数,且若 q 是素数,则 $r=2^nk^2$,其中 $n\geqslant1,2\nmid k$. 若 $k=1$,且 $p=2^n-1$ 是 Mersenne 素数,$q=p^2-2^n$ 是素数,则方程有解. 例如 $n=2,3,5,7,13$ 和 19 是这样的. 对 $k=3$,方程没有解,并且对 $k=5$ 方程也没有 $n<189$ 的解. 对 $k=7,n=1$ 和 3 时,方程有解$(q,r,q+r)=(5\,231,2\times7^2,73^2)$和$(213\,977,2^3\times7^2,463^2)$. 其他的解是:$(k,n)=(11,1),(11,3),(19,5),(25,1),(25,9),(49,9),(53,1),(97,5),(107,5),(131,5),(137,1),(149,5),(257,5),(277,1),(313,3)$和$(421,3)$. 满足 $q+r=p^3$ 且 p 是素数的解为:$\sigma(2)+\sigma(6)=\sigma(8)$和 $\sigma(11\,638\,678)+\sigma(2^2\times13\times1\,123)=\sigma(227^3)$.

Erdös 问,当 $q+r<x$ 时,$\sigma(q)+\sigma(r)=\sigma(q+r)$有多少组解(不一定是原始的);它是 $cx+o(x)$或具有更高的阶吗？如果 $s_1<s_2<\cdots$,这里 s_i 使 $\sigma(s_i)=\sigma(q)+\sigma(s_i-q),q<s_i$ 有解,那么序列$\{s_i\}$的密率是什么？

B15 幂数问题

Erdös 和 Szekeres 研究了这样一些数 n:如果素数 p 能整除 n,那么 p^i 也能整除 n,其中 $i>1$ 是给定的. Golomb 定义这些数为幂数,且得出有无穷多对相邻的幂数. 他猜想,6 不能表示为两个幂数的差,以及存在无穷多个不能表示为两个幂数差的数. 另外,Makowski 已证明,每一素数 $\equiv 1 \pmod 8$ 均是两互素幂数的差. Sentance 已发现,除了$(5^2,3^3)$,还有无穷多对这样的连续奇幂数. 事实上,Golomb 猜想是不成立的,例如肖戎给出 $6=5^4\cdot 7^3-463^2$. 对一般情形,Mollin 和 Walsh,孙琦和袁平之,曹珍富用丢番图方程 $x^2-dy^2=c$ 的解,构造性地证明了任一数均可表示为两互素幂数之差,且表示法无穷. 并且这两个幂数还可以满足一些条件,例如前一个是平方数,或两个均是非平方幂数.

Erdös 用 $u_1^{(k)}<u_2^{(k)}<\cdots$表示那些素因子的指数大于或等于 k 的幂数. 他问方程 $u_{i+1}^{(2)}-u_i^{(2)}=1$ 是否有无穷多组不为完全平方数的解? 对这个问题,肖戎给出了肯定的回答. Erdös 问存在常数 c,使 $u_{i+1}^{(2)}-u_i^{(2)}=1$ 在 $u_i^{(2)}<x$ 时的解数小于$(\ln x)^c$ 吗? $u_{i+1}^{(3)}-u_i^{(3)}=1$ 没有解吗? $u_{i+2}^{(2)}-u_{i+1}^{(2)}=1=u_{i+1}^{(2)}-u_i^{(2)}$ 没有联立解吗? 使 $u_{i_1}^{(2)},\cdots,u_{i_r}^{(2)}$ 以等差数列形式存在的最大的 r 是多少? Erdös 猜想:(1)存在无穷多个三元组 $u_{i_1}^{(3)},u_{i_2}^{(3)},u_{i_3}^{(3)}$ 成等差数列,不存在四元组 $u_{i_1}^{(3)},\cdots,u_{i_4}^{(3)}$ 成等差数列,且不存在三元组 $u_{i_1}^{(4)},u_{i_2}^{(4)},u_{i_3}^{(4)}$ 成等差数列;(2)$u_i^{(3)}+u_j^{(3)}=u_k^{(3)}$ 有无穷多组解,但是,$u_i^{(4)}+u_j^{(4)}=u_k^{(4)}$ 最多只有有限组解,更一般地,$k-2$ 个 $u_i^{(k)}$ 的和至多有限次为 $u_i^{(k)}$;(3)每一充分大的整数是 3 个 $u_i^{(2)}$ 的和,他要求得到那些不是 3 个 $u_i^{(2)}$ 之和的整数表.

[1]曹珍富. 丢番图方程引论[M]. 哈尔滨:哈尔滨工业大学出版社,1989.

[2]ERDÖS P. Problems and results on consecutive integers[J]. Eureka, Publicationes Mathematicae,1975,38:3-8.

[3]ERDÖS P, SZEKERES G. Über die Anzahl der Abelschen Gruppen gegebener Ordnung undüber ein verwandtes zahlentheoretisches problem[J]. Acta Litt. Sci. Szeged,1934,7:95-102.

[4]GOLOMB S W. Powerful numbers[J]. Amer. Math. Monthly,1970,77:848-852.

[5]MAKOWSKI A. On a problem of Golomb on powerful numbers[J]. Amer. Math. Monthly,1972,79:761.

[6]MOLLIN R A, WALSH P G. Proper differences of nonsquare powerful numbers[J].

C. R. Math. Rep. Acad. Sci. Canada,1988,10(2):71-76.
[7]SENTANCE W A. Occurences of consecutive odd powerful numbers[J]. Amer. Math. Monthly,1981,88:272-274.
[8]孙琦,袁平之.关于一些幂数问题[J].四川大学学报(自然科学版),1989,26(3):277-282.
[9]肖戎.关于幂数的几个问题[J].数学研究与评论,1987,3:408-410.

B16 e-完全数

如果 $n=p_1^{a_1}p_2^{a_2}\cdots p_r^{a_r}$,且 $d\mid n$ 和 $d=p_1^{b_1}p_2^{b_2}\cdots p_r^{b_r}$,其中 $b_j\mid a_j(1\leqslant j\leqslant r)$,那么,Straus 和 Subbarao 称 d 是 n 的指数因子(e-因子).若 $\sigma_e(n)=2n$,其中$\sigma_e(n)$是 n 的指数因子之和,则称这样的 n 是 e-完全数.一些 e-完全数的例子是

$$2^2\times3^2,2^2\times3^3\times5^2,2^3\times3^2\times5^2,2^4\times3^2\times11^2,$$
$$2^4\times3^3\times5^2\times11^2,2^6\times3^2\times7^2\times13^2,2^6\times3^3\times5^2\times7^2\times13^2,$$
$$2^7\times3^3\times5^2\times7^2\times13^2,2^8\times3^2\times5^2\times7^2\times139^2$$

和

$$2^{19}\times3^2\times5^2\times7^2\times11^2\times13^2\times19^2\times37^2\times79^2\times109^2\times157^2\times313^2$$

设 m 是无平方因子数,则 $\sigma_e(m)=m$.因此,若 n 是 e-完全数,m 为无平方因子数且$(m,n)=1$,则 mn 是 e-完全数.因此,下面只考虑幂数(参见 B15)的 e-完全数.

Straus 和 Subbarao 证明:不存在奇 e-完全数.事实上,对任意整数 $k>1$,不存在满足 $\sigma_e(n)=kn$ 的奇数 n.他们还证明了对于每一个 r,具有 r 个素因子的幂数 e-完全数的个数是有限的.

Hagis Jr. 证明了 e-完全数的密率是 0.008 7.他还得到与指数因子有关的其他一些结果.

存在不能被 3 整除的 e-完全数吗?

Straus 和 Subbarao 猜想,仅有有限个 e-完全数不能被给定的素数 p 整除.

[1]HAGIS JR P. Some results concerning exponential divisors[J]. Internat. J. Math. Sci.,1988,11(2):343-349.
[2]STRAUS E G, SUBBARAO M V. On exponential divisors[J]. Duke Math. J. 1974,41:465-471.
[3]SUBBARAO M V. On some arithmetic convolutions[M]// The theory of arithmetic functions. New York: Springer-Verlag,1972.
[4]SUBBARAO M V, SURYANARAYANA D. Exponentially perfect and unitary

perfect numbers[J]. Notices Amer. Math. Soc. ,1971,18:798.

B17 $d(n)=d(n+1)$的解

存在无穷多个 n 使 $d(n)=d(n+1)$ 吗? 例如, $n=2,14,21,26,33,34,38,44,57,75,85,86,93,94,98,104,116,118,122,133,135,141,142,145,147,\cdots$ 时, $d(n)=d(n+1)$ 都成立. 在这些例子中,有许多是从恰有两个不同素数乘积的连续数对中产生的. 人们猜想使连续的三个数 $n,n+1,n+2$ 都恰是两个不同素数乘积的 n 有无穷多个. 例如, $n=33,85,93,141,201,213,217,301,393,445,633,697,921,\cdots$. 显然不可能有四个这样的连续数,因为其中必然有一个被 2^2 整除. 但我们有一个直观的猜想:有无穷多四个连续数,它们都恰含有两个不同素因子. 此外,具有相同因子个数的连续数的长序列是存在的,如

$$d(242)=d(243)=d(244)=d(245)=6$$

和

$$d(40\ 311)=d(40\ 312)=d(40\ 313)=d(40\ 314)=d(40\ 315)=8$$

那么,这样的序列能有多长呢?

[1]ERDÖS P, MIRSKY L. The distribution of values of the divisor function $d(n)$[J]. Proc. , London Math. Soc. ,1952,2(3):257-271.

[2]NAIR M, SHIU P. On some results of Erdös and Mirsky[J]. J. London Math. Soc. ,1980,22(2):197-203.

[3]SCHINZEL A. Sur un problème concernant le nombre de diviseurs d' un nombre naturel[J]. Bull. Acad. Polon. Sci. Ser. Sci. Math. Astr. Phys. , 1958, 6: 165-167.

[4]SCHINZEL A, SIERPINSKI W. Sur certaines hypothéses concernant les nombres premiers[J]. Acta Arith. ,1958,4:185-208.

[5]SIERPINSKI W. Sur une question concernant le nombre de diviseurs premiers d' un nombre naturel[J]. Colloq. Math. ,1958,6:209-210.

B18 相同素因子问题

Motzkin 和 Straus 提出求所有的数对 m,n 使 m 和 $n+1$,以及 n 和 $m+1$ 分别有相同的不同素因子的集合. 人们一直认为这样的数对必定形如 $m=2^k+1$, $n=m^2-1(k=0,1,2,\cdots)$,直到 Conway 发现,若 $m=5\times 7,n+1=5^4\times 7$,则 $n=2\times 3^7,m+1=2^2\times 3^2$,才改变了这个看法. 那么还有其他的吗?

类似地，Erdös 问，除了 $m=2^k-2, n=2^k(2^k-2)$，是否还有其他的数 m,n $(m<n)$ 使 m 和 n，以及 $m+1$ 和 $n+1$ 分别具有同样的素因子？Makowski 找到 $m=3\times5^2, n=3^5\times5$，且 $m+1=2^2\times19, n+1=2^6\times19$. 类似的问题还可以提出很多，但有应用背景的不多.

Pomerance 猜想：不存在奇数 $n>1$ 使 n 和 $\sigma(n)$ 有同样的素因子. 这还没有被证明.

[1] MAKOWSKI A. On a problem of Erdös[J]. Enseignement Math., 1968, 14(2): 193.

B19 形如 $k\times2^m+1$ 的素数

一些人研究了 Cullen 数 $n\times2^n+1$，发现除了 $n=141$，对 $2\leqslant n\leqslant1\ 000$，它们均是合数. 那么 Cullen 数中到底有多少素数？有限的还是无限的？很容易证明，有无限多个 Cullen 数是合数，例如当 $n\equiv1 \pmod 6$ 时，Cullen 数均被 3 整除. 根据 Fermat 小定理，当 p 是奇素数时，$(p-1)2^{p-1}+1$ 和 $(p-2)2^{p-2}+1$ 均能被 p 整除. 所以 Cullen 数非常可能是合数.

Riesel 得到，相应的数 $n\times2^n-1$ 在 $n\leqslant110$ 时，仅当 $n=2,3,6,30,75$ 和 81 时是素数.

设正奇数 k 使 $k\times2^n+1$ 对于某些正整数 n 为素数，$N(x)$ 表示这些正奇数 $k\leqslant x$ 的个数，Sierpinski 用覆盖同余（参见 F12）证明了 $N(x)$ 随 x 趋向无穷，例如，如果 $k\equiv1 \pmod{641\times(2^{32}-1)}$ 和 $k\equiv-1 \pmod{6\ 700\ 417}$，那么，序列 $k\times2^n+1(n=0,1,2,\cdots)$ 的每一个数均至少能被素数 3，5，17，257，641，65 537 和 6 700 417 中的一个整除. 他注意到，对于 k 的特定的其他值，均有 3，5，7，13，17，241 中的一个整除 $k\times2^n+1$.

Erdös 和 Odlyzko 已证明

$$\left(\frac{1}{2}-c_1\right)x\geqslant N(x)\geqslant c_2x$$

使 $k\times2^n+1$ 对所有 n 均为合数的最小 k 值是什么？Selfridge 发现，3，5，7，13，19，37，73 总能整除 $78\ 557\times2^n+1$. 他又注意到，对 $k<383$，存在形如 $k\times2^n+1$ 的素数，且 $383\times2^n+1$ 对所有 $n<2\ 313$ 为合数. Mendelsohn 和 Wolk 改进这一结果到 $n\leqslant4\ 017$，但是，最近，Hugh Williams 找到了素数 $383\times2^{6\ 393}+1$.

似乎最小 k 值的确定能用计算机来完成. Baillie，Cormack 和 Williams 做了大范围的计算，发现了若干个形如 $k\times2^n+1$ 的素数，其中包括

$$k=2\ 897, 6\ 313, 7\ 493, 7\ 957, 8\ 543, 9\ 323$$

和

$$n = 9\ 715, 4\ 606, 5\ 249, 5\ 064, 5\ 793, 3\ 013$$

但是仍剩下 118 个小于 78 557 的数未做考察. 这些数中的前 8 个是

$$k = 3\ 061, 4\ 847, 5\ 297, 5\ 359, 5\ 897, 7\ 013, 7\ 651 \text{ 和 } 8\ 423$$

对于这些 k,已知各自当

$$n \leqslant 16\ 000, 8\ 102, 8\ 070, 8\ 109, 8\ 170, 8\ 105, 8\ 080 \text{ 和 } 8\ 000$$

时没有素数存在.

[1] CORMACK G V, WILLIAMS H C. Some very large primes of the form $k \cdot 2^n + 1$[J]. Math. Comp., 1980, 35:1419-1421.

[2] ERDÖS P, ODLYZKO A M. On the density of odd integers of the form $(p-1)2^{-n}$ and related questions[J]. J. Number Theory, 1979, 11:257-263.

[3] SELFRIDGE J L. Solution to problem 4995[J]. Amer. Math. Monthly, 1963, 70:101.

[4] SIERPINSKI W. Sur un probléme concernant les nombres $k \cdot 2^n + 1$[J]. Elem. Math., 1960, 15:73-74.

[5] SIERPINSKI W. 250 problems in elementary number theory[M]. New York: Elsevier, 1970.

B20 将 n! 分解成某些因子的乘积

Straus, Erdös 和 Selfridge 提出,试将 n! 表示为 n 个因子的乘积,且要求最小的一个因子 l 尽可能大. 例如,对 $n = 56$,有 $l = 15$,因为

$$56! = 15 \times 16^3 \times 17^3 \times 18^8 \times 19^2 \times 20^{12} \times 21^9 \times 22^5 \times 23^2 \times 26^4 \times 29 \times 31 \times 37 \times 41 \times 43 \times 47 \times 53$$

Selfridge 有两个猜想:(a)除了 $n = 56$,均有 $l \geqslant [2n/7]$;(b)对 $n \geqslant 300\ 000$,有 $l \geqslant n/3$(如果此为真,那么,300 000 能被更小的数代替吗?),并且 Erdös, Selfridge 和 Straus 已证明,对于 $n > n_0 = n_0(\varepsilon)$,有 $l > n/(e+\varepsilon)$. 从 Stirling 公式看,显然它是可能达到的最好结果. Straus 仅借助变化 2 的幂的位置已证明 $l \geqslant 3n/16$. 显然,l 是 n 的单调函数(当然,尽管不是严格地). 另外,l 不取遍所有整数值,对 $n = 124, 125$, l 分别是 35, 37. Erdös 问,l 值中的间隔能是多大呢? 对任意大的范围,l 能是常数吗?

Alladi 和 Grinstead 表示 n! 为素数幂的乘积,每一个均如 $n^{\delta(n)}$ 一样大,且

设$\alpha(n)=\max\delta(n)$,他们证明了$\lim_{n\to\infty}\alpha(n)=e^{c-1}=\alpha$,其中

$$c=\sum_{k=2}^{\infty}\frac{1}{k}\ln\frac{k}{k-1}$$

因此,$\alpha=0.809\ 394\ 020\ 534\cdots$.

假定$n!=a_1!\,a_2!\cdots a_r!$,$r\geqslant2$,$a_1\geqslant a_2\geqslant\cdots\geqslant a_r\geqslant2$,一个平凡的例子是$a_1=a_2!\cdots a_r!-1$,$n=a_2!\cdots a_r!$. Dean Hickerson 注意到,当$n\leqslant410$时,仅有的非平凡例子是$9!=7!\,3!\,3!\,2!$,$10!=7!\,6!=7!\,5!\,3!$和$16!=14!\,5!\,2!$,他问还有其他的例子吗?

Erdös 注意到,如果$p(n)$是n的最大素因子,且如果已知$p(n(n+1))/\ln n$随n趋于无穷,那么仅有有限个非平凡例子吗?

Erdös 和 Craham 已经研究了方程$y^2=a_1!\,a_2!\cdots a_r!$,他们定义集合$F_k$是整数$m$的集合,这里$m=a_1>a_2>\cdots>a_r(r\leqslant k)$对于某些$y$满足方程. D_k为F_k-F_{k-1},则可得到各种结果,例如,对于几乎所有素数p,$13p$不属于F_5,且D_6的最小元素为527. 如果$D_4(n)$是D_4中的元素小于或等于n的个数,他们说:不知道$D_4(n)$增长的阶为何? 他们猜想,$D_6(n)>cn$,但不能证明它.

[1] ALLADI K, GRINSTEAD C. On the decomposition of $n!$ into prime powers[J]. J. Number Theory, 1977, 9: 452-458.

[2] ECKLUND E, EGGLETON R. Prime factors of consecutive integers[J]. Amer. Math. Monthly, 1972, 79: 1082-1089.

[3] ECKLUND E, EGGLETON R, ERDÖS P, et al. On the prime factorization of binomial coeffcients[J]. J. Austral Math. Soc. Ser. A, 1978, 26: 257-269.

[4] ERDÖS P. Some problems in number theory[M] // Computers in number theory. New York: Academic Press, 1971.

[5] ERDÖS P. Problems and results on number theoretic properties of consecutive integers and related questions[C]. Congressus Numerantium XVI, Proc. 5th Manitoba Conf. Numer. Math., 1975: 25-44.

[6] ERDÖS P, GRAHAM R L. On products of factorials[J]. Bull. Inst. Math. Acad. Sinica, Taiwan, 1976, 4(2): 337-355.

B21 [1,n]的某些最大子集

考虑[1,n]中没有一个元素能除尽其他任何两个元素的子集. 假设$f(n)$是这样子集中的最大子集的元素个数,Erdös 问$f(n)$能有多大? 如果取[$m+1$,

$3m+2]$，显然，$f(n)$为$\langle 2n/3\rangle$. Kleitman 证明，如果取$[11,30]$，且$[11,30]$中不含有 18,24,30，但它允许包含 6,8,9 和 10，那么$f(29)=21$. 但是，该例子似乎不一般化，事实上，Lebensold 已证明，如果 n 很大，那么

$$0.672\,5n\leqslant f(n)\leqslant 0.673\,6n$$

相应地，在不超过 n 的数中，寻找一最大集合，该集合中没有一个元素能是其他两元素的倍数. 上述 Kleitman 的例子也能用于这个问题. 更一般地，Erdös 问，不超过 n 且没有一个数被其他 k 个数除尽的数的最大个数是多少($k>2$)？对 $k=1$，答案是$\langle n/2\rangle$.

Bateman 问 $31=(2^5-1)/(2-1)=(5^3-1)/(5-1)$是否是仅有的可用多于一种方式表达为$(p^r-1)/(p^d-1)$的素数，其中 p 是素数，且 $r\geqslant 3,d\geqslant 1$. 平凡的例子有 $7=(2^3-1)/(2-1)=((-3)^3-1)/(-3-1)$，但是，不存在另外的小于 10^{10}的这样的素数. 如果 p 是素数的条件放宽，那么该问题便回到 Goormaghtigh 问题上去了，且有解 $8\,191=(2^{13}-1)/(2-1)=(90^3-1)/(90-1)$. 设 N 是任意正整数，$s(N)$表示方程 $N=1+x+x^2+\cdots+x^y(y\geqslant 2)$的正整数解的个数，则有一个至今没有解决的猜想：除 $N=31,8\,191$ 以外必有 $s(N)\leqslant 1$. Shorey 证明了，当 y 为偶数且 $N-1$ 含有至多 5 个不同素因子时，猜想正确. 同时，他还证明了

$$s(N)\leqslant\begin{cases}\max\{2\omega(N-1)-3,0\}, & \text{当 } \omega(N-1)\leqslant 4 \text{ 时}\\ 2\omega(N-1)-4, & \text{其他}\end{cases}$$

这里 $\omega(\ )$表示不同素因子的个数.

Parker 注意到，如果能证明$(p^q-1)/(p-1)$不整除$(q^p-1)/(q-1)$，其中 p,q 是不同的奇素数，那么 Feit 和 Thompson 关于奇阶群是可解的冗长的证明可以缩短. 事实上，已有人这样猜想，这两个表达式是互素的. 但 Stephens 发现，当 $p=17,q=3\,313$ 时，它们有公因子 $2pq+1=112\,643$. Mckay 对 $p<5.3\times 10^7$ 证明了 $p^2+p+1\nmid 3^p-1$.

Erdös 问，使整数 $a_i(1\leqslant a_1<\cdots<a_k\leqslant n)$中没有 l 个两两互素的最大的 k 是多少？他猜想，这个 k 便是不超过 n 且有前 $l-1$ 个素数中的一个作为其因子的整数个数. 他说，容易证明 $l=2$ 时的情形，证明 $l=3$ 时的情形也不困难. 但是，他为此猜想的一般解决提供了 10 美元奖金.

相应地，人们欲求$[1,n]$的最大子集，它的元素两两最小公倍数不超过 n. 若 $g(n)$是这样最大子集的元素个数，则 Erdös 证明了

$$\frac{3}{2\sqrt{2}}n^{1/2}-2<g(n)\leqslant 2n^{1/2}$$

其中，前一个不等式在取从 1 到$(n/2)^{1/2}$和从$(n/2)^{1/2}$到$(2n)^{1/2}$的偶整数时均

成立. Choi 改进上界到 $1.638n^{1/2}$.

[1] BATEMAN P T, STEMMLER R M. Waring's problem for algebraic number fields and primes of the form $(p^r-1)/(p^d-1)$[J]. Illinois J. Math., 1962, 6: 142-156.
[2] CHOI S L G. The largest subset in $[1,n]$ whose integers have pairwise l. c. m. not exceeding n[J]. Mathematika, 1972, 19: 221-230.
[3] CHOI S L G. On sequences containing at most three pairwise coprime integers[J]. Trans. Amer. Math. Soc., 1973, 183: 437-440.
[4] CHINBURG T, HENRIKSEN M. Sums of kth powers in the ring of polynomials with integer coefficients[J]. Bull. Amer. Math. Soc., 1975, 81: 107-110.
[5] ERDÖS P. Extremal problems in number theory[J]. Proc. Sympos. Pure Math. Amer. Math. Soc., 1965, 8: 181-189.
[6] LEBENSOLD K. A divisibility problem[J]. Studies in Applied Math., 1976, 56: 291-294.
[7] MAKOWSKI A, SCHINZEL A. Sur l'équation indéterminée de R. Goormaghtigh[J]. Mathesis, 1959, 68: 128-142.
[8] SHOREY T N. Integers with identical digits[J]. Acta Arith., 1989, 53: 187-205.
[9] STEPHENS N M. On the Feit-Thompson conjecture[J]. Math. Comp., 1971, 25: 625.

B22 $n+k$ 的除不尽 $n+i(0\leqslant i<k)$ 的素因子的个数

Erdös 和 Selfridge 定义 $v(n;k)$ 为 $n+k$ 的除不尽 $n+i(0\leqslant i<k)$ 的素因子的个数, $v_0(n)$ 为取遍所有 $k\geqslant 0$ 的 $v(n;k)$ 的最大值. 那么, $v_0(n)$ 随 n 趋向 ∞ 吗? 他们证明, 除了 1, 2, 3, 4, 7, 8 和 16, 对所有 n 均有 $v_0(n)>1$. 更一般地, 定义 $v_l(n)$ 为 $v(n;k)$ 取遍 $k\geqslant l$ 的最大值, 那么 $v_l(n)$ 随 n 趋向 ∞ 吗? 甚至不能证明 $v_1(n)=1$ 仅有有限组解. 大概使 $v_1(n)=1$ 的最大 n 为 $n=330$.

他们还用 $V(n;k)$ 表示 $p^\alpha \parallel (n+k)$, 但 $p^\alpha \nmid (n+i)$ $(0\leqslant i<k)$ 的素数 p 的个数, 用 $V_l(n)$ 表示取遍 $k\geqslant l$ 的 $V(n;k)$ 的最大值, 那么, $V_1(n)=1$ 仅有有限组解吗? 也许 $n=80$ 是最大的解. 使 $V_0(n)=2$ 成立的最大的 n 是多少?

他们的论文还给出了若干更进一步的问题.

[1] ERDÖS P, SELFRIDGE J L. Some problems on the prime factors of consecu-

tive integers[J]. Illinois J. Math. ,1967,11:428-430.
[2]SCHINZEL A. Unsolved problem 31[J]. Elem. Math. ,1959,14:82-83.

B23 连续数因子问题

Selfridge 问,存在 n 个连续整数,每一个都有小于 n 的两个不同素因子或相同素因子吗?他给出两个例子:

(a)$a+11+i(1\leqslant i\leqslant n=115)$,其中 $a\equiv 0(\bmod 2^2\times 3^2\times 5^2\times 7^2\times 11^2)$,且对每个素数 p,$13\leqslant p\leqslant 113$,有 $a+p\equiv 0(\bmod p^2)$.

(b)$a+31+i(1\leqslant i\leqslant n=1\ 329)$,其中对于每一个 p,$37\leqslant p\leqslant 1\ 327$ 有 $a+p\equiv 0(\bmod p^2)$,且 $a\equiv 0(\bmod 2^2\times 3^2\times 5^2\times 7^2\times 11^2\times 13^2\times 17^2\times 19^2\times 23^2\times 29^2\times 31^2)$.

很难找到这样的 n 个连续数,其中每一个均能被小于 n 的两个不同素数或小于 $n/2$ 的一个素数的平方整除,尽管 Selfridge 相信用计算机能找到这样的数.

这与下面的问题有关:找到 n 个连续整数,每一个均有一个其他 $n-1$ 个数乘积的复合因子. 如果放宽复合条件,仅求比 1 大的因子,那么 $2\ 184+i(1\leqslant i\leqslant n=17)$是一个著名的例子.

Erdös,Graham 和 Selfridge 希望找到最小的 t_n,使整数 $n,n+1,\cdots,n+t_n$ 的子集中的元素乘积为平方数(此子集至少应有两个元素). Thue-Siegel 定理推出当 $n\to\infty$ 时,$t_n\to\infty$ 的速度远比$(\ln n)^c$ 的快,这里 c 是正常数.

换句话说,对每个 c,存在 n_0 使对于每一个 $n>n_0$,$\prod a_i$ 取遍 $n<a_1<\cdots<a_k<n+(\ln n)^c(k=1,2,\cdots)$的值都是不同的吗?他们证明了,对于 $c<2$,上述为真.

关于连续数的 Grimm 猜想见 B25.

[1]BRAUER A. On a property of k consecutive integers[J]. Bull. Amer. Math. Soc. ,1941,47:328-331.
[2]EVANS R J. On blocks of N consecutive integers[J]. Amer. Math. Monthly, 1969,76:48-49.
[3]EVANS R. On N consecutive integers in an arithmetic progression[J]. Acta Sci. Math. Unic. Szeged,1972,33:295-296.
[4]HARBORTH H. Eine Eigenschaft aufeinanderfolgender Zahlen[J]. Arch. Math. (basel),1970,21:50-51.
[5]HARBORTH H. Sequenzen ganzer Zahlen[J]. Zahlentheorie,Berichte aus

dem Math. Forschungsinst. Oberwolfach,1971,5:59-66.
[6]PILLAI S S. On m consecutive integers Ⅰ[J]. Proc. Indian Acad. Sci. Sect A,1940,11:6-12;Ⅱ Ibid,1940,11:73-80;Ⅲ Ibid,1941,13:530-533;Ⅳ Bull. Calcutta Math. Soc.,1944,36:99-101.

B24 二项式系数

Earl Ecklund,Roger Eggleton,Erdös 和 Selfridge 记二项式系数$\binom{n}{k}=n!/[k!(n-k)!]$为积 UV,这里 U 的每一个素因子至多为 k,而 V 的每个素因子均大于 k. 当 $n\geqslant 2k$ 时,仅有有限多种情形使 $U>V$,试确定 $k=3,5$ 或 7 时的所有这些情形.

Khare 列出了 $n\leqslant 551$ 时的全部情形:$k=3,n=8,9,10,18,82$ 和 162;$k=5,n=10,12$ 和 28;$k=7,n=21,30$ 和 54.

Erdös 还注意到,对 $n>4$,仍不清楚$\binom{2n}{n}$是否是无平方因子. 设 $e=e(n)$,这里 e 满足 $p^e\parallel\binom{2n}{n}$,现也不知道是否 e 随 n 趋向∞. 另外,他否定不了 $e>c\ln n$.

Wolstenholme 定理告诉我们,如果 n 是大于 3 的素数,那么$\binom{2n-1}{n}\equiv 1 \pmod{n^3}$. Jones 问是否逆命题也成立.

关于二项式系数$\binom{n}{k}=n!/[k!(n-k)!]$的小于 n 的最大因子,Erdös 指出,很容易证明,它至少是 n/k,并且猜想,对于任何 $c<1$ 和充分大的 n,在 cn 和 n 之间也许存在一个这样的最大因子. Marilyn Faulkner 证明:若 p 是大于 $2k$ 的最小素数,且 $n\geqslant p$,则除了$\binom{9}{2}$和$\binom{10}{3}$,$\binom{n}{k}$有一个大于或等于 p 的素因子. Earl Ecklund 证明了,若 $n\geqslant 2k>2$,则$\binom{n}{k}$除$\binom{7}{3}$以外,有素因子 $p\leqslant n/2$.

John Selfridge 猜想,如果 $n\geqslant k^2-1$,那么,除了例外情形$\binom{62}{6}$,$\binom{n}{k}$必存在一个小于或等于 n/k 的素因子. 另外,他猜想,若 $n<k(k+3)$,则除了$\binom{7}{3}$,$\binom{14}{4}$,$\binom{23}{5}$,$\binom{44}{8}$和$\binom{47}{11}$,$\binom{n}{k}$有一个小于或等于 $k+1$ 的素因子. 如果猜想条件减弱为$n\leqslant k+3$,那么这些例外也将被包含进去.

由 Sylvester 和 Schur 独立发现的一个经典定理知,k 个比 k 大的连续整数

的积必有比 k 大的素因子. Leo Moser 猜想, Sylvester-Schur 定理对于素因子 $\equiv 1 \pmod 4$ 成立,也就是说, k 个比 k 大的连续整数之积有大于 k 的素因子 $\equiv 1 \pmod 4$. 可是, Erdös 认为此猜想不成立.

Neil Sloane 注意到 $\frac{3}{5m+3}\binom{5m+3}{m}$ 总是整数且问推广到 $\frac{a}{n}\binom{n}{r}$ 的情况如何?从 Catalan 数 $\frac{1}{n+1}\binom{2n}{n}$ 知,这种推广可能是存在的.

$f(n)$ 是不能除尽 $\binom{2n}{n}$ 的小于 n 的那些素数的倒数和. Erdös 等人猜想,必存在绝对常数 c,使 $f(n) < c$ 对所有 n 成立. Erdös 也猜想,对 $n>4$, $\binom{2n}{n}$ 绝不是无平方因子. 因为除了 $n=2^k$,均有 $4 \mid \binom{2n}{n}$,所以仅需考虑 $\binom{2^{k+1}}{2^k}$ 就足够了.

Erdös 又猜想,对 $k>8$, 2^k 不是 3 的不同幂的和 ($2^8=3^5+3^2+3+1$). 如果这为真,那么对 $k\geqslant 9$,有 $3 \mid \binom{2^{k+1}}{2^k}$. $\binom{342}{171}$ 是 $\binom{2n}{n}$ 中不能被奇素数的平方除尽的最大数吗?

Graham 为 $\left(\binom{2n}{n},105\right)=1$ 是否出现无穷多次这一问题的解决提供 100 美元的奖金. Kummer 知道,当满足这一条件的 n 用 3,5 或 7 进制表示时, n 将分别仅取数字:0,1;0,1,2;0,1,2,3. Gupta 和 Khare 找到了小于 7^{10} 的 14 个这样的 n 值:1,10,756,757,3 160,3 186,3 187,3 250,7 560,7 561,20 007,59 548 377 和 59 548 401. Peter Montgomery, Khare 和其他人找到了许多更大一些的 n.

Graham, Erdös, Ruzsa 和 Straus 证明了,对于任意的两个不同素数 p,q,存在无穷多个 n 使 $\left(\binom{2n}{n},pq\right)=1$.

如果 $g(n)$ 是 $\binom{2n}{n}$ 的最小素因子,那么 $g(3\ 160)=13$ 且对于 $3\ 160<n<10^{110}$,有 $g(n)\leqslant 11$.

如果 $H_{k,n}$ 是这样一个命题,存在某个 i, $0\leqslant i<k$ 使 $n-i$ 能整除 $\binom{n}{k}$,那么 Erdös 问,当 $n\geqslant 2k$ 时, $H_{k,n}$ 是否对所有 k 为真? Schinzel 给出一个反例: $n=99\ 215$, $k=15$. 如果 H_k 表示 $H_{k,n}$ 对所有 n 为真的命题,那么 Schinzel 证明了对于 $k=15,21,22,33,35,45,55,63,65,69,75,77,85,87,91,93,95$ 和 99, H_k 均是错的. Schinzel 问是否存在无穷多个这样的 k? Erdös 证明了它的存在性. Schinzel 对所有的其他 $k\leqslant 32$,证明了 H_k 为真,并问,是否存在无穷多个 k,它不是素

数幂,使得 H_k 为真？他猜想不存在.

[1]ECKLUND E F. On prime divisors of the binomial coefficient[J]. Pacific J. Math. ,1969,29:267-270.

[2]ERDÖS P. A theorem of Sylvester and Schur[J]. J. London Math. Soc. ,1934, 9:282-288.

[3]ERDÖS P. A mélange of simply posed conjectures with frustratingly elusive solutions[J]. Math. Mag. ,1979,52:67-70.

[4]ERDÖS P , GRAHAM R L. On the prime factors of $\binom{n}{k}$[J]. Fibonacci Quart. ,1976,14:348-352.

[5]ERDÖS P, GRAHAM R L, RUZSA I Z, et al. On the prime factors of $\binom{2n}{n}$[J]. Math. Comp. ,1975,29:83-92.

[6]ERDÖS P, SZEKERES G. Some number theoretic problems on binomial coefficients[J]. Austral. Math. Soc. Gaz. ,1978,5:97-99.

[7]FAULKNER M. On a theorem of Sylvester and Schur[J]. J. London Math. Soc. ,1966,41:107-110.

[8]MOSER L. Insolvability of $\binom{2n}{n}=\binom{2a}{a}\binom{2b}{b}$[J]. Canad. Math. Bull. ,1963, 6:167-169.

[9]SCHINZEL A. Sur un probléme de P. Erdös[J]. Colloq. Math. ,1957,5:198-204.

[10]SCHUR I. Einige Sätzeüber primzahlen mit Anwendungen and Irreduzibilitätsfragen I[J]. S. B. Preuss. Akad. Wiss. Phys. -Math. Kl. ,1929,14:125-136.

[11]SYLVESTER J. On arithmetical series[J]. Messenger of Math. ,1892,21:1-19,87-120.

[12]UTZ W. A conjecture of Erdös concerning consecutive integers[J]. Amer. Math. Monthly,1961,68:896-897.

B25 Grimm 猜想

Grimm 猜想,如果 $n+1,n+2,\cdots,n+k$ 都是合数,那么存在不同素数 p_{i_j},使

$p_{i_j} \mid (n+j)$ $(1 \leqslant j \leqslant k)$成立. 例如

1 802,1 803,1 804,1 805,1 806,1 807,1 808,1 809 和 1 810

能够分别被

53,601,41,19,43,139,113,67 和 181

整除,而 114,115,116,117,118,119,120,121,122,123,124,125 和 126 各自能被 19,23,29,13,59,17,2,11,61,41,31,5 和 7 整除.

Erdös 和 Selfridge 欲求$f(n)$的估计,这里$f(n)$取最小数,使对每一个 m,在$[m+1, m+f(n)]$中有不同的整数 $a_1, a_2, \cdots, a_{\pi(n)}$ 满足 $p_i \mid a_i$,其中 p_i 是第 i 个素数. Erdös, Selfridge 与 Pomerance 证明了对于大 n 有

$$(3-\varepsilon)n \leqslant f(n) \ll n^{3/2}(\ln n)^{-1/2}$$

[1] ERDÖS P. Problems and results in combinatorial analysis and combinatorial number theory[C]. Congressus Numerantium XXI in Proc. 9th S. E. Conf. Combin. Graph Theory, Comput., Boca Raton, Utilitas Math. Winnipeg, 1978: 29-40.

[2] ERDÖS P, POMERANCE C. Matching the natural numbers up to n with distinct multiples in another interval[J]. Nederl. Akad. Wetensch. Proc. Ser. A, 1980, 83: 147-161.

[3] ERDÖS P, POMERANCE C. An analogue of Grimm's problem of finding distinct prime factors of consecutive integers[J]. Utilitas Math., 1983, 24: 45-65.

[4] ERDÖS P, SELFRIDGE J L. Some problems on the prime factors of consecutive integers Ⅱ[C]. Proc. Washington State Univ. Conf. Number Theory, Pullman, 1971: 13-21.

[5] GRIMM C A. A conjecture on consecutive composite numbers[J]. Amer. Math. Monthly, 1969, 76(10): 1126-1128.

[6] LANGEVIN M. Plus grand facteur premier d'entiers en progression arithmétique, Sém. Delange-Pisot-Poitou[J]. Math. Sci., 1976, 18(3): 1-7.

[7] POMERANCE C. Some number theoretic matching problems[C]. Proc. Number Theory Conf., Queens Univ., Kingston, 1979: 237-247.

[8] RAMACHANDRA K T, SHOREY N, TIJDEMAN R. On Grimm's problem relating to factorization of a block of consecutive integers[J]. J. Reine Angew. Math., 1975, 273: 109-124.

B26 连续数之积的相同素因子

假设$f(n)$是这样的最小整数，它使得$n, n+1, \cdots, n+f(n)$中至少有一个能整除其他数之积. 很容易看出，$f(k!)=k$，且对$n>k!$有$f(n)>k$. Erdös 证明了

$$f(n)>\exp((\ln n)^{1/2-\varepsilon})$$

对于无穷多的n成立，但似乎很难找到$f(n)$的一个好的上界.

Erdös 问，当$k \geqslant l \geqslant 3$时，$(m+1)(m+2)\cdots(m+k)$与$(n+1)(n+2)\cdots(n+l)$是否无穷多次含相同的素因子.

例如，$2\times3\times4\times5\times6\times7\times8\times9\times10$，$14\times15\times16$与$48\times49\times50$，还有$2\times3\times4\times5\times6\times7\times8\times9\times10\times11\times12$与$98\times99\times100$. 对$k=l\geqslant3$，他猜想，这仅发生有限多次.

如果$L(n;k)$是$n+1, n+2, \cdots, n+k$的最小公倍数，那么，Erdös 猜想，对$l>1$，$n\geqslant m+k$，$L(m;k)=L(n;l)$仅有有限个解. 他问是否存在无限多个n使对所有$k(1\leqslant k<n)$，我们有$L(n;k)>L(n-k;k)$. 使此不等式反号的最大$k=k(n)$是多少？他注意到，极易看出$k(n)=o(n)$，而且认为这可能是正确的. 他预测，对每个$\varepsilon>0$和$n>n_0(\varepsilon)$，有$k(n)<n^{1/2+\varepsilon}$成立，但是不能证明它.

[1] ERDÖS P. How many pairs of products of consecutive integers have the same prime factors[J]. Amer. Math. Monthly, 1980, 87: 391-392.

B27 Euler 函数

Euler 函数$\varphi(n)$是不大于n且与n互素的正整数的个数，例如，$\varphi(1)=\varphi(2)=1$，$\varphi(3)=\varphi(4)=\varphi(6)=2$，$\varphi(5)=\varphi(8)=\varphi(10)=\varphi(12)=4$，$\varphi(7)=\varphi(9)=6$. 那么，存在无穷多对相邻数$n, n+1$使$\varphi(n)=\varphi(n+1)$成立吗？例如，$n=1,3,15,104,164,194,255,495,584,975$均有$\varphi(n)=\varphi(n+1)$. 但是我们不知道$|\varphi(n+1)-\varphi(n)|<n^{\varepsilon}$是否对每一个$\varepsilon>0$有无穷多组解？

Schinzel 猜想，对于每一个偶数k，方程$\varphi(n+k)=\varphi(n)$有无穷多组解. 他注意到，当k为奇数时，对应的猜想是不可信的. 对$k=1$，在$n<10^4$时，$\varphi(n+k)=\varphi(n)$有 18 个解. 而对$k=3$，在同样范围内仅有两个解$n=3$和$n=5$. Lehmer 把范围推广到$n<10^6$，且对$k=1$，找到 59 个解，但对$k=3$，仅找到两个解. Sierpinski 已证明，对每一个k值，$\varphi(n+k)=\varphi(n)$至少有一个解. Schinzel 和 Wakulicz 证明，对于$k<2\times10^{58}$，对每个k方程至少有两个解. Makowski 证明，

对每个 k 方程 $\varphi(n+k)=2\varphi(n)$ 至少有一个解.

两个奇特的情形是 $\varphi(25\ 930)=\varphi(25\ 935)=\varphi(25\ 940)=\varphi(25\ 942)=2^7 3^4$ 及 $\varphi(404\ 471)=\varphi(404\ 473)=\varphi(404\ 477)=2^8\cdot 3^2\cdot 5^2\cdot 7$.

设 n 为正整数,若 $\varphi(x)=n$ 没有解,则称 n 是 Nontotients. 例如 $n=14,26,34,38,50,62,68,74,76,86,90,94,98$ 均是 Nontotients. Lehmer 计算出小于 y 的 Nontotients 的个数#(y)如下:

y:$10^3,10^4,2\times 10^4,3\times 10^4,4\times 10^4,5\times 10^4,6\times 10^4,7\times 10^4,8\times 10^4,9\times 10^4$;

#(y):210,2 627,5 515,8 458,11 438,14 439,17 486,20 536,23 606,26 663.

设 n 为正整数,若方程 $x-\varphi(x)=n$ 无解,则称 n 为 Noncototients 数. 例如,$n=10,26,34,50,52,58,86,100$ 均是 Noncototients 数. Sierpinski 和 Erdös 猜想,存在无穷多个 Noncototiens 数.

[1] ERDÖS P. Über die Zahlen der form $\sigma(n)-n$ and $n-\varphi(n)$ [J]. Elem. Math., 1973, 28:83-86.

[2] MAKOWSKI A. On the equation $\varphi(n+k)=2\varphi(n)$ [J]. Elem. Math., 1974, 29:13.

[3] SCHINZEL A. Sur l'équation $\varphi(x+k)=\varphi(x)$ [J]. Acta Arith., 1958, 4:181-184.

[4] SCHINZEL A, WAKULICZ A. Sur l'équation $\varphi(x+k)=\varphi(n)$ Ⅱ [J]. Acta Arith., 1959, 5:425-426.

[5] SIERPINSKI W. Sur un propriété de la fonction $\varphi(n)$ [J]. Publ. Math. Debrecen, 1956, 4:184-185.

B28 Lehmer 猜想

Lehmer 猜想,不存在合数 n,使得 $\varphi(n)$ 为 $n-1$ 的因子. 也就是说,不存在 n 使 $\varphi(n)$ 为 $n-1$ 的真因子. 这样的 n 必定是 Carmichael 数(参见 A13). Lehmer 证明了,若 $\varphi(n)$ 为 $n-1$ 的真因子,则 n 至少是 7 个不同奇素数之积. 柯召和孙琦证明了 n 至少是 12 个不同的奇素数之积. Lieuwens 已证明了下列定理:如果 $3|n$,那么 n 至少有 212 个不同素因子且 $n>5.5\times 10^{571}$;如果 n 的最小素因子至少为 7,那么 n 至少是 13 个素数之积. 这就取代并改正了 Schuh 的工作. Masao Kishore 已证明无论如何需要 13 个素数. Cohen 和 Hagis 则改进此结果到 14. Pomerance 已证明,小于 x 且使 $\varphi(n)|(n-1)$ 的合数 n 的个数小于 $x^{1/2+\varepsilon}$. 最

近，Hagis Jr. 证明了以下结果：(a)如果 $3|n$，那么 n 至少有 298 848 个不同素因子，且 $n>10^{1\,937\,042}$；(b)如果 $M\geqslant 3$，这里 M 是满足 $M\varphi(n)=n-1$ 的正整数，那么 n 至少有 1 991 个不同素因子且 $n>10^{8\,171}$；(c)$S(M,t)$ 是一个有限集合，其中 $S(M,t)$ 是 n 的集合，n 满足：①n 恰有 t 个不同素因子；②$M\varphi(n)=n-1$ 有一个解 n.

Schinzel 注意到，若 $n=p$ 或 $2p$，其中 p 为素数，则 $\varphi(n)+1$ 能整除 n，并问逆命题是否为真？

若 n 是素数，则 n 能整除 $\varphi(n)d(n)+2$. 除了 $n=4$，它对任意合数 n 均为真吗？Subbaro 也注意到，若 n 为素数，及 $n=4,6,22$，则 $n\sigma(n)\equiv 2(\bmod \varphi(n))$. 它对无穷多个 n 为真吗？曹珍富给出了一个否定的回答，即证明了 $n\sigma(n)\equiv 2(\bmod \varphi(n))$，当且仅当 $n=4,6,22$ 及 n 是一个素数.

Subbarao 基于函数 $\varphi^*(n)=\prod(p^a-1)$，做了一个与 Lehmer 类似的猜想，其中"$\prod$"跑遍整除 n 的最大素数幂，即 $p^a \parallel n$. 他猜想，若 $\varphi^*(n)|(n-1)$，则 n 是某素数的幂.

Ron Graham 做了下列猜想：

对每个 k，存在无穷多个 n 使 $\varphi(n)|(n-k)$？他注意到，它对 $k=0$，$k=2^a$ $(a\geqslant 0)$ 及 $k=2^a3^b$ $(a,b>0)$ 为真.

[1]ALTER R. Can $\varphi(n)$ properly divide $n-1$[J]. Amer. Math. Monthly, 1973, 80:192-193.

[2]COHEN G L, HAGIS P. On the number of prime factors of n if $\varphi(n)|(n-1)$[J]. Niuw Arch. Wisk., 1980, 28, 3:177-185.

[3]HAGIS JR P. On the equation $M\varphi(n)=n-1$[J]. Nieuw Arch. Wisk., 1988, 6(4):255-261.

[4]KISHORE M. On the equation $k\varphi(M)=M-1$[J]. Nieuw Arch. Wisk., 1977, 25(3):48-53.

[5]柯召，孙琦. 关于方程 $k\varphi(n)=n-1$[J]. 四川大学学报(自然科学版), 1963(1):13.

[6]LEHMER D H. On Euler's totient function[J]. Bull. Amer. Math. Soc., 1932, 38:745-751.

[7]LIEUWENS E. Do there exist composite numbers for which $k\varphi(M)=M-1$ holds[J]. Nieuw Arch. Wisk., 1970, 18(3):165-169.

[8]POMERANCE C. On composite n for which $\varphi(n)|n-1$[J]. Acta Arith., 1976, 28:387-389; Ⅱ, Pacific J. Math., 1977, 69:177-186. See also Notices A-

mer. Math. Soc. ,1975,22:A-524.

[9]SCHUH F. Can $n-1$ be divisible by $\varphi(n)$ where n is composite[J]. Mathematica, Zutphen B. ,1944,12:102-107.

[10]SUBBARAO M V. On two congruences for primality[J]. Pacific J. Math. , 1974,52:261-268.

[11]WALL D W. Conditions for $\varphi(N)$ to properly divide $N-1$[J]. A Collection of Manuscripts Related to the Fibonacci Sequence, 18th Anniv. Vol. ,Fibonacci Assoc. ,205-208.

B29 $\varphi(m)=\sigma(n)$与$\varphi(m)=\varphi(n)$

存在无穷多对数m,n,使$\varphi(m)=\sigma(n)$吗?因为对素数p,$\varphi(p)=p-1$和$\sigma(p)=p+1$,所以,如果存在无穷多的孪生素数(参见A7),那么该问题的回答是肯定的.又如果存在无穷多的Mersenne素数(参见A3)$M_p=2^p-1$,那么$\sigma(M_p)=2^p=\varphi(2^{p+1})$.但是,除了这些,有时候还存在许多不曾被人们注意到的解的形式,如$\varphi(780)=192=\sigma(105)$.

Erdös评论说,方程$\varphi(x)=n!$是可解的,并且(除了$n=2$)$\sigma(y)=n!$也是可解的.

Carmichael猜想,对每一个n,似乎可能找到不等于n的m使得$\varphi(m)=\varphi(n)$成立,并且于20世纪初,人们曾认为此猜想已被Carmichael证明. Klee证明该猜想对全部不被$2^{42}\times3^{47}$整除的n和$\varphi(n)<10^{400}$时成立. Pomerance证明了,如果n满足对于每一个素数p,$p-1$能整除$\varphi(n)$,且我们有p^2能整除n,那么n是一个反例.他又证明(未发表)由Schinzel的第一个素数$p\equiv1\pmod q$小于q^2的猜想可推出不存在n满足他的定理.

Erdös证明,若$\varphi(x)=k$恰有s个解,则存在无穷多个k恰有s个解,且$s>k^C$对于无穷多个k成立.若C是使不等式为真的那些C中的最小上界,则Wooldridge证明了$C\geqslant3-2\sqrt{2}>0.171\ 57$. Pomerance用Hooley对Brun-Titchmarsh定理的改进结果改进它为$C\geqslant1-625/512e>0.550\ 92$,且注意到,由Iwaniec最近做出的进一步改进使他得到$C>0.556\ 55$,从而使$s>k^{5/9}$对于无穷多个k成立. Erdös猜想$C=1$.另外,Pomerance又证明了$s<k\exp\{-(1+o(1))\ln k\ln\ln\ln k/\ln\ln k\}$,并给出了此结果为可能达到的最好结果的直观推断.

[1]CARMICHAEL R D. Note on Euler's φ-function[J]. Bull. Amer. Math. Soc. ,

1922,28:109-110.

[2] ERDÖS P. On the normal number of prime factors of $p-1$ and some other related problems concerning Euler's φ-function[J]. Quart. J. Math. Oxford Ser., 1935,6:205-213.

[3] ERDÖS P. Some remarks on Euler's φ-function and some related problems[J]. Bull. Amer. Math. Soc.,1945,51:540-544.

[4] ERDÖS P. Some remarks on Euler's φ function[J]. Acta Arith.,1958,4:10-19.

[5] ERDÖS P, HALL R R. Distinct values of Euler's φ-function[J]. Mathematika, 1976,23:1-3.

[6] HOOLEY C. On the greatest prime factor of $p+a$[J]. Mathematika,1973,20:135-143.

[7] KLEE V L. On a conjecture of Carmichael[J]. Bull. Amer. Math. Soc.,1947,53:1183-1186.

[8] KLEE V L. Is there an n for which $\varphi(x)=n$ has a unique solution[J]. Amer. Math. Monthly,1969,76:288-289.

[9] POMERANCE C. On Carmichael's conjecture[J]. Proc. Amer. Math. Soc.,1974,43:297-298.

[10] POMERANCE C. Popular values of Euler's function[J]. Mathematika,1980,27:84-89.

[11] WOOLDRIDGE K R. Values taken many times by Euler's phi-function[J]. Proc. Amer. Math. Soc.,1979,76:229-234.

B30 小于 *n* 且与它互素的整数间隔

如果 $a_1<a_2<\cdots<a_{\varphi(n)}$ 是小于 n 且与它互素的整数,Erdös 猜想,$\sum(a_{i+1}-a_i)^2<cn^2/\varphi(n)$ 并为这一猜想的解决提供 100 美元的奖金. Hooley 证明,对于 $1\leqslant\alpha<2$,$\sum(a_{i+1}-a_i)^\alpha\ll n(n/\varphi(n))^{\alpha-1}$ 和 $\sum(a_{i+1}-a_i)^2\ll n(\ln\ln n)^2$. 而 Vaughan 已证得

$$\sum(a_{i+1}-a_i)^2\ll n^2(1+\sum_{p\mid n}(\ln p)/p)/\varphi(n)$$

因而"在通常情形"证实了这一猜想.

Jacobsthal 问 $\max(a_{i+1}-a_i)$ 的上界是什么?

[1] ERDÖS P. On the integers relatively prime to n and on a number-theoretic function considered by Jacobsthal[J]. Math. Scand., 1962, 10: 163-170.
[2] HOOLEY C. On the difference of consecutive numbers prime to n[J]. Acta Arith., 1963, 8: 343-347.
[3] VAUGHAN R C. Some applications of Montgomery's sieve[J]. J. Number Theory, 1973, 5: 64-79.

B31 φ与σ的迭代

因子和与酉因子和之间存在一个紧密联系的函数,该函数是 Euler 函数的补充. 如果 $n=p_1^{a_1}\cdots p_k^{a_k}$,且用$\overline{\varphi}(n)$表示$\prod p_i^{a_i-1}(p_i+1)$,即$\overline{\varphi}(n)=n\prod(1+p^{-1})$,其中积跑遍 n 的不同素因子,易知,此函数的迭代最终趋于的项具有$2^a\times 3^b$的形式,其中 b 固定,a 逐项增 1. 对任意给定的 b 值,存在无穷多的 n 初值使迭代最终趋向$2^a\times 3^b$. 例如$\overline{\varphi}^k(2^a\times 3^b\times 7^c)=2^{a+4k}\times 3^b\times 7^{c-k}(0\leqslant k\leqslant c)$和$\overline{\varphi}^k(2^a\times 3^b\times 7^c)=2^{a+5k-c}\times 3^b(k>c)$.

David E. Penney 和 Pomerance 在一篇未发表的文章中,证明了存在 n 使函数$\overline{\varphi}(n)-n$ 的迭代当迭代次数趋于∞时无界. 最小的这样的数 $n=318$.

如果我们用$(\varphi+\overline{\varphi})/2$ 来求$\overline{\varphi}$和 φ 的平均并进行迭代,那么当迭代到某一步为素数幂时,迭代序列的项便变成常数. 例如对 24,我们有$\frac{1}{2}(8+48)=28$,$\frac{1}{2}(12+48)=30$,$\frac{1}{2}(8+72)=40$,$\frac{1}{2}(16+72)=44$,$\frac{1}{2}(20+72)=46$,$\frac{1}{2}(22+72)=47$,$\frac{1}{2}(46+48)=47$,…,还有其他无穷递增的数吗?

我们也能取 σ 和 φ 的平均$\frac{1}{2}(\sigma+\varphi)$并进行迭代. 因为 $\varphi(n)$对于 $n>2$ 总为偶数,且当 n 是一个平方数或平方数的 2 倍时,$\sigma(n)$总为奇数. 因此,有时我们将得到一些非整数值. 例如 54,69,70,84,124,142,143,144,$225\frac{1}{2}$;在这种情形下,我们说序列是断裂的. 容易证明,仅仅当 $n=1$,或 n 是素数时,$(\sigma(n)+\varphi(n))/2=n$,因此,序列能变成常数,例如 60,92,106,107,107,…. 再一次问,存在其他的数能产生无穷递增的序列吗?

当然,如果我们迭代函数 φ,那么它最终将到达 2,称使 $\varphi^k(n)=2$ 的整数 k 为 n 的类.

k	n														
0	2														
1	3	4	6												
2	5	7	8	9	10	12	14	18							
3	11	13	15	16	19	20	21	22	24	26	…				
4	17	23	25	29	31	32	33	34	35	37	39	40	43	…	
5	41	47	51	53	55	59	61	64	65	67	68	69	71	73	…
6	83	85	89	97	101	103	107	113	115	119	121	122	123	125	128 …

$M=\{2,3,5,11,17,41,83,\cdots\}$是这些类最小值的集合. Shapiro 猜想,$M$ 仅含有素数值,但是 Mills 却找到几个合数元素. 如果 S 是对于全部 k,类 k 的小于 2^{k+1} 的元素的并,即

$$S=\{3;5,7;11,13,15;17,23,25,29,31;\\41,47,51,53,55,59,61;83,85,\cdots\}$$

那么 Shapiro 证明了 S 的元素的因子也在 S 中. Catlin 证明了,如果 m 是 M 的奇元素,那么 m 的因子也属于 M,且仅仅当 M 中存在有限多个奇数时,M 中也存在有限多个素数. S 中含有无穷多个奇数吗? M 中含有无穷多个奇数吗?

Finucane 迭代函数 $\varphi(n)+1$,并问:经过多少步后,它才到达一个素数? 此外,给定一个素数 p,其序列以素数 p 结束的 n 值的分布如何? 5,8,10,12 是以 5 结束的仅有的数吗? 7,9,14,15,16,18,20,24,30 是仅有的以 7 结束的数吗?

Erdös 就 $\sigma(n)-1$ 也问了类似的问题,它总是结束于某个素数,还是无限地递增? 在 $\sigma(n)-1,(\overline{\varphi}(n)+\varphi(n))/2$ 或$(\varphi(n)+\sigma(n))/2$ 的迭代的任何一种情形,他都没有证明其增长速度是否比指数慢.

[1] CATLIN P A. Concerning the iterated φ-function[J]. Amer. Math. Monthly, 1970,77:60-61.

[2] ERDÖS P, HALL R R. Euler's φ-function and its iterates[J]. Mathematika, 1977,24:173-177.

[3] MILLS W H. Iteration of the φ-function[J]. Amer. Math. Monthly,1953,50: 547-549.

[4] NICOL C A. Some diophantine equations involving arithmetic functions[J]. J. Math. Anal. Appl.,1966,15(1):154-161.

[5] SHAPIRO H N. An arithmetic function arising from the φ-function[J]. Amer.

Math. Monthly,1943,50:18-30.

B32 $\varphi(\sigma(n))$与$\sigma(\varphi(n))$

Makowski 和 Schinzel 证明,$\limsup \varphi(\sigma(n))/n=\infty$,$\limsup \varphi^2(n)/n=\frac{1}{2}$和$\liminf \sigma(\varphi(n))\leqslant\frac{1}{2}+\frac{1}{2^{34}-4}$. 他们问是否$\sigma(\varphi(n))/n\geqslant\frac{1}{2}$对全部$n$成立?他们指出,甚至是否有$\inf \sigma(\varphi(n))/n>0$也未被证明.

[1]MAKOWSKI A, SCHINZEL A. On the function $\varphi(n)$ and $\sigma(n)$[J]. Colloq. Math.,1964,13:95-99.

B33 阶乘的"和"

数

$$3!-2!+1!=5$$
$$4!-3!+2!-1!=19$$
$$5!-4!+3!-2!+1!=101$$
$$6!-5!+4!-3!+2!-1!=619$$
$$7!-6!+5!-4!+3!-2!+1!=4\ 421$$
$$8!-7!+6!-5!+4!-3!+2!-1!=35\ 899$$

是素数. 存在无穷多个这样的素数吗?这里对下列几个n值列出$A_n=n!-(n-1)!+(n-2)!-\cdots-(-1)^n1!$的因子(表3).

表3 A_n的因子

n	A_n	n	A_n
9	79 ×4 139	19	15 578 717 622 022 981(素数)
10	3 301 819(素数)	20	8 969 ×210 101 ×1 229 743 351
11	13 ×2 816 537	21	113 ×167 ×4 511 191 ×572 926 421
12	29 ×15 254 711	22	79 ×239 ×56 947 572 104 043 899
13	47 ×1427 ×86 249	23	85 439 ×289 993 909 455 734 779
14	211 ×1 679 ×229 751	24	12 203 ×24 281 ×2 010 359 484 638 233
15	1 226 280 710 981(素数)	25	59 ×555 307 ×455 254 005 662 640 637
16	53 ×6 581 ×56 470 483	26	1 657 ×234 384 986 539 153 832 538 067
17	47 ×7 148 742 955 723	27	127^2 ×271 ×1 163 ×2 065 633 479 970 130 593
18	2 683 ×2 261 044 646 593	28	61 ×221 171 ×21 820 357 757 749 410 439 949

$n=27$ 的情形表明，A_n 不一定是无平方因子的.

如果存在 n 值使 $n+1$ 能整除 A_n，那么 $n+1$ 对于全部 $m>n$ 将能整除 A_m，因而仅有有限个素数值. Wagstaff 证明，若有这样的 n，则它必大于 46 340.

Kurepa 定义 $!\ n=0!\ +1!\ +\cdots+(n-1)!$，并问对所有 $n>2$，是否有 $!\ n\not\equiv 0 \pmod n$？Slavic 利用计算机在 $3\leqslant n\leqslant 1\ 000$ 时证明了 $!\ n\not\equiv 0 \pmod n$. 猜想是 $(!\ n,n!)=2$. Wagstaff 推广了 Slavic 的计算，并证实猜想在 $n<50\ 000$ 时成立. 他注意到，对于 $B_n=!\ (n+1)-1=1!\ +2!\ +\cdots+n!$，我们有：当 $n\geqslant 2$ 时 $3\mid B_n$；当 $n\geqslant 5$ 时，$9\mid B_n$；当 $n\geqslant 10$ 时，$99\mid B_n$.

[1] CARLITZ L. A note on the left factorial function[J]. Math. Balkanica, 1975, 5:37-42.

[2] KUREPA D. On some new left factorial propositions[J]. Math. Balkanica, 1974, 4:383-386.

B34 Euler 数

$\sec x=\sum E_n x^n/n!$ 的展开式中的系数是 Euler 数，且以几种组合的前后关系出现：$E_0=1$，$E_2=-1$，$E_4=5$，$E_6=-61$，$E_8=1\ 385$，$E_{10}=-50\ 521$，$E_{12}=2\ 702\ 765$，$E_{14}=-199\ 360\ 981$，$E_{16}=19\ 391\ 512\ 145$，$E_{18}=-2\ 404\ 879\ 675\ 441$，$\cdots$. 对于任意素数 $p\equiv 1 \pmod 8$，$E_{(p-1)/2}\not\equiv 0 \pmod p$ 都为真吗？它对任意的 $p\equiv 5 \pmod 8$ 是正确的. 对于 $p\equiv 3 \pmod 4$，Mordell 证明了 $E_{(p-3)/2}\not\equiv 0 \pmod p$ 的充要条件是 $y_0\not\equiv 0 \pmod p$，y_0 是方程 $x^2-py^2=1$ 的正整数解中最小的 y. Goldberg 证明了 $p<18\ 000$ 时，$y_0\not\equiv 0 \pmod p$.

还有一个类似的问题是关于 Bernoulli 数的，参阅曹珍富的《丢番图方程引论》.

[1] 曹珍富. 丢番图方程引论[M]. 哈尔滨：哈尔滨工业大学出版社，1989.

[2] LEHMER E. On congruences involving Bernoulli numbers and the quotients of Fermat and Wilson[J]. Annals of Math., 1938, 39:350-360.

[3] MORDELL L J. On a Pellian equation conjecture Ⅱ[J]. J. London Math. Soc., 1961, 36:282-288.

[4] POWELL B J. Advanced problem 6325[J]. Amer. Math. Monthly, 1980, 87:826.

B35 n 的最大素因子

Erdös 用 $P(n)$ 表示 n 的最大素因子，并且问是否存在无穷多个素数 p 使

$(p-1)/P(p-1)=2^k$ 或 $2^k \cdot 3^l$ 成立?

Erdös 和 Pomerance 能证明,存在无穷多个 n 使 $P(n)<P(n+1)<P(n+2)$. 那么,存在无穷多个 n 使 $P(n)>P(n+1)>P(n+2)$吗? 他们认为,渐近密率为 1/6 的 n 的集合满足条件.

[1] ERDÖS P, POMERANCE C. On the largest prime factors of n and $n+1$[J]. Aequationes Math., 1978, 17:311-321.

堆垒数论

C

C1 Goldbach 猜想

最为著名的问题之一便是 Goldbach 猜想,即每一大于4的偶数均能表示为两奇素数之和. Vinogradov 证明了每一比 $3^{3^{15}}$ 大的奇数均是三个素数之和,潘承彪给出了 Vinogradov 定理的一个很好的简化证明. 陈景润证明了所有充分大的偶数均是一个素数与至多两个素数乘积之和. 在这之前,王元与潘承洞做出了重要贡献,例如证明了充分大的偶数均是一个素数与至多四个素数乘积之和. 潘承洞、丁夏畦与王元还给出陈景润定理的一个简化证明.

Hardy 和 Littlewood(参见 A1,A8)的猜想 A 是:偶数 n 表示为两奇素数之和的表示法个数 $N_2(n)$ 渐近地由下式给出:

$$N_2(n) \sim \frac{2cn}{(\ln n)^2} \prod \frac{p-1}{p-2}$$

其中,如同 A8,$2c \approx 1.320\ 3$,积跑遍 n 的所有奇素因子.

M. L. Stein 和 P. R. Stein 已经计算了 $n < 10^5$ 时的 $N_2(n)$,找到了对所有 $k < 1\ 911$ 使 $N_2(n) = k$ 的 n 值,他们猜想 $N_2(x)$ 取所有正整数.

设 $\pi(n;a,b)$ 表示 $a, a+b, a+2b, \cdots$ 中不超过 n 的素数个数,有一个均值定理是:设 $b \leqslant n^{\alpha}/(\ln n)^{A}$ 是正整数,$0 < \alpha < 1$, $A > 1$,如果

$$|\pi(n;a,b)-\frac{n}{\varphi(b)\ln n}|<\frac{c}{(\ln n)^{B}}\prod\frac{p-1}{p-2} \quad (A)$$

这里 $B>2$,$\varphi(b)$是 Euler 函数(参见 B27),那么

$$N_2(n)\leqslant\frac{4cn}{\alpha(\ln n)^2}\prod\frac{p-1}{p-2} \quad (B)$$

此处 c 与积均与前相同. 显然,如果找到一个 α 使(A)成立,那么可得到 $N_2(n)$ 的一个上界. 1962 年,潘承洞证明了在 $\alpha\leqslant 1/3$ 时(A)成立. 而后潘承洞,Bombieri 和 Davenport 又分别得到 $\alpha\leqslant 3/8$,$\alpha\leqslant 1/2$,因而(B)中 $4/\alpha$ 可取 8. 陈景润(1978)给出 $4/\alpha$ 可取 7.834 2.

设 $\varphi(n)$是 Euler 函数(参见 B27),因此,若 p 是素数,则 $\varphi(p)=p-1$. 若 Goldbach 猜想成立,则对一个数 m,必存在素数 p,q 满足

$$\varphi(p)+\varphi(q)=2m$$

如果我们放宽 p,q 是素数的条件,那么,证明总有 p,q 满足上述方程就应当容易一些. Erdös 和 Leo Moser 问是否能做到这一点?

[1] BOMBIERI E, DAVENPORT H. Small differences between prime number[J]. Proc. Roy. Soc. Ser. A,1966,293:1-8.

[2] 陈景润. 大偶数表为一个素数与一个不超过两个素数的乘积之和[J]. 科学通报,1966,17(5):385-386;中国科学,1973,16(2),2:111-128;Ⅱ Sci. Sin.,1978(21):421-430.

[3] CHEN J R. On the Goldbach's problem and the sieve method[J]. Sci. Sin.,1978,21:701-739.

[4] VAN DER CORPUT J G. Sur l'hypothese de Goldbach pour presque tous les nombres pairs[J]. Acta Arith.,1937,2:266-290.

[5] CUDAKOV N G. On the density of the set of even numbers which are not representable as the sum of two odd primes[J]. Izv. Akad. Nauk SSSR Ser. Mat.,1938,2:25-40.

[6] CUDAKOV N G. On Goldbach-Vinogradov's theorem[J]. Ann. of Math.,1947,48(2):515-545.

[7] ESTERMANN T. On Goldbach's problem: proof that almost all even positive integers are sums of two primes[J]. Proc. London Math. Soc.,1938,44(2):307-314.

[8] ESTERMANN T. Introduction to modern prime number theory[M]. New York: Cambridge University Press,1952.

[9] MONTGOMERY H L, VAUGHAN R C. The exceptional set in Goldbach's problem[J]. Acta Arith., 1975,27:353-370.

[10]潘承彪.三个素数定理的一个新证明[J].数学学报,1977,20(3):206-211.

[11]潘承洞.表偶数为素数及殆素数之和[J].数学学报,1962,1:95-106.

[12]潘承洞,丁夏畦,王元.大偶数表为一个素数与一个殆素数之和[J].中国科学,1975,18:599-610.

[13] ROSS P M. On Chen's theorem that each large even number has the form p_1+p_2 or $p_1+p_2p_3$[J]. J. London Math. Soc.,1975,10(2):500-506.

[14] STEIN M L, STEIN P R. New experimental results on the Goldbach conjecture[J]. Math. Mag.,1965,38:72-80.

[15] VAUGHAN R C. On Goldbach's problem[J]. Acta Arith.,1972,22:21-48.

[16] VAUGHAN R C. A new estimate for the exceptional set in Goldbach's problem[J]. Proc. Sympos. Pure Math. Amer. Math. Soc.,1972,24:315-319.

[17] VINOGRADOV I M. Representation of an odd number as the sum of three primes[J]. Dokl. Akad. Nauk SSSR,1937,15:169-172.

[18] VINOGRADOV I M. Some theorems concerning the theory of primes[J]. Mat. Sb. N. S.,1937,2(44):179-195.

[19] WANG Y. On the representation of large integer as a sum of a prime and an almost prime[J]. Sci. Sin.,1962,11:1033-1054.

[20]王元.表大偶数为一个素数及一个不超过四个素数的乘积之和[J].数学学报,1956,6:565-592.

[21] ZWILLINGER D. A Goldbach conjecture using twin primes[J]. Math. Comp.,1979,33:1071.

C2 幸运数

Gardiner 和其他人借助修改 Eratosthenes 筛法定义了幸运数,即从自然数中删去所有的偶数,而把奇数留下来,除了1,第一个被留下来的数是3,再从新序列中每隔 $3-1$ 个删去一个(形如 $6k-1$ 的那些),留下

$$1,3,7,9,13,15,19,21,25,27,31,33,\cdots$$

下一个剩下来的数是7,在这个序列中,每隔 $7-1$ 个删去一个(数 $42k-23$,$42k-3$).下面9被剩下来了,因此,从剩下的数中每隔 $9-1$ 个数删去一个,如

此下去,直到得出全部的幸运数:

1,3,7,9,13,15,21,25,31,33,37,43,49,51,63,67,69,73,75,79,87,93,99,105,111,115,127,129,133,135,141,151,159,163,169,171,189,193,195,201,205,211,219,223,231,….

与关于素数的经典的问题平行,产生了许多与幸运数有关的问题,例如,如果 $L_2(n)$ 是 $l+m=n$ 解的个数,其中 n 是偶数,l,m 是幸运数,那么 M. L. Stein 和P. R. Stein对所有 $k\leqslant 1\ 769$,找到满足 $L_2(n)=k$ 的 n 值,且有一个与 C1 类似的猜想未能解决.

[1] BRIGGS W E. Prime-like sequences generated by a sieve process[J]. Duke Math. J. ,1963,30:297-312.

[2] BUSCHMAN R G, WUNDERLICH M C. Sieve-generated sequences with translated intervals[J]. Canad. J. Math. ,1967,19:559-570.

[3] BUSCHMAN R G, WUNDERLICH M C. Sieves with generalized intervals[J]. Boll. Un Mat. Ital. ,1966,21(3):362-367.

[4] ERDÖS P, JABOTINSKY E. On sequences of integers generated by a sieving process Ⅰ, Ⅱ[J]. Nederl Akad. Wetensch. Proc. , Ser. A61 = Indag. Math. , 1958,20:115-118.

[5] GARDINER V, LAZARUS R, METROPOLIS N, et al. On certain sequences of integers defined by sieves[J]. Math. Mag. ,1956,29:117-122.

[6] HAWKINS D, BRIGGS W E. The lucky number theorem[J]. Math. Mag. , 1957,31:81-84,277-280.

[7] WUNDERLICH M C. Sieve generated sequences[J]. Canad. J. Math. ,1966, 18:291-299.

[8] WUNDERLICH M C. A general class of sieve-generated sequences[J]. Acta Arith. ,1969,16:41-56.

[9] WUNDERLICH M C, BRIGGS W E. Second and third term approximations of sieve-generated sequences[J]. Illinois J. Math. ,1966,10:694-700.

C3 Ulam 数

Ulam 构造正整数递增序列:初始值 u_1,u_2 取任意值,而后继项仅能用一种方式表示为序列前面的两不同项的和. Recáman 问了一些与 Ulam 数相关的问题，Ulam 数（$u_1=1, u_2=2$）如下：

1,2,3,4,6,8,11,13,16,18,26,28,36,38,47,48,53,57,62,69,72,77,82,87,97,99,102,106,114,126,131,138,145,148,155,175,177,180,182,189,197,206,209,219,….

（1）除了 $1+2=3$，相邻 Ulam 数的和还是 Ulam 数吗？

（2）存在无穷多个数

$$23,25,33,35,43,45,67,92,94,96,\cdots$$

它不是两个 Ulam 数的和吗？

（3）Ulam 数有正密率吗？（此问题是 Ulam 本人所提.）

（4）存在无穷多对相邻 Ulam 数对吗？如

$$(1,2),(2,3),(3,4),(47,48),\cdots$$

（5）在 Ulam 数序列中，存在任意大的间隔吗？

在解决问题（1）时，Frank Owens 注意到 $u_{19}+u_{20}=62+69=131=u_{31}$. 在解决问题（4）时，Muller 计算了 20 000 项，没有找到更进一步的例子. 另外，这 20 000项中，有多于 60%的两项的差恰为 2. David Zeitlin 问 $a(n)$ 和 $b(n)$ 如何？它们的定义如下：

$$u_{n+3}=u_{n+2-a(n)}+u_{n+1-b(n)} \quad (a(n)\leqslant b(n), n\geqslant 0)$$

$$n=1,2,3,4,5,6,7,8,9,10,11,12,13,14,15,16$$

$$a(n)=0,0,0,0,0,0,0,0,0,0,0,1,0,0,0,5$$

$$b(n)=1,1,2,2,4,4,6,3,8,5,10,6,13,10,12,6$$

$$n=17,18,19,20,21,22,23,24,25,26,27,28,29,\cdots$$

$$a(n)=2,0,1,2,3,4,0,0,0,0,9,10,4,\cdots$$

$$b(n)=9,16,14,13,12,11,22,22,22,21,10,20,17,\cdots$$

他注意到，对于 $n=1,2,3,4,5,7,11,21$ 和 23 有 $b(n)=\varphi(n)$，因此他问使 $b(n)=\varphi(n)$ 成立的 n 是否有无穷多个？他又问，从每一整数都可表示为序列中不同元素之和意义上来看，Ulam 序列是否是完全的？他还问，Fibonacci 数（和 Lucas 数）总是至多不超过两个 Ulam 数的和吗？

[1] MIAN A M, CHOWLA S. On the B_2-sequence of Sidon[J]. Proc. Nat. Acad. Sci. India. Sect. A. 1949, 14:3-4.

[2] QUENEAU R. Sur les suites s-additives[J]. J. Combinatorial Theory, 1972, 12:31-71.

[3] RECAMÁN B. Questions on a sequence of Ulam[J]. Amer. Math. Monthly,

1973,80:919-920.
[4] ULAM S M. Problems in modern mathematics[M]. New York: Interscience, 1964.
[5] WUNDERLICH M C. The improbable behaviour of Ulam's summation sequence[M] // Computers and Number Theory. New York: Academic Press, 1971:249-257.

C4 和产生集合问题

一个集合$\{x_i\}$的所有数对之和$x_i+x_j(i\neq j)$构成一个新的集合$\{y_i\}$,称为$\{x_i\}$产生$\{y_i\}$. Leo Moser 提出了被称为"和产生集合"问题:有多少集合$\{x_i\}$产生同一个集合$\{y_i\}$? Selfridge,Straus 和其他人证明了,若集合$\{x_i\}$的元素个数不是 2 的幂,则产生同一集合$\{y_i\}$的那些集合的个数是确定的. 假定$y_1,y_2,\cdots,y_s$是由$x_1,x_2,\cdots,x_{2^k}$的和$x_i+x_j(i\neq j)$产生的,则$s=2^{k-1}(2^k-1)$. 那么,存在两个以上的集合$\{x_i\}$,它产生了相同的集合$\{y_i\}$吗? 若$k=3$,则存在三个这样的集合$\{x_i\}$,如

$$\{\pm 1, \pm 9, \pm 15, \pm 19\}$$
$$\{\pm 2, \pm 6, \pm 12, \pm 22\}$$
$$\{\pm 3, \pm 7, \pm 13, \pm 21\}$$

且不可能有多于 3 个的集合$\{x_i\}$. 但对$k>3$,该问题没有解决.

与此相应的问题是:一个集合$\{x_i\}$的元素的三个一组的和确定集合的问题除了下面的两种情形已全部解决. 两种例外情形为:$\{x_i\}$的元素个数为$n=27$或$n=486$.

4 个不同元素的和已被 Ewell 解决.

[1] EWELL J A. On the determination of sets by sets of sums of fixed order[J]. Canad. J. Math., 1968, 20:596-611.
[2] GORDON B, FRAENKEL A S, STRAUS E G. On the determination of sets by the sets of sums of a cretain order[J]. Pacific J. Math., 1962, 12:187-196.
[3] SELFRIDGE J L, STRAUS E G. On the determination of numbers by their sums of a fixed order[J]. Pacific J. Math., 1958, 8:847-856.

C5 堆垒链

关于 n 的堆垒链是序列 $1=a_0<a_1<\cdots<a_r=n$，它的每一项（第0项以后）都是前面的两个数之和（这里两数不一定不同），如

$$1,1+1,2+2,4+2,6+2,8+6$$

和
$$1,1+1,2+2,4+2,4+4,8+6$$

是长为 $r=5$，$n=14$ 的堆垒链. 现用 $l(n)$ 表示 n 的堆垒链的最小长度.

现在主要的未解决问题是 Scholz 猜想：

$$l(2^n-1)\leqslant n-1+l(n)$$

Utz，Gioia 等人和 Knuth 已证明了 $n=2^a,2^a+2^b,2^a+2^b+2^c,2^a+2^b+2^c+2^d$ 的情形. Knuth 和 Thurber 已用实例说明了 $1\leqslant n\leqslant 18$ 和 $n=20,24,32$ 时的情形. Brauer 引进了序列 $1=a_0<a_1<\cdots<a_r=n$，该序列的每一项都用它前一项元素作为一个被加数. 我们称 Brauer 引进的这个序列为 Brauer 链. 上面的第二个例子不是 Brauer 链，因为 4+4 那一项没有被加数 6. 使 Brauer 链最短的 n 为 Brauer 数，Brauer 证明了猜想对 Brauer 数 n 成立. Hansen 证明了存在无穷多个非 Brauer 数，且如果 n 具有被称为 Hansen 链的最短链，那么 Scholz 猜想仍然成立. Hansen 链是指，存在一个链的子集合 H，使得链中的每一个元素都由 H 中比该元素小的最大元素组成. 上述第二个例子便是 Hansen 链，这里 $H=\{1,2,4,8\}$. Knuth 给出的一个例子是 $n=12\ 509$ 的 Hansen 链 1，2，4，8，16，17，32，64，128，256，512，1 024，1 041，2 082，4 164，8 328，8 345，12 509（这里 $H=\{1,2,4,8,16,32,64,128,256,512,1\ 024,1\ 041,2\ 082,4\ 164,8\ 328,8\ 345\}$）. 它不是 Brauer 链（因为 32 不用 17 组成），且对于 $n=12\ 509$，不存在这样短的 Brauer 链.

存在非 Hansen 数吗？

[1] BRAUER A. On addition chains[J]. Bull. Amer. Math. Soc.，1939，45：736-739.

[2] ERDÖS P. Remarks on number theory Ⅲ：on addition chains[J]. Acta Arith.，1960，6：77-81.

[3] GIOIA A A，SUBBARAO M V. The Scholz-Brauer problem in addition chains Ⅱ[C]. Congressus Numerantiun ⅩⅫ，Proc. 8th Manitoba Conf. Numerical Math. Comp.，1978：251-274.

[4] GIOIA A A, SUBBARAO M V, SUGUNAMMA M. The Scholz-Brauer problem in addition chains[J]. Duke Math. J., 1962, 29: 481-487.

[5] HANSEN W. Zum Scholz-Brauerschen problem[J]. J. Reine Angew. Math., 1959, 202: 129-136.

[6] IL'IN A M. On additive number chains (Russian)[J]. Problemy Kibernet., 1965, 13: 245-248.

[7] KNUTH D. The art of computer programming Vol. 2: [M]. New Jersey: Addison-Wesley, 1969: 398-422.

[8] SCHOLZ A. Aufgabe 253[J]. Jber. Deutsch. Math. Verein., 1937, 47: 41-42.

[9] STOLARSKY K B. A lower bound for the Scholz-Brauer problem[J]. Canad. J. Math., 1969, 21: 675-683.

[10] STRAUS E G. Additon chains of vectors[J]. Amer. Math. Monthly, 1964, 71: 806-808.

[11] THURBER E G. The Scholz-Brauer problem on addition chains[J]. Pacific J. Math., 1973, 49: 229-242.

[12] THURBER E G. Addition chains and solutions of $l(2n)=l(n)$ and $l(2^n-1)=n+l(n)-1$[J]. Discrete Math., 1976, 16: 279-289.

[13] UTZ W R. A note on the Scholz-Brauer problem in addition chains[J]. Proc. Amer. Math. Soc., 1953, 4: 462-463.

[14] WYBURN C T. A note on addition chains[J]. Proc. Amer. Math. Soc., 1965, 16: 1134.

C6 不可表数

给定 n 个整数 $0<a_1<a_2<\cdots<a_n$，且 $(a_1,a_2,\cdots,a_n)=1$，如果 N 充分大，那么 $N=\sum_{i=1}^{n}a_ix_i$ 有非负整数解 x_i. 设 $G(a_1,a_2,\cdots,a_n)$ 是不存在这样解的最大 N，Sylvester 证明了 $G(a_1,a_2)=(a_1-1)(a_2-1)-1$ 且不可表示数的个数是 $(a_1-1)(a_2-1)/2$. Brauer 和其他人证明了

$$G(a_1,a_2,\cdots,a_n)\leqslant\sum_{i=1}^{n-1}a_{i+1}d_i/d_{i+1}$$

其中 $d_i=(a_1,a_2,\cdots,a_i)$. 柯召对 $s=3$ 的情形证明了

$$G(a_1,a_2,a_3)\leqslant\frac{a_1a_2}{(a_1,a_2)}+a_3(a_1,a_2)-a_1-a_2-a_3$$

且当$N>\frac{a_1a_2}{(a_1,a_2)^2}-\frac{a_1}{(a_1,a_2)}-\frac{a_2}{(a_1,a_2)}$时有

$$G(a_1,a_2,a_3)=\frac{a_1a_2}{(a_1,a_2)}+a_3(a_1,a_2)-a_1-a_2-a_3$$

(这里a_1,a_2,a_3可轮换).陈重穆推广柯召的工作,证明了

$$G(a_1,a_2,\cdots,a_n)\leqslant\sum_{i=1}^{n-1}a_{i+1}d_i/d_{i+1}-\sum_{i=1}^{n}a_i$$

且当$a_{i+1}d_i/d_{i+1}>\sum_{j=1}^{i-1}a_{j+1}d_j/d_{j+1}-\sum_{j=1}^{i}a_j(3\leqslant i\leqslant n)$时,等号成立.陆文端和吴昌玖给出了等号成立的充要条件.若$a_i(i=1,2,\cdots,n)$成算术级数,则Roberts和Bateman找到了G的值,并且吴昌玖给出了G值的一个十分简短的证明,顺便还得出了线性型不能表出的正整数的个数.Erdös和Graham证明了$G(a_1,a_2,\cdots,a_n)\leqslant 2a_{n-1}[a_n/n]-a_n$(如果$n=2$,且$a_2$为奇数,那么这是可能的最好结果).关于求$G$的较为完整的算法是尹文霖得到的,例如他证明了

$$G(a_1,a_2,\cdots,a_n)=\max_{\substack{\bar{n}-ka_n\notin M_{n-1}^*\\0\leqslant k<K}}(d_{n-1}\bar{n}+a_n(d_{n-1}-1))$$

这里$M_{n-1}^*=\{m\mid m=\sum_{i=1}^{n-1}\frac{a_i}{d_{n-1}}x_i$且$x_i\geqslant 0(i=1,2,\cdots,n)\}$,$K$是适合$Ka_n\in M_{n-1}^*$的最小正整数.有关$G$的更为详细的情况参见曹珍富的书《丢番图方程引论》第四章§3.

Erdös和Graham定义$g(n,t)=\max_{\{a_i\}}G(a_1,a_2,\cdots,a_n)$,其中最大值取遍所有的$0<a_1<a_2<\cdots<a_n\leqslant t$,且$(a_1,a_2,\cdots,a_n)=1$.他们的定理证明了$g(n,t)<2t^2/n$且对集合$\{x,2x,\cdots,(n-1)x,x^*\}(n\geqslant 2)$,这里

$$x=[t/(n-1)],x^*=(n-1)[t/(n-1)]-1$$

有

$$g(n,t)\geqslant G(x,\cdots,x^*)\geqslant t^2/(n-1)-5t$$

Lewin对于集合$\{t/2,t-1,t\}$或$\{t-2,t-1,t\}$(t为偶数)和$\{(t-1)/2,t-1,t\}$(t为奇数)证明了$g(3,t)=[(t-2)^2/2]-1$.

[1] BATEMAN P T. Remark on a recent note on linear forms[J]. Amer. Math. Monthly,1958,65:517-518.

[2] BERLEKAMP E R, CONWAY J H, GUY R K. Winning ways[M]. London: Academic Press,1981.

[3] BRAUER A. On a problem of partitions[J]. Amer. J. Math.,1942,64:299-312.

[4]BRAUER A, SEELBINDER B M. On a problem of partitions, Ⅱ[J]. Ibid, 1954,76:343-346.

[5]BRAUER A, SHOCKLEY J E. On a problem of Frobenius[J]. J. Reine Angew. Math. ,1962,211:215-220.

[6]BYRNES J S. On a partition problem of Frobenius[J]. J. Combin. Theory Ser. A, 1974,17:162-166.

[7]曹珍富. 丢番图方程引论[M]. 哈尔滨:哈尔滨工业大学出版社,1989.

[8]陈重穆. 关于整系数线性型的一个定理[J]. 四川大学学报(自然科学版), 1956(1):60-62.

[9]ERDÖS P, GRAHAM R L. On a linear diophantine problem of Frobenius[J]. Acta Arith. ,1972,21:399-408.

[10]HEAP B R, LYNN M S. A graph-theoretic algorithm for the solution of a linear diophantine problem of Frobenius[J]. Numer. Math. ,1964,6:346-354.

[11]HEAP B R, LYNN M S. On a linear diophantine problem of Frobenius: an improved algorithm[J]. Ibid,1964,7:226-231.

[12]柯召. 关于方程 $ax+by+cz=n$[J]. 四川大学学报(自然科学版),1955:5-8.

[13]LEWIN M. On a linear diophantine problem[J]. Bull. London Math. Soc. , 1973,5:75-78.

[14]陆文端,吴昌玖. 关于整系数线性型的两个问题[J]. 四川大学学报(自然科学版),1957(2):34-54.

[15]MENDELSOHN N S. A linear diophantine equation with applications to nonnegative matrices[J]. Ann. N. Y. Acad. Sci. ,1970,175:287-294.

[16]NIJENHUIS A, WILF H S. Representations of integers by linear forms in nonnegative integers[J]. J. Number Theory,1972,4:98-106.

[17]ROBERTS J B. Note on linear forms[J]. Proc. Amer. Math. Soc. ,1956,7: 465-469.

[18]RÖDSETH O J. On a linear diophantine problem of Frobenius[J]. J. Reine Angew. Math. ,1978,301:171-178.

[19]SELMER E S, BEYER O. On the linear diophantine problem of Frobenius in three variables[J]. J. Reine Angew. Math. ,1978,301:161-170.

[20]SYLVESTER J J. Mathematical questions with their solutions[J]. Math. Quest. Educ. Times,1884,41:21.

[21]WILF H S. A circle of lights algorithm for the “money changing problem”[J].

Amer. Math. Monthly,1978,85:562-565.

[22]吴昌玖. 关于线性型的一个结果[J]. 四川大学学报(自然科学版),1958,1:33-36.

[23]尹文森. 关于正整数系数线性型的最大不可表数[J]. 高等学校自然科学学报(数学,力学,天文学版),试刊,1964,1:32-38.

C7 子集和不同的集合

元素个数为 $k+1$ 的整数集合 $\{2^i \mid 0\leqslant i\leqslant k\}$,其所有 2^{k+1} 个子集和(指子集中的所有元素之和)都不同. Erdös 一直想求得正整数 $a_1<a_2<\cdots<a_m<2^k$ 中的最大数 m,这些正整数的集合的所有不同的子集和都不同. 他与 Leo Moser 证明了 $k+1\leqslant m\leqslant k+\frac{1}{2}\log k+1$,其中对数的底为 2. Conway 和 Guy 给出一个序列: $u_0=0,u_1=1,u_{n+1}=2u_n-u_{n-r}(n\geqslant 1)$,这里 r 是最接近 $\sqrt{2n}$ 的整数. 从此序列可导出 $k+2$ 个整数的集合 $A=\{a_i=u_{k+2}-u_{k+2-i} \mid 1\leqslant i\leqslant k+2\}$. 他们猜想,集合 A 的子集和是不同的(对于 $k\leqslant 40$ 已由 Mike Guy 证得). 对于 $k\geqslant 21$,$u_{k+2}<2^k$,此时 $m\geqslant k+2$(对 $k\geqslant 21$),因为一旦找到具有希望基数的集合,它的基数便能通过原来元素的 2 倍或加 1(或任意奇数)来增加. A 总有不同和的子集吗? 我们猜想,它有,且大体上给出了该问题的可能达到的最好结果是 $m=k+2$. Erdös 为 $m=k+O(1)$ 的证明或反例提供了 500 美元的奖金.

[1]BLUDOV V S, UBERMAN V I. A certain sequence of additively distinct numbers (Russian)[J]. Kibernetika(Kiev),1974,10:111-115.

[2]BLUDOV V S, UBERMAN V I. On a sequence of additively differing numbers[J]. Dopovidi Akad. Nauk. Ukrain,SSR Ser. A, 1974:483-486,572.

[3]CONWAY J H, GUY R K. Sets of natural numbers with distinct sums[J]. Notices Amer. Math. Soc.,1968,15:345.

[4]CONWAY J H, GUY R K. Solution of a problem of P. Erdös[J]. Colloq. Math.,1969,20:307.

[5]ERDÖS P. Problems and results in additive number theory[C]. Colloque sur la Théorie des Nombres, Bruxelles,1955,Liege and Pairs, 1956:127-137.

[6]GUPTA H. Some sequences with distinct sums[J]. Indian J. Pure Math.,1974,5:1093-1109.

[7] LINDSTRÖM B. On a combinatorial problem in number theory[J]. Canad. Math. Bull., 1965, 8: 477-490.

[8] LINDSTRÖM B. Om ett problem av Erdös for talfoljder[J]. Nordisk Mat. Tidskrift, 1968, 16: 29-30, 80.

[9] SMITH P. Problem E2536* [J]. Amer. Math. Monthly, 1975, 82: 300. Solutions and comments, 1976, 83: 484.

[10] UBERMAN V I. On the theory of a method of determining numbers whose sums do not coincide (Russian)[J]. Proc. Sem. Methods Math. Simulation & Theory Elec. Circuits, lzdat Nauk Dumka (Kiev), 1973: 76-78, 203.

[11] UBERMAN V I. Approximation of additively differing numbers (Russian)[J]. Proc. Sem. Methods Math. Simulation & Theory Elec. Circuits, Naukova Dumka, Kiev, 1973, 11: 221-229.

[12] UBERMAN V I, ŠLĚINIKOV V I. A computer-aided investigation of the density of additive detecting number systems (Russian)[J]. Akad. Nauk Ukrain. SSR, Fiz. Tehn. Inst. Nizkikh Temperatur, Kharkov, 1978: 60.

C8 整数用不同对的表示

假设 m 是整数 $1 \leqslant a_1 < a_2 < \cdots < a_m \leqslant n$ 使 $a_i + a_j$ 都是不同的最大个数，已知

$$n^{1/2}(1-\varepsilon) < m \leqslant n^{1/2} + n^{1/4} + 1$$

上界是 Lindstrom 做出，并由 Erdös 和 Turán 改进后的结果. 下界是 Singer 做出的. Erdös 和 Turán 问，$m = n^{1/2} + O(1)$ 成立吗？ Erdös 为这一问题的解决提供了 500 美元的奖金.

如果 $\{a_i\}$ 是一无穷序列，Erdös 和 Turán 证明 $\limsup a_k/k^2 = \infty$，且给出满足 $\liminf a_k/k^2 < \infty$ 的一个序列. 对所有 k，存在 $a_k < ck^3$ 的序列，并且 Ajtai, Komlós 和 Szemerédi 最近证明 $a_k = O(k^3)$ 是可能的. Erdös 注意到 $\sum_{i=1}^{x} a_i^{-1/2} < c \times (\ln x)^{1/2}$，并问是否这是可能的最好结果？

如果 $f(n)$ 是 $n = a_i + a_j$ 解的个数，那么存在满足 $\lim f(n)/\ln n = c$ 的序列吗？ Erdös 和 Turán 猜想，如果 $f(n) > 0$ 对所有充分大的 n 成立，或如果 $a_k < ck^2$ 对所有 k 成立，那么 $\limsup f(n) = \infty$. Erdös 为这一猜想的解决也提供了 500 美元的奖金.

Graham 和 Sloane 用两种更明显的紧缩形式重述了这一问题.

设 $v_\alpha(k)$（相应地 $v_\beta(k)$）是最小的 v，使得存在 k 个元素的整数集合 $A=\{0=a_1<a_2<\cdots<a_k\}$ 满足对于 $i<j$（相应地 $i\leqslant j$），有 a_i+a_j 属于 $[0,v]$，且至多一次表示 $[0,v]$ 中的元素. 与 v_β 有关的集合 A 常被称为 B_2 - 序列（与 E22 比较）.

他们给出了列在表 4 中的 v_α 和 v_β 值，且只要修改一下 Erdös-Turán 的论证就可得到界

$$2k^2-O(k^{3/2})<v_\alpha(k),v_\beta(k)<2k^2+O(k^{36/23})$$

表 4　$v_\alpha(k)$，$v_\beta(k)$ 的值及例集

k	$v_\alpha(k)$	A 的例	$v_\beta(k)$	A 的例
2	1	{0,1}	2	{0,1}
3	3	{0,1,2}	6	{0,1,3}
4	6	{0,1,2,4}	12	{0,1,4,6}
5	11	{0,1,2,4,7}	22	{0,1,4,9,11}
6	19	{0,1,2,4,7,12}	34	{0,1,4,10,12,17}
7	31	{0,1,2,4,8,13,18}	50	{0,1,4,10,18,23,25}
8	43	{0,1,2,4,8,14,19,24}	68	{0,1,4,9,15,22,32,34}
9	63	{0,1,2,4,8,15,24,29,34}	88	{0,1,5,12,25,27,35,41,44}
10	80	{0,1,2,4,8,15,24,29,34,46}	110	{0,1,6,10,23,26,34,41,53,55}

[1] BOSE R C, CHOWLA S. Theorems in the additive theory of numbers[J]. Comment. Math. Helv., 1962, 37: 141-147.

[2] ERDÖS P, FUCHS W H J. On a problem of additive number theory[J]. J. London Math. Soc., 1956, 31: 67-73.

[3] ERDÖS P, SZEMERÉDI E. The number of solutions of $m=\sum_{i=1}^{k}x_i^k$[J]. Proc. Symp. Pure Math. Amer. Math. Soc., 1973, 24: 83-90.

[4] ERDÖS P, TURÁN P. On a problem of Sidon in additive number theory, and on some related problems[J]. J. London. Math. Soc., 1941, 16: 212-215.

[5] GRAHAM R L, SLOANE N J A. On additive bases and harmonious graphs[J]. SIAM J. Alg. Discrete Math., 1980, 1: 382-404.

[6] HALBERSTAM H, ROTH K F. Sequences[M]. Oxford: Oxford Univ. Press, 1966.

[7] KRÜCKEBERG F. B_2-Folgen und verwandte Zahlenfolgen[J]. J. Reine Angew. Math., 1961, 206: 53-60.

[8] LINDSTROM B. An inequality for B_2-sequences[J]. J. Combin. Theory, 1969, 6: 211-212.

[9] SINGER J. A theorem in finite projective geometry and some applications to

number theory[J]. Trans. Amer. Math. Soc., 1938, 43: 377-385.
[10] STÖHR A. Gelöste und ungelöste Fragen über Basen der naturlichen Zahlenreihe Ⅰ, Ⅱ[J]. J. Reine Angew. Math., 1955, 194: 40-65.

C9 完全差集与纠错码

在 C8 中提到的 Singer 的结果是以完全差集为基础的. 完全差集指存在一个模 n 剩余 $a_1, a_2, \cdots, a_{k+1}$ 的集合,使得每一模 n 非零剩余能被唯一表示成 $a_i - a_j$ 的形式. 仅当 $n = k^2 + k + 1$ 时才存在完全差集,并且 Singer 证明了只要 k 为素数幂,则这样的集合存在. Marshall Hall 已证明,许多非素数幂不能作为 k 的数值. Evans 和 Mann 证明,当 $k < 1\ 600$ 时,不存在这样的不是素数幂的 k. 人们猜想,除非 k 是素数幂,否则不存在完全差集.

对于一给定的有限序列,它不含有重复差,问它能被扩展形成一完全差集吗?

Dean Hickerson 欲求最大数值 r,使整数 $1 \leqslant a_1 < a_2 < \cdots < a_r \leqslant n$ 的差 $a_j - a_i (j > i)$ 中,整数 s 至多出现 $2s$ 次.

Graham 和 Sloane 仿 C8 的紧缩问题来提出差集问题. 他们定义 $v_\gamma(k)$(相应地 $v_\delta(k)$)为最小数 v,使得存在整数模 v 的集合 $A = \{0 = a_1 < a_2 < \cdots < a_k\}$,而每一个 r 至多能用一种方式表示为 $r \equiv a_i + a_j \pmod v$ $(i<j)$(相应地 $i \leqslant j$).

他们对 v_γ 感兴趣是因为其在纠错码中的应用. 如果 $A(k, 2d, w)$ 是由 w 个 1 和 $k-w$ 个 0 组成的二进制向量中的任两向量至少在 $2d$ 处不同的最大个数,那么(对 $d=3$)

$$A(k,6,w) \geqslant \binom{k}{w} / v_\gamma(k)$$

(对一般 d 的结果要用到集合,它的所有 $d-1$ 个不同元素的和是不同的 $(\bmod\ v)$).

他们注意到,$A(k,2d,w)$ 已被 Erdös, Hanani, Schönheim, Stanton, Kalbfleisch 和 Mullin 在关于极值集论的文章中研究过. 设 $D(t,k,v)$ 是 v 元集合 S 的 k 元子集,使得 S 的每一个 t 元子集至多含有 k 元子集中的一个的最大个数,那么 $D(t,k,v) = A(v, 2k-2t+2, k)$.

表 5 中的 v_δ 值来自 Baumer 的表 6.1, v_γ 来自 Graham 和 Sloane,他们给出了下面的界:

$$k^2 - O(k) < v_\gamma(k) < k^2 + O(k^{36/23})$$
$$k^2 - k + 1 \leqslant v_\delta(k) < k^2 + O(k^{36/23})$$

其中,后一个左边的等式只要 k 为素数幂就成立.

表 5 $v_\gamma(k)$,$v_\delta(k)$的值及例集

k	$v_\gamma(k)$	A 的例	$v_\delta(k)$	A 的例
2	2	{0,1}	3	{0,1}
3	3	{0,1,2}	7	{0,1,3}
4	6	{0,1,2,4}	13	{0,1,3,9}
5	11	{0,1,2,4,7}	21	{0,1,4,14,16}
6	19	{0,1,2,4,7,12}	31	{0,1,3,8,12,18}
7	28	{0,1,2,4,8,15,20}	48	{0,1,3,15,20,38,42}
8	40	{0,1,5,7,9,20,23,35}	57	{0,1,3,13,32,36,43,52}
9	56	{0,1,2,4,7,13,24,32,42}	73	{0,1,3,7,15,31,36,54,63}
10	72	{0,1,2,4,7,13,23,31,39,59}	91	{0,1,3,9,27,49,56,61,77,81}

[1]BAUMERT L D. Cyclic difference Sets[M]. Lecture notes in Math. 182, New York: Springer-Verlag, 1971.

[2]BEST M R, BROUWER A E, MACWILLIAMS F J, et al. Bounds for binary codes of length less than 25[J]. IEEE Trans. Information Theory. IT-1978, 24: 81-93.

[3]ERDÖS P, HANANI H. On a limit theorem in combinatorical analysis[J]. Publ. Math. Debrecen, 1963, 10: 10-13.

[4]EVANS T A, MANN H. On simple difference sets[J]. Sankhyä, 1951, 11: 357-364.

[5]GRAHAM R L, SLOANE N J A. Lower bounds for constant weight codes[J]. IEEE Trans. Information Theory, IT-1980, 26.

[6]HALL J I, JENSEN A J E M, KOLEN A W J, et al. Equidistant codes with distance 12[J]. Discrete math., 1977, 17: 71-83.

[7]HALL M. Cylic projective planes[J]. Duke Math. J., 1947, 14: 1079-1090.

[8]MCCARTHY D, MULLIN R C, SCHELLENBERG P J, et al. On approximations to a projective plane of order 6[J]. Ars Combinatoria, 1976, 2: 111-168.

[9]MACWILLIAMS F J, SLOANE N J A. The theory of error-correcting codes[M]. North-Holland, N. H. P. C, 1977.

[10]SCHÖNHEIM J. On maximal systems of k-tuples[J]. Stud. Sci. Math. Hungar, 1966, 1: 363-368.

[11]STANTON R G, KALBFLEISCH J G, MULLIN R C. Covering and packing designs[C]. Proc. 2nd Conf. Combin. Math. and Appl., Chapel Hill, 1970: 428-450.

C10　和不同的三个元素子集

Bose 和 Chowla 研究当三个不同元素的子集都有不同的和时,对 C9 的问题获得了类似的结果. 如果 m_3 满足 $1 \leqslant a_1 < a_2 < \cdots < a_{m_3} \leqslant n$,使得 $a_i + a_j + a_k$ 都是不相同的 a_i 的最大个数,那么他们证明了 $m_3 \geqslant n^{1/3}(1 + o(1))$,且他们问是否 $m_3 \geqslant (1 + \varepsilon) n^{1/3}$?

Lindström 已证明,如果 m_4 是小于或等于 n 的整数中 4 个不相同元素的集合有不同和的最大个数,那么 $m_4 < (8n)^{1/4} + O(n^{1/8})$.

[1] BOSE S C, CHOWLA S. Report Inst. Theory of numbers[R]. Boulder:Univ. of Colorado, Boulder, 1959.

[2] LINDSTRÖM B. A remark on B_4-sequences[J]. J. Combin. Theory, 1969, 7: 276-277.

C11　h - 基

覆盖问题是 Rohrbach 提出的. 此问题与 C8 中的紧缩问题是孪生的. 若集 A 的每一个不大于 n 的非负整数能被表示成至多 h 个 A 中元素的和(不一定必须不相同),则称 A 是阶为 h 的堆垒基或 h - 基(对于 n). 如果 h 是使 A 具有这类特性的最小数,那么 h 被称为 A 的确阶. 若 $k_h(n)$ 是对于 n 的 h - 基中元素的最小个数,则 Rohrbach 证明了,$k_h(n) < hn^{1/h}$ 和 $(1/2)k_2^2(1 - 0.001\ 6) > n$. 接着,Leo Moser, Riddell 和 Klotz 改进了他的结果,先是用 0.019 4 代替 0.001 6,然后是 0.026 9,再往后是 0.036 9,他们还证明了,对于 $h \geqslant 3$, $0 < \varepsilon < 1$,且对充分大的 n,有

$$\frac{k_h}{h!}\left\{1 - \frac{(1-\varepsilon)\cos\dfrac{\pi}{h}}{2 + \cos\dfrac{\pi}{h}}\right\} > n$$

设 $n(h,k)$ 是使 k 元的 h - 基存在的最大整数,那么,确定 $n(h,k)$ 的问题经常出现,如同邮票或钱币问题一样,详细的情况及广泛的文献请见 Alter 和 Barnett 的论文.

Rohrbach 证明了 $n(2,k) \geqslant k^2/4$ 并且猜测 $n(2,k)/k^2$ 随 $k \to \infty$ 而趋于 1/4. 但是,这已被 Hammerer 和 Hofmeister 证明是错的. 关于 $n(2,k)$ 的具有 $k_2(n)$ 个

元素的基被称为极值的，若 2－基（对于 n）的元素不超过 $n/2$，则此基被称为是约化的. Rohrbach 的基是关于 $n/4$ 对称的（因此是约化的）. 例如，$n(2,10)=46$，但是对于 46 的仅有的极值基

$$1,2,\text{“3 或 5”},7,11,15,19,21,22,24$$

是约化的. 读资料时需要加点小心：这一结果很可能在文章中被写成 $n(2,11)=46$，在那里每一非负整数恰能被表达成基的 h 个元素（不一定不相同）的和. 这与零面额邮票或钱币问题的结论相对应. 如果某极值基是约化的，那么它必定是对称的吗？

Stöhr 和几位年轻的一些作者证明了

$$n(h,2)=[(h^2+6h+1)/4]$$

且 Hofmeister 证明了，对于 $h\geqslant 34$ 有

$$\frac{4}{81}h^3+\frac{2}{3}h^2+\frac{66}{27}h\leqslant n(h,3)\leqslant\frac{4}{81}h^3+\frac{2}{3}h^2+\frac{71}{27}h-\frac{1}{81}$$

Stöhr 等人认为，对充分大的 h，$n(h,k)$ 由 h 中的 k 次多项式的有限集合给定，特别地，对 $k=3$ 和 $h\geqslant 20$，有

$$n(h,3)=(4h^3+54h^2+(204+3c_r)h+d_r)/81$$

其中 c_r，d_r 在 $h\equiv r\pmod 9$ 时由下式给定

$$r=-4,-3,-2,-1,0,1,2,3,4$$

$$c_r=0,1,3,0,-2,0,3,1,0$$

$$d_r=46,-81,-1,-170,0,62,-26,0,-154$$

对于固定的 $k>2$ 和 h，Hofmeister 给出界

$$2^{[k/4]}\left(\frac{4}{3}\right)^{[k-4[k/4]]}\left(\frac{h}{k}\right)^k+O(h^{k-1})\leqslant n(h,k)\leqslant\frac{h^k}{k!}+O(h^{k-1})$$

Graham 和 Sloane（参见 C8，C9）定义 $n_\alpha(k)$（相应地 $n_\beta(k)$ 为使得存在 k 元整数集合 $A=\{0=a_1<a_2<\cdots<a_k\}$，在 $[1,n]$ 中的 r 都至少能用一种方式写成 $r=a_i+a_j$，$i<j$（相应地 $i\leqslant j$）的最大数 n. 因此，他们的 $n_\beta(k)$ 可写为 $n(2,k-1)$（注意上面提到的“零条件”）），且他们的 $n_\alpha(k)$ 与具有不同面值的两张邮票问题相对应，且包含零面值. 他们在表 6 中给出了 n_α 和 n_β 的值. 界

$$\frac{5}{18}(k-1)^2<n_\alpha(k),n_\beta(k)<0.480\,2k^2+O(k)$$

实际上要归功于 Hämmerer 和 Hofmeister 及 Klotz 做的工作.

表6 n_α 和 n_β 的值及例集

k	$n_\alpha(k)$	A 的例	$n_\beta(k)$	A 的例
2	1	{0,1}	2	{0,1}
3	3	{0,1,2}	4	{0,1,2}
4	6	{0,1,2,4}	8	{0,1,3,4}
5	9	{0,1,2,3,6}	12	{0,1,3,5,6}
6	13	{0,1,2,3,6,10}	16	{0,1,3,5,7,8}
7	17	{0,1,2,3,4,8,13}	20	{0,1,2,5,8,9,10}
8	22	{0,1,2,3,4,8,13,18}	26	{0,1,2,5,8,11,12,13}
9	27	{0,1,2,3,4,5,10,16,22}	32	{0,1,2,5,8,11,14,15,16}
10	33	{0,1,2,3,4,5,10,16,22,28}	40	{0,1,3,4,9,11,16,17,19,20}
11	40	{0,1,2,4,5,6,10,13,20,27,34}	46	{0,1,2,3,7,11,15,19,21,22,24}
12	47	{0,1,2,3,6,10,14,18,21,22,23,24}	54	{0,1,2,3,7,11,15,19,23,25,26,28}
13	56	{0,1,2,4,6,7,12,14,17,21,30,39,48}	64	{0,1,3,4,9,11,16,21,23,28,29,31,32}
14	65	{0,1,2,4,6,7,12,14,17,21,30,39,48,57}	72	{0,1,3,4,9,11,16,20,25,27,32,33,35,36}

[1] ALTER R, BARNETT J A. Remarks on the postage stamp problem with applications to computers[C]. Congressus Numerantiun XIX, Proc. 8th S. E. Conf. Combin, Graph Theory, Comput., Utilitas Math., 1977, 43-59.

[2] ALTER R, BARNETT J A. A postage stamp problem[J]. Amer. Math. Monthly, 1980, 87: 206-210.

[3] HAMMERER N, HOFMEISTER G. Zu einer Vermutung von Rohrbach[J]. J. Reine Angew. Math., 1976, 286/287: 239-247.

[4] HÄRTTER E. Basen für gitterpunktmengen[J]. J. Reine Angew. Math., 1959, 202: 153-170.

[5] HEIMER R L, LANGENBACH H. The stamp problem[J]. J. Recreational Math., 1974, 7: 235-250.

[6] HOFMEISTER G. Asymptotische abschätzungen für dreielementige extremalbasen in natürlichen Zahlen[J]. J. Reine Angew. Math., 1968, 232: 77-101.

[7] HOFMEISTER G. Endliche additive Zahlentheorie[J]. Kapitel I, Das Reichweit-enproblem, Joh. Guttenberg-Univ. Mainz, 1976.

[8] HOFMEISTER G, SCHELL H. Reichweiten von mengen naturlicher Zahlen I[J]. Norske Vid. Selsk. Skr. (Trondheim) 1970: 5.

[9] KLOTZ W. Eine obere schranke für die Reichweite einer extremalbasis zweiter Ordnung[J]. J. Reine Angew. Math., 1969, 238: 161-168.

[10] LUNNON W F. A postage stamp problem[J]. Comput. J., 1969, 12: 377-

380.

[11] MOSER L. On the representation of 1, 2, ⋯, n by sums[J]. Acta Arith., 1960, 6: 11-13.

[12] MOSER L, POUNDER J R, RIDDELL J. On the cardinality of h-bases for n[J]. J. London Math. Soc., 1969, 44: 397-407.

[13] MOSER L, RIDDELL J. On additive h-bases for n[J]. Colloq. Math., 1962, 9: 287-290.

[14] MROSE A. Untere Schranken für die Reichweiten von extremalbasen fester Ordnung[J]. Abh, Math. Sem. Univ. Hamburg, 1979, 48: 118-124.

[15] NATHANSON M B. Additive h-bases for lattice points, 2nd Internat. Conf. Combin. Math[J]. Annals N. Y. Acad. Sci., 1979, 319: 413-414.

[16] RIDDELL J. On bases for sets of integers[D]. Univ. of Alberta. 1960.

[17] RIDDELL J, CHAN C. Some extremal 2-bases[J]. Math. Comp., 1978, 32: 630-634.

[18] ROHRBACH H. Ein Beitrag zur additiven Zahlentheorie[J]. Math. Z., 1937, 42: 1-30.

[19] ROHRBACH H. Anwendung eines Satzes der additiven Zahlentheorie auf eine graphen-theoretische frage[J]. Math. Z., 1937, 42: 538-542.

[20] STANTON R G, BATE J A, MULLIN R C. Some talbes for the postage stamp problem[C]. Congressus Numerantium XII, Proc. 4th Manitoba Conf. Numer. Math. Winnipeg 1974: 351-356.

C12 模覆盖问题、和谐图

Graham 和 Sloane 定义 $n_\gamma(k)$（相应地 $n_\delta(k)$）为一个最大数 n，对此 n，存在模 n 剩余类的子集 $A=\{0=a_1<a_2<\cdots<a_k\}$，满足：每个 r 至少能用一种方式表示为 $r\equiv a_i+a_j \pmod n$，且 $i<j$（相应为 $i\leqslant j$）.

他们给出了表 7 中的数值，且得到界为

$$\frac{5}{18}(k-1)^2<n_\gamma(k),n_\delta(k)<\frac{1}{2}k^2+O(k)$$

表7　n_γ 和 n_δ 的值及例集

k	$n_\gamma(k)$	A 的例	$n_\delta(k)$	A 的例
2	1		3	{0,1}
3	3	{0,1,2}	5	{0,1,2}
4	6	{0,1,2,4}	9	{0,1,3,4}
5	9	{0,1,2,4,7}	13	{0,1,2,6,9}
6	13	{0,1,2,3,6,10}	19	{0,1,3,12,14,15}
7	17	{0,1,2,3,4,8,13}	21	{0,1,2,3,4,10,15}
8	24	{0,1,2,4,8,13,18,22}	30	{0,1,3,9,11,12,16,26}
9	30	{0,1,2,4,10,15,17,22,28}	35	{0,1,2,7,8,11,26,29,30}
10	36	{0,1,2,3,6,12,19,20,27,33}		

他们称有 v 个顶点和 e 条边($e\geqslant v$)的联结图为和谐的,如果用不同标号 $l(x)$ 去标顶点 x,使得当边 xy 用 $l(x)+l(y)$ 来标时,边的标号形成一个完全剩余系(mod e). 树(满足 $e=v-1$)也被称为和谐的,如果仅有一个顶点标号被重复且边标号形成一个完全剩余系(mod $v-1$). 与前一个问题的关联是:$n_\gamma(v)$ 恰是有 v 个顶点的任意和谐图中边的最大个数. 例如,从表7中,我们注意到:$n_\gamma(5)=9$,有集合{0,1,2,4,7},因此9条边中的最大值能出现在有5个顶点的和谐图中(参见图6(a)). Graham 和 Sloane 把和谐图和优美图进行了比较和对照. 优美图在图论中已被讨论. 如果一个图的顶点标号是选自 $[0,e]$ 且边标号由 $|l(x)-l(y)|$ 来计算,那么此图是优美的. 后者全是不同的(也就是说,从 $[1,e]$ 中取值).

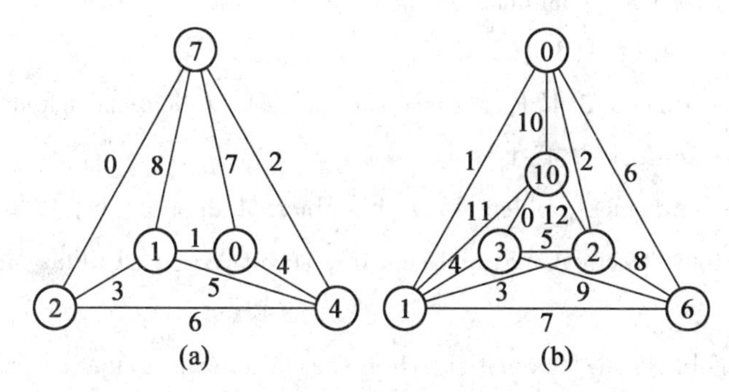

图6　模9与模13的和谐图

人们猜想,树既是和谐的,又是优美的. 但是,这是一个未解决问题. 若 n 为奇,则圈 c_n 是和谐的;若 $n\equiv 0$ 或 3(mod 4),则圈 c_n 是优美的;友图或风车仅当 $n\not\equiv 2$(mod 4)时是和谐,仅当 $n\equiv 0$ 或 1(mod 4)是优美的;扇和轮既是和谐的也是优美的. 但对于立方体不是如此,对八面体也一样.

C13 最大无和集

如果 $a_1, a_2, \cdots, a_n$ 是任意 n 个不同的自然数，那么总能找到最大数 l 使它们中的 l 个 $a_{i_1}, \cdots, a_{i_l}$ 满足 $a_{i_j} + a_{i_k} \neq a_m (1 \leqslant j < k \leqslant l,\ 1 \leqslant m \leqslant n)$，这里 l 记为 $l(n)$（可设 $j \neq k$，否则集合 $\{a_i = 2^i \mid 1 \leqslant i \leqslant n\}$ 将推出 $l(n) = 0$）. Klarner 证明了 $l(n) > c \ln n$. 另外，集合 $\{2^i + 0, \pm 1 \mid 1 < i \leqslant s + 1\}$ 推出 $l(3s) < s + 3$，因此，$l(n) < \frac{1}{3}n + 3$. Selfridge 用集合 $\{(3m + t)2^{m-i} \mid -i < t < i, 1 \leqslant i \leqslant m\}$ 推广了这一结果，并证明了 $l(m^2) < 2m$. Choi 用筛法已进一步改进此结果为 $l(n) \ll n^{0.4+\varepsilon}$.

此问题能被一般化：对于每一 l，是否存在 $n_o = n_o(l)$，使得如果 $n > n_o$ 且 $a_1, a_2, \cdots, a_n$ 是某群的任意 n 个元满足任两个之积 $a_{i_1} a_{i_2} \neq e$，e 是群的单位元（这里 i_1, i_2 可能相等，因此不存在 1 阶或 2 阶的 a_i），那么存在 l 个 a_i，使得 $a_{i_j} a_{i_k} \neq a_m, 1 \leqslant j < k \leqslant l, 1 \leqslant m \leqslant n$？对 $l = 3$ 此问题也没有得到解决.

[1] CHOI S L G. On sequences not containing a large sum-free subsequence[J]. Proc. Amer. Math. Soc., 1973, 41: 415-418.

[2] CHOI S L G. On a combinatorial problem in number theory[J]. Proc. London Math. Soc., 1971, 23(3): 629-642.

[3] DIANANDA P H, YAP H P. Maximal sum-free sets of elements of finite groups[J]. Proc. Japan Acad., 1969, 45: 1-5.

[4] MOSER L. Advance problem 4317[J]. Amer. Math. Monthly, 1948, 55: 586.

[5] Anne Penfold Street. A maximal sum-free set in A_5[J]. Utilitas Math., 1974, 5: 85-91.

[6] Anne Penfold Street. Maximal sum-free sets in abelian groups of order divisible by three[J]. Bull. Austral. Math. Soc., 1972, 6: 439-441.

[7] VARNAVIDES P. On certain sets of positive density[J]. J. London Math. Soc., 1959, 34: 358-560.

[8] YAP H P. Maximal sum-free sets in finite abelian groups[J]. Bull. Austral. Math. Soc., 1971, 4: 217-223[and see ibid, 1971, 5: 43-54; Nanta Math., 1968, 2: 68-71; Canad. J. Math., 1970, 22: 1185-1195; J. Number Theory, 1973, 5: 293-300.]

C14 最大无和为零的集合

Erdös 和 Heilbronn 欲求不同剩余类(mod m)的最大数 $k=k(m)$,以致不存在和为零的子集. 例如,集合{1, -2,3,4,5,6}表明 $k(20)\geqslant 6$,且事实上等号成立. 该例子的模式表明

$$k\geqslant[(-1+\sqrt{8m+9})/2] \qquad (m\geqslant 5)$$

等式在 $5\leqslant m\leqslant 24$ 时成立. 可是,Selfridge 注意到,如果 m 具有形式 $2(l^2+l+1)$,那么集合

$$1,2,\cdots,l-1,l,\frac{1}{2}m,\frac{1}{2}m+1,\cdots,\frac{1}{2}m+l$$

推出

$$k\geqslant 2l+1=\sqrt{2m-3}$$

实际上,他猜想,对任意偶数 m,此集合或 l 被删去的集合总能给出最好的结果,例如,$k(42)\geqslant 9$.

另外,如果 p 是下列区间内的素数

$$\frac{1}{2}k(k+1)<p<\frac{1}{2}(k+1)(k+2)$$

他猜想 $k(p)=k$,其中集合可能仅为

$$\{1,2,\cdots,k\}$$

$k(43)=8$ 的情形已被 Clement Lam 证得. 因此,k 不是 m 的单调函数. 目前,仅知的比 $k\geqslant[\sqrt{2m-3}]$好的结果是 $k(25)\geqslant\sqrt{50-1}=7$. 后者的证明借助于集{1,6,11,16,21,5,10}. 如果 $m=25l(l+1)/2$ 为奇数,那么,极可能用集合{1, -2,3,4,…}进行改进. 但是,如果 $m=25l(l+1)/2$ 为偶数,那么已给出的构造总是较好的.

$k=[(-1+\sqrt{8m+9})/2]$对于无穷多个 m 成立吗?

对于上述的 m 值,存在一个实现集,其中不存在与 m 互素的元素吗? 例如,$m=12$:{3,4,6,10}或{4,6,9,10}. 存在一个 m 值,使得所有的实现集都具有此种类型吗?

Erdös 和 Heilbronn 证明了,如果 $a_1,a_2,\cdots,a_k$(这里 $k\geqslant 3(6p)^{1/2}$)是不同剩余(mod p),p 为素数,那么每一剩余(mod p)都能写成 $\sum_{i=1}^{k}\varepsilon_i a_i$,$\varepsilon_i=0$ 或 1. 他们猜想,对 $k>2\sqrt{p}$同样成立,且这是可能达到的最好结果. Olsen 证明了此猜想.

他们进一步猜想,形如 a_i+a_j 的不同剩余($\bmod\ p$)的个数至少为 $2k-3$,其中 $1\leqslant i\leqslant j\leqslant k$;此问题仍未获解决.

[1]ERDÖS P. Some problems in number theory[M]. Computers in Number Theory. London and New York: Academic Press, 1971:405-413.

[2]ERDÖS P, HEIBRONN H. On the addition of residue classes mod p[J]. Acta Arith.,1969(9):149-159.

[3]MANN H B, OLSEN J E. Sums of sets in the clementary abelian group of type (p,p)[J]. J. Combin. Theory,1967,2:275-284.

[4]OLSEN J E. An addition theorem, modulo p[J]. J. Combin. Theory,1968,5:45-52.

[5]OLSEN J E. An addition theorem for the elementary abelian group[J]. J. Combin. Theory,1968,5:53-58.

[6]RYAVEC C. The addition of residue classes modulo n[J]. Pacific J. Math.,1968,26:367-373.

[7]SZEMEREDI E. On a conjecture of Erdös and Heilbronn[J]. Acta Arith.,1970,17:227-229.

C15 非平均集

Erdös 和 Straus 定义整数集合 $A=\{0\leqslant a_1<a_2<\cdots<a_n\leqslant x\}$ 为$[0,x]$上的非平均集,如果在 A 中,没有 a_i 是 A 的多于一个元素的子集的算术平均. 用 $f(x)$表示这样的集合中元素的最大个数,用 $g(x)$表示整数集合$[0,x]$的子集 B 中的元素的最大个数,这里 B 满足 B 的任两个不同子集有不同的算术平均,并且用 $h(x)$ 表示对应的最大值,这里 B 的子集有不同的元素个数. Abbott 和 Erdös- Strans 利用 Szemerédi 的结果(参见 E7)证明了

$$\frac{1}{10}\log x-O(1)<\log f(x)<\frac{2}{3}\log x+O(1)$$

$$\frac{1}{2}\log x-1<g(x)<\log x+O(\ln\ln x)$$

$$\sqrt{\log x}-1+O(1/\sqrt{\ln x})<\log h(x)<2\log\ln x+O(1)$$

并且猜想,$f(x)=\exp(c\sqrt{\ln x})=o(x^{\varepsilon})$且 $h(x)=(1+o(1))\log x$,其中 $\log x=$

$(\ln x)/\ln 2$ 是以 2 为底的对数.

Erdös 起初欲求$[0,x]$中整数的最大个数 $k(x)$,此集合中,没有一个元素能整除任何其他元素的和. 这样的非除尽集合显然是非平均的, 因此,$k(x)\leqslant f(x)$. Straus 证明了 $k(x)\geqslant\max\{f(x/f(x)),f(\sqrt{x})\}$.

Abbott 最近已证明,如果 $l(n)$是最大的 m,它使得任给 n 个整数的集合包含一 m 个元素的非平均集,那么 $l(n)<n^{1/13-\varepsilon}$.

[1] ABBOTT H L. On a conjecture of Erdös and Straus on non-averaging sets of integers[C]. Congressus Numerantium XV, Proc. 5th Brit. Combin. Conf. Aberdeen,1975:1-4.

[2] ABBOTT H L. Extremal problems on non-averaging and non-dividing sets[J]. Pacific J. Math.,1980,91:1-12.

[3] ERDÖS P, STRAUS E G. Non-averaging sets Ⅱ[J]. Combinatorial Theory and its Applications Ⅱ, Colloq. Math. Soc. János Bolyai 4, North-Holland, 1970:405-411.

[4] STRAUS E G. Non-averaging sets[J]. Proc. Symp. Pure Math., 19 Amer. Math. Soc. Providence 1971:215-222.

C16 最小覆盖问题

设$\{a_i\}$是 n 个不同整数 $1\leqslant a_i\leqslant 2n$ 的任意集合,$\{b_j\}$是补集 $1\leqslant b_j\leqslant 2n$,且 $b_j\neq a_i$. M_k 是 $a_i-b_j=k(-2n<k<2n)$的解的个数且 $M=\min\max_k M_k$,其中最小值取遍序列$\{a_i\}$. Erdös 证明了 $M>n/4$;Scherk 改进到 $M>(1-2^{-1/2})n$, Swierczkowski 改进到 $M>(4-\sqrt{6})n/5$. Leo Moser 获得进一步的改进:$M>\sqrt{2}(n-1)/4$ 和 $M>\sqrt{4-\sqrt{15}}(n-1)$. 另外,Motzkin 等人得到一个例子表明 $M<2n/5$,与 Erdös 的猜想 $M=n/2$ 相反,存在一个数 c 使 $M\sim cn$?

Leo Moser 提出一个对应问题,这里$\{a_i\}$的元素个数不是 n 而是 k,$k=[\alpha n]$对某些实数 α 成立$(0<\alpha<1)$.

[1] ERDÖS P. Some remarks on number theory (Hebrew, English summary)[J]. Riveon Lematematika,1955,9:45-48.

[2] MOSER L. On the minimum overlap problem of Erdös[J]. Acta Arith.,1959,

5:117-119.
[3]MOTZKIN T S,RALSTON K E, SELFRIDGE J L. Minimum overlappings under translation[J]. Bull. Amer. Math. Soc. ,1956,62:558.
[4]SWIERCZKOWSKI S. On the intersection of a linear set with the translation of its complement[J]. Colloq. Math. ,1958,5:185-197.

C17 独立的正整数集合

Selfridge 称正整数 $a_1 < a_2 < \cdots < a_k$ 的集合为独立的,如果 $\sum c_i a_i = 0$(其中 c_i 是不全为 0 的整数)推出至少有一个 $c_i < -1$. 用抽屉原则很容易证明,如果 k 个正整数是独立的,那么 a_1 至少为 2^{k-1}. 他为下面的问题的解决提供 10 美元的奖金:k 个独立整数 $a_i = 2^k - 2^{k-i}(1 \leqslant i \leqslant k)$ 的集合是仅有的其最大元素不超过 2^k 的集合吗? 如果 $a_1 = 2^{k-1}$,那么它是仅有的这样的集合.

称一无穷整数序列 $\{a_i\}$ 为弱独立的,如果任意关系式 $\sum \varepsilon_i a_i = 0, \varepsilon_i = 0$ 或 ± 1,且 $\varepsilon_i = 0$ 除了有限次外,均推出 $\varepsilon_i = 0$ 对所有 i 成立. 若上述序列对 $\varepsilon_i = 0$, ± 1,或 ± 2 同样成立,则称为强独立的. Richard Hall 问:是否每一弱独立序列都是强独立序列的有限的并.

[1]SELFRIDGE J L. Problem 123[J]. Pi Mu Epsilon J. ,1959,3:118,413-414.

C18 平方和

Paul Turán 欲知正整数 n 能被表示成 4 个两两互素平方数的和,即 $n = x_1^2 + x_2^2 + x_3^2 + x_4^2, (x_i, x_j) = 1(1 \leqslant i < j \leqslant 4)$ 的特性. 若 $8 \mid n$,则 n 不能这样来表示,且 George Turán 已证明,$n \equiv 5 \pmod 6$ 也不能这样表示.

另外,Paul Turán 猜想,所有正整数都能表示成至多5 个两两互素平方数的和. 所有充分大整数都能恰好表示成 5 个两两互素的平方数的和吗?

Chowla 猜想,每一正整数是集合 $\{(p^2-1)/24 \mid p$ 为素数,$p \geqslant 5\}$ 中至多 4 个元素的和. 需要 4 个这样的加数的最小数是 33.

把这些问题与 Wright 的结果比较. 例如,Wright 证明了,如果 $\lambda_1, \lambda_2, \lambda_3, \lambda_4$ 是给定的实数且 $\lambda_1 + \lambda_2 + \lambda_3 + \lambda_4 = 1$,那么每一个有充分大奇因子的 n 能表示成 $n = m_1^2 + m_2^2 + m_3^2 + m_4^2$,且 $|m_i^2 - \lambda_i n| = o(n)$. 他对 5 或更多个平方数及对 3

个平方数也有类似的结果(当然,对后一种情形,假定 n 不是形如 $4^a(8l+7)$).

Bohman,Fröberg 和 Riesel 证明了,有 31 个数不能表示成不同平方数的和,且所有比 188 大的数都能表示成至多 5 个不同平方数的和. 仅有 124 和 188 需要 6 个不同的平方数.

[1] BOHMAN J, FRÖBERG CE, RIESE H. Partitions in squares[J]. BIT Numberical Mathematics,1979,19:297-301.

[2] WRIGHT E M. The representation of a number as a sum of five or more squares[J]. Quart. J. Math. (Oxford),1933,4:37-51, 228-232.

[3] WRIGHT E M. The representation of a number as a sum of four ‘almost proportional’ squares[J]. Ibid,1936,7:230-240.

[4] WRIGHT E M. Representation of a number as a sum of three or four squares[J]. Proc. London Math. Soc. ,1937,42(2):481-500.

丢番图方程

D

"这门学科可简要地这样来描述,它主要是讨论整系数多项式方程 $f(x_1,x_2,\cdots,x_n)=0$ 的有理解或整数解. 众所周知,多个世纪以来,没有哪一个专题像这样吸引了众多的专业和业余的数学家的注意,也没有哪一个专题产生了像这样多的论文."

上述这段话引自 Mordell 著《丢番图方程》(*Diophantine Equations*, London: Academic Press, 1969)一书的前言,它表明,这一节将比其他任何地方都令我们激动. 如果你对这一专题感兴趣,还请参考柯召和孙琦著《谈谈不定方程》(上海教育出版社,1980)以及曹珍富著《丢番图方程引论》(哈尔滨工业大学出版社,1989). 这些书都较全面论述了已知的、大量的未解决问题与结果,而且可读性强. 此外,与二次域类数、椭圆曲线以及有限域等有关的丢番图问题本章没有论及.

D1 等幂和、Euler 猜想

Euler 曾经写道:"对于许多几何学家来说,似乎 Fermat 大定理是可以推广的,就像不存在两个立方数,其和或差也为立方数的问题一样. 找到三个 4 次方数,其和仍是 4 次方数是肯定不可能的(要使其和为 4 次方数,那么至少需要四个 4 次方数,尽管到目前为止尚没有人能找出这样的 4 次方数). 同样地,找到四个 5 次幂其和仍为 5 次幂似乎也是不可能的. 对于更高次幂也存在类似的情况."

Euler 提出的这些问题在很长时间内没有取得任何进展.

直到 1911 年,Norrie 才找到了四个 4 次方数的一个例子

$$30^4+120^4+272^4+315^4=353^4$$

50 年后,Lander 和 Parkin 给出了 Euler 一般猜想的一个反例

$$27^5+84^5+110^5+133^5=144^5$$

对于 $a^4+b^4+c^4=d^4$ 的情形(这是 Euler 猜想的主要部分),已知 $d<220\,000$ 时没有非平凡的整数解. Guy 说,甚至 $a^4+b^4+c^4=d^2$ 是否有非平凡的整数解也未解决. 实际上,容易给出 $a^4+b^4+c^4=d^2$ 的无穷多组非平凡的整数解,例如郑格于得到(参见[8])$a=2st(s^2+t^2)u^2$,$b=2st(s^2-t^2)u^2$,$c=(s^4-t^4)u^2$,$d=(16s^4t^4+(s^4-t^4)^2)u^4$. 1988 年 2 月,在日本京都大学主办的“丢番图问题”国际会议上,美国 Noam D. Elkies 利用椭圆曲线给出了方程 $a^4+b^4+c^4=d^4$ 的无穷多组正整数解,例如 $2\,682\,440^4+15\,365\,639^4+18\,796\,760^4=20\,615\,673^4$,Roger Frye 找到最小的解是

$$95\,800^4+217\,519^4+414\,560^4=422\,481^4$$

这是丢番图方程中的一个重要成就,但给出 $a^4+b^4+c^4=d^4$ 或 $a^4+b^4+c^4=d^2$ 的全部整数解仍是十分困难的.

Simcha Brudno 提出了下列问题:方程 $a^5+b^5+c^5+d^5=e^5$ 有参数解吗(当 $e\leqslant 765$ 时有一个解)? Euler 猜想有更高次幂的反例吗? Selfridge 等人曾算出

$$1\,141^6=1\,077^6+702^6+474^6+402^6+234^6+74^6$$

$$102^7=90^7+85^7+83^7+64^7+58^7+53^7+35^7+12^7$$

对于方程 $\sum_{i=1}^{m}a_i^s=b^s(s\geqslant 3)$,当 $1<m<s$ 时,除了 $s=4,5$ 是否有非平凡的整数解? 曹珍富猜想它没有非平凡的整数解. 对 $1<m=s$ 时,它极有可能存在非平凡整数解. 但至今还没有找到 $m=s=7$ 的解.

从平凡解$(t,1,t,1)$产生方程 $a^4+b^4=c^4+d^4$ 的参数解的方法是众所周知的. 这种方法可以用来产生所有已知的解,并且它将仅产生参数的次数为 $6n+1$ 型的解. Guy 在他的书(参见 D1)中指出,“为了回答 Brudno 的问题,$6n+1$ 不必是素数. 尽管 25 次没出现,49 次却出现了”. Choudhry 于最近找到了 25 次的含两个参数的解.

Swinnerton-Dyer 有另一种从旧解中产生新解的方法,并且与对称性一起能证明这两种方法产生了所有的非奇异解,即产生了所有的非奇异曲线对应的解. 此外,从他能给出找到给定次数的所有非奇异解的有限过程的意义上来说,他的方法是构造性的. 所有非奇异解次数均为奇,且所有充分大的奇次都出现. 不巧的是,奇异解也存在. Swinnerton-Dyer 有产生奇异解的方法,但是,没有理由认为他的方法产生全部的奇异解. 把这些解全描述出来需要完全新的概念. 一些奇异解次数为偶,所以他猜想(且大概能证明),以这种方式,所有充分大的偶次也能出现.

在同样的意义上，Andrew Bremner 能找到方程 $a^6+b^6+c^6=d^6+e^6+f^6$ 的"全部"参数解. 这里"全部"加引号，是因为这些解满足方程

$$a^2+ad-d^2=f^2+fc-c^2$$
$$b^2+be-e^2=d^2+da-a^2$$
$$c^2+cf-f^2=e^2+eb-b^2$$

（这可能不像第一次出现时那么严格）. 他还能给出 $a^5+b^5+c^5=d^5+e^5+f^5$ 的"全部"参数解，满足 $a+b+c=d+e+f$ 和 $a-b=d-e$.

[1] BIRCH B J, SWINNERTON-DYER H P F. Notes on elliptic curves, Ⅱ[J]. J. Reine Angew. Math., 1965, 218: 79-108.

[2] BREMNER A. Pythagorean triangles and a quartic surface[J]. J. Reine Angew. Math., 1980, 318: 120-125.

[3] BRUDNO S. Some new results on equal sums of like powers[J]. Math. Comput., 1969, 23: 877-880.

[4] BRUDNO S. On generating infinitely many solutions of the diophantine equation $A^6+B^6+C^6=D^6+E^6+F^6$[J]. Math. Comp., 1970, 24: 453-454.

[5] BRUDNO S. Problem 4[C]. Proc. Number Theory Conf. Univ. of Colorado Boulder, 1972: 256-257.

[6] BRUDNO S. Triples of sixth powers with equal sums[J]. Math. Comput., 1976, 30: 646-648.

[7] BRUDNO S, KAPLANSKY I. Equal sums of sixth powers[J]. J. Number Theory, 1974, 6: 401-403.

[8] 曹珍富. 丢番图方程引论[M]. 哈尔滨：哈尔滨工业大学出版社，1989.

[9] CHOUDHRY A. The diophantine equation $A^4+B^4=C^4+D^4$[J]. Indian J. Pure Appl. Math., 1991, 22(1): 9-11.

[10] DEM'JANENKO V A. L. Euler's conjecture (Russian)[J]. Acta Arith., 1973, 25: 127-135.

[11] GUY R K. Unsolved problems in number theory[M]. New York: Springer-Verlag, 1981.

[12] KUBICEK J. A simple new solution to the diophantine equation $A^3+B^3+C^3=D^3$ (Czech, German summary)[J]. Časopis pěst. Mat., 1974, 99: 177-178.

[13] LANDER L J. Geometric aspects of diophantine equations involving equal sums of like powers[J]. Amer. Math. Monthly, 1968, 75: 1061-1073.

[14] LANDER L J, PARKIN T R. Counterexample to Euler's conjecture on sums of like powers[J]. Bull. Amer. Math. Soc., 1966, 72: 1079.

[15] LANDER L J, PARKIN T R, SELFRIDGE J L. A survey of equal sums of like powers[J]. math Comput., 1967, 21: 446-459.

[16] NORRIE R. Univ. of St. Andrews 500th Anniv. Mem., Vol., Edinburgh, 1911.

[17] WARD M. Euler's three biquadrate problem[J]. Proc. Nat. Acad. Sci. U. S. A., 1945, 31: 125-127.

[18] WARD M. Euler's problem on sums of three fourth powers[J]. Duke Math. J., 1948, 15: 827-837.

D2 Fermat 大定理

Gandhi 详细讨论了 Fermat 问题，这里列出了若干也许比原问题要容易驾驭一些的 Fermat 问题的相关问题：

(1) 存在整数 c 使得 $x^4+y^4=cz^4$ 有 $(x,y)=1$ 的整数解吗？

(2) 证明 $x^{11}+y^{11}=6z^{11}$ 没有满足 x,y,z 都不能被 11 整除的整数解.

(3) 证明 $x^{11}+y^{11}=3z^{11}$ 和 $x^{11}+y^{11}=9z^{11}$ 没有整数解，其中 $11\mid x, 11\nmid yz$.

(4) 证明 $x^n+y^n=n!\ z^n\ (n>2)$ 没有整数解. Erdös 和 Obláth 证明了 $x^p\pm y^p=n!\ (p>2)$ 没有整数解.

(5) 证明若 $3\mid z$，则 $x^9+y^9=7z^9$ 没有 $z\neq0$ 的整数解. 其中(5)已被曹珍富证明是对的. 而对(1)，显然当 $c=a^4+b^4$，$(a,b)=1$ 时方程 $x^4+y^4=cz^4$ 有解 $x=a, y=b, z=1$；利用 $x^4+y^4=a^4+b^4$ 含参数的解，可给出某些 c 使方程 $x^4+y^4=cz^4$ 有 $(x,y)=1, x>y$ 的两组正整数解. 例如当 $c=133^4+134^4$ 时，方程 $x^4+y^4=cz^4$ 有解 $z=1$，$(x,y)=(134,133),(158,59)$. 但对怎样的 c，方程可有三组正整数解？

Powell，Terai 和 Osada，曹珍富以及 Henri Darmon 还讨论了与 Fermat 方程相关的一些方程，例如方程 $x^4\pm y^4=z^p$，$x^4+dy^4=z^p$ 以及 $cx^4+dy^4=z^p$，这里 $(x,y)=1$，c 与 d 是两个互素的无平方因子正整数，p 是奇素数. 在 $p\nmid xyz$ 时最一般的结果是属于曹珍富的；在 $p\mid xyz$ 时，Darmon 在有关椭圆曲线的 Shimure-Taniyama 猜想的假设下，证明了：若 $p\geqslant11$，$p\equiv1\pmod 4$ 或 $2\mid z$，则 $x^4-y^4=z^p\ (xyz\neq0, (x,y)=1)$ 没有整数解.

对于 Fermat 问题，即证明 $n>2$ 时方程 $x^n+y^n=z^n$ 无正整数解（此结论称为 Fermat 大定理，有关 Fermat 大定理的历史可参阅 Edwards 的书），20 世纪 80 年代以来有了重大突破. 1983 年，Faltings 证明了 $x^n+y^n=z^n\ (n>2, (x,y)=1)$ 的正整数解最多只有有限组. 利用这一结果，Heath-Brown 证明了对"几乎所有"的指数 n，方程 $x^n+y^n=z^n$ 无正整数解，即设 $r(N)$ 表示 $n\leqslant N$ 使方程 $x^n+y^n=z^n$

有解的个数,则 Heath-Brown 证明了 $\forall\ \varepsilon>0$,存在 N_ε,使得当 $N\geqslant N_\varepsilon$ 时,$r(N)\leqslant \varepsilon N$. 设 p 是奇素数,Fermat 问题的第一情形是:方程 $x^p+y^p=z^p$ 无 $p\nmid xyz$ 的解. Adleman 和 Heath-Brown 证明了:设 $s=\{p:p$ 使 Fermat 问题的第一情形成立$\}$,则有 $\#\{p\in s:p\leqslant x\}\gg x^{0.6687}$. 这就知道有无限多个素数 p 使 Fermat 问题的第一情形成立. 1985 年,Frey 试图用椭圆曲线的 Shimure-Taniyama 猜想推出 Fermat 大定理,由 Fermat 方程的解构造了著名的 Frey 曲线. 1986 年 7 月 Ribet 在 Frey 工作的基础上证明了 Shimure-Taniyama 猜想推出 Fermat 大定理. 1993 年 6 月 23 日,Wiles 在剑桥牛顿数学研究所宣布证明了 Shimure-Taniyama 猜想对半稳定的椭圆曲线成立,而 Frey 曲线是半稳定的,因而证明了 Fermat 大定理. 但 Wiles 在 1993 年 12 月 4 日的一个 e-mail 中宣布,他对 Fermat 大定理的证明有漏洞. 漏洞出在证明半稳定的 Shimure-Taniyama 猜想时,与一个模型式相应的对称方表示的 Selmer 群的精确上界的计算方面. 尽管如此,Wiles 对数论仍做出了巨大的贡献,因为他将证明 Shimure-Taniyama 猜想变为证明一个不等式,即归结为对 Selmer 群的计算. 由此他虽然不能证明"半稳定"的,但却证明另一类(有无穷多条)椭圆曲线的 Shimure-Taniyama 猜想.

可以期待沿着这一线索最终能证明 Fermat 大定理. 另外,初等方法在研究偶指数的 Fermat 问题中也获得了一系列结果. Terjanian 证明了:设 p 为奇素数,若方程 $x^{2p}+y^{2p}=z^{2p}$ 有解,则 $2p\mid x$ 或 $2p\mid y$. 孙琦和曹珍富改进这个结果为 $8p\mid x$ 或 $8p\mid y$. 实际上,结合前人的工作,可以推出 $8p^3\mid x$ 或 $8p^3\mid y$. 曹珍富对于方程 $x^{2p}+y^{2p}=z^2$ 证明了 $4p^3\mid x$ 或 $4p^3\mid y$. 那么,是否可用初等方法给出 $x^{2p}+y^{2p}=c^{2p}$ 的最终解答?

[1] ADLEMAN L M, HEATH-BROWN D R. The first case of Fermat's last theorem[J]. Invent. Math., 1985, 79: 409-416.

[2] CAO Z F. The diophantine equation $cx^4+dy^4=z^p$[J]. C. R. Math. Rep. Acad. Sci. Canada, 1992, 14(5): 231-234.

[3] CAO Z F. 关于 Fermat 大定理[J]. 自然杂志,(Ⅰ)1987, 10(5): 393-394, PЖ MaT., 1988, 1A178;(Ⅱ)1989, 12(9): 718;(Ⅲ)1990, 13(5): 314.

[4] CAO Z F. On the diophantine equation $x^4-py^2=z^p$[J]. C. R. Math. Rep. Acad. Sci. Canada, 1995, 17(2): 61-66.

[5] DARMON H. The equation $x^4-y^4=z^p$[J]. C. R. Math. Rep. Acad. Sci. Canada, 1993, 15(6): 286-290.

[6] EDWARDS H M. Fermat's Last Theorem[M]. Genetic Introduction to Algebraic Number Theory. New York: Springer-Verlag, 1977.

[7] ERDÖS P, OBLÁTH R. Über diophantische Gleichungen der Form $n!=$

$x^p \pm y^p$ and $n! \pm m! = x^p$[J]. Acta Litt. Sci. Szeged,1937,8:241-255.

[8]FALTINGS G. Endlich Keitssätze für abelsche Verietäten über Zahlkürpern[J]. Invent. Math.,1983,73:349-366.

[9]FREY G. Links between stable elliptic curves and certain diophantine equations[J]. Ann. Univ. Sarav.,1986,1:1-40.

[10]HEATH-BROWN D R. Fermat's last theorem for "almost all" exponents[J]. Bull. London Math. Soc.,1985,17:15-16.

[11]INKERI K, VAN DER POORTEN A J. Some remarks on Fermat's conjecture[J]. Acta Arith.,1980,36:107-111.

[12]JOHNSON W. Irregular primes and cyclotomic invariants[J]. Math. Comp., 1975,29:113-120.

[13]LEHMER D H. On Fermat's quotient, base two[J]. Math. Comp.,1981, 36:289-290.

[14]POWELL B. Sur l'équation diophantienne $x^4+y^4=z^p$[J]. Bull. Sc. Math., 1983,107:219-223.

[15]RIBENBOIM P. 13 Lectures on Fermat's Last Theorem[J]. New York,Heidelberg,Berlin: Springer-Verlag,1979; see Bull. Amer. Math. Soc.,1981,4: 218-222.

[16]RIBET K A. From the Taniyama-Shimura conjecture to Fermat's Last theorem[J]. Ann. Fac. Sci. Toulouse Math.,1990,11:116-139.

[17]RIBET K A. Wiles Proves Taniyama's Conjecture; Fermat's Last Theorem Follows[J]. Notices of AMS,1993,40(6):575-576.

[18]SELFRIDGE J L, NICOL C A, VANDIVER H S. Proof of Fermat's last theorem for all prime exponents less than 4 002[J]. Proc. Nat. Acad. Sci. U. S. A.,1955,41:970-973.

[19]SHANKS D, WILLIAMS H C. Gunderson's function in Fermat's last theorem[J]. Math. Comp.,1981,36:291-295.

[20]孙琦,曹珍富. 关于丢番图方程 $x^p-y^p=z^2$[J]. 数学年刊,A辑,1986, 7(5):514-518.

[21]TERAI N, OSADA H. The diophantine equation $x^4+dy^4=z^p$[J]. C. R. Math. Rep. Acad. Sci. Canada,1992,14(1):55-58.

[22]TERJANIAN G. Sur l'équation $x^{2p}+y^{2p}=z^{2p}$[J]. C. R. Acad. Sci. Paris, 1977,285:973-975.

[23]WAGSTAFF S S. The irregular primes to 125 000[J]. Math. Comp.,1978, 32:583-591.

D3 垛形数问题

Mordell 问:方程

$$6y^2=(x+1)(x^2-x+6) \tag{A}$$

是否仅有 $x=-1,0,2,7,15$ 和 74 的解？1971 年,Ljunggren 第一个给出了这一问题的回答,他证明方程(A)的全部解为 $x=-1,0,2,7,15,74$ 和 767. 后来,又有一些人给出了方程(A)的解的新证明. 但都不是初等的. 曹珍富希望给出(A)的一个初等证明.

注意到方程(A)来自 $y^2=\binom{x}{0}+\binom{x}{1}+\binom{x}{2}+\binom{x}{3}$,Martin Gardner 取垛形数:三角形、四边形、四面体及方棱锥,并使其成对相等. 在因此而得到的六个问题中,除了"三角形 = 方棱锥",其余已全被解决了. 而此种情形导出的方程为

$$3(2y+1)^2=8x^3+12x^2+4x+3$$

其解的数目是有限的. 那么它的解都由 $x=-1,0,1,5,6$ 和 85 给出吗？

"方棱锥 = 四边形"的情形是 Lucas 问题. 丢番图方程

$$y^2=x(x+1)(2x+1)/6$$

仅有的非平凡解是 $x=24,y=70$ 吗？该问题已被 Watson 用椭圆函数和 Ljunggren(1952)用二次域上的 Pell 方程予以解决. 由于 Watson 和 Ljunggren 的方法不是初等的,Mordell 问:是否存在初等的证明. 马德刚、徐肇玉和曹珍富各自独立地给出了初等证明. 后来 Anglin 与 Cucurezeamu 各自给出了更为简短的初等证明.

对"四边形 = 四面体"的情形,相应的方程为 $y^2=x(x+1)(x+2)/6$,是否(48,140)是仅有的非平凡解？因为前一个方程能写作为

$$(2y)^2=2x(2x+1)(2x+2)/6$$

故 $2\mid x$ 已得到解决. 而在 $2\nmid x$ 时,曹珍富已证明:方程 $2py^2=x(x+1)(x+2)$(p 为奇素数)仅有正整数解 $p=3,x=y=1$ 与 $p=7,x=7,y=6$,从而给出方程 $y^2=x(x+1)(x+2)/6$仅有非平凡解(48,140).

对"三角形数 = 三角形的平方",相应的方程为

$$\frac{y(y-1)}{2}=\left(\frac{x(x-1)}{2}\right)^2 \tag{B}$$

Ljunggren(1946)用 p-adic 方法证明了方程(B)仅有正整数解 $(x,y)=(1,1),(2,2),(4,9)$. 但 Ljunggren 的证明是一个"复杂的"证明. Cassels 利用四次域 $Q(\sqrt[4]{-2})$ 给出一个较为简单的证明. 曹珍富、邓谋杰与黎进香又给出一个更为

简洁且初等的证明.

[1]ANGLIN W S. The Square Pyramid Puzzle[J]. Amer. Math. Monthly,1990, 97:120-124.

[2]CASSELS J W S. Integral points on certain elliptic curves[J]. Proc. London Math. Soc. ,1965,14A(3):55-57.

[3]曹珍富,邓谋杰,黎进香. 关于方程$(\frac{x(x-1)}{2})^2=\frac{y(y-1)}{2}$的初等解法[J]. 科学通报,1994,39(7):670.

[4]CUCUREZEANU I. An Elementary solution of Lucas' problem[J]. J. Number Theory,1993,44:9-12.

[5]DUDENEY H E. Amusements in mathematics. Dover Publications, Inc. , New York, 1959.

[6]FINKELSTEIN R. On a diophantine equation with no non-trivial integral solution[J]. Amer. Math. Monthly,1966,73:471-477.

[7]LJUNGGREN W. Solution compléte de quelques équations du sixiéme degré á adeux indéterminées[J]. Arch. Math. Naturv. ,1946,48(7):26-29.

[8]LJUNGGREN W. New solution of a problem proposed by E. Lucas[J]. Norsk Mat. Tidskr. ,1952,34:65-72.

[9]LJUNGGREN W. A diophantine problem[J]. J. London Math. Soc. ,1971,3: 385-391.

[10]LUCAS E. Problem 1 180[J]. Nouv. Ann. Math. ,1875,14(2):336.

[11]马德刚. 方程$6y^2=x(x+1)(2x+1)$的解的初等证明[J]. 四川大学学报(自然科学版),1985,4:107-116.

[12]WATSON C N. The problem of the square Pyramid[J]. Messenger of Math. , 1981,48:1-22.

[13]徐肇玉,曹珍富. 关于 Mordell 的一个问题[J]. 科学通报,1985,30(7): 558-559.

D4 l 个 k 次幂的和表整数

假设 $r_{k,l}(n)$ 是 $n=\sum_{i=1}^{l}x_i^k$ 取正整数 x_i 的解的个数,Hardy 和 Littlewood 的猜想 K 为:$\varepsilon>0$ 推出 $r_{k,k}(n)=O(n^{\varepsilon})$. 对 $k=2$,这是众所周知的. 事实上,对充分大的 n,有

$$r_{2,2}(n) < n^{(1+\varepsilon)\ln 2/\ln\ln n}$$

且这里的 ln 2 不能被更小的数代替(否则上式不成立). Mahler 对 $k=3$ 否定了这一猜想,他证明了 $r_{3,3}(n) > c_1 n^{1/12}$ 对无穷多个 n 成立. Erdös 认为,对所有 n,$r_{3,3}(n) < c_2 n^{1/12}$ 是可能的,但没有人能证明. 猜想 K 也许对 $k \geqslant 3$ 不成立,而 $\sum_{n=1}^{x}(r_{k,k}(n))^2 < x^{1+\varepsilon}$ 对充分大的 x 是可能成立的.

Chowla 证明了,对 $k \geqslant 5$,$r_{k,k}(n) \neq O(1)$,并和 Erdös 一起证明了,对每个 $k \geqslant 2$ 和无穷多个 n,有

$$r_{k,k}(n) > \exp(c_k \ln n/\ln\ln n)$$

Mordell 证明了 $r_{3,2}(n) \neq O(1)$,且 Mahler 证明了 $r_{3,2}(n) > (\ln n)^{1/4}$ 对无穷多个 n 成立. $r_{3,2}(n)$ 的非平凡的上界现在尚不清楚. Jean Lagrange 已证明

$$\limsup r_{4,2}(n) \geqslant 2 \text{ 且 } \limsup r_{4,3}(n) = \infty$$

设 $A_{k,l}(x)$ 是整数 $n \leqslant x$ 能被表示成 l 个 k 次幂的和的个数. 一个棘手的问题是估计 $A_{k,l}(x)$ 的大小. Landau 证明了

$$A_{2,2}(x) = (c+o(1))x/(\ln x)^{1/2}$$

Erdös 和 Mahler 证明了,如果 $k>2$,那么 $A_{k,2} > c_k x^{2/k}$,且 Hooley 证明了 $A_{k,2} = (c_k + o(1))x^{2/k}$. 似乎可以肯定,如果 $l<k$,那么 $A_{k,l} > c_{k,l} x^{l/k}$,且 $A_{k,k} > x^{1-\varepsilon}$ 对每一个 ε 成立,但是这些尚未被证实.

从 Chowla-Erdös 的结果知,对所有 k,存在 n_k 使得

$$n_k = p^3 + q^3 + r^3$$

解的个数比 k 大. 对多于 3 个加数的情形,现在还没有得到任何相应的结果.

另一个引人注目的问题是:每一个数都是 4 个立方数的和吗? 已证明除了形如 $9n \pm 4$ 的数,这是正确的.

更进一步的要求是,每一个数是 4 个立方数的和,而其中的两个立方数相等. 特别地,$76 = x^3 + y^3 + 2z^3$ 有解吗? 其他小于 1 000 且仍存疑问的数是 148,183,230,253,356,418,428,445,482, 491,519,580,671,734,788,923,931 和 967. 所有不具有 $9n \pm 4$ 形式的数都是 3 个立方数的和吗?

方程 $3 = x^3 + y^3 + z^3$ 有解 $(1,1,1)$,$(4,4,5)$,$(4,-5,4)$ 和 $(-5,4,4)$,还有其他解吗? Cassels 证明,如果存在解,那么 $x \equiv y \equiv z \pmod 9$. 对于方程 $x^3 + y^3 + z^3 + w^3 = 0$,从曹珍富的书《丢番图方程引论》(第 248 ~ 252 页)中得知,早在 1830 年,Baba 就给出了参数解 $x = (s^6-4)s$,$y = -(s^6+8)s$,$z = s^6 + 6s^3 - 4$,$w = -s^6 + 6s^3 + 4$. 后来,Kroneck,Osborn 等人又给出了含三个、两个参数的解. 1988 年,范绍舲给出了一般的解 $x = am - bn$,$y = -(bm + an + bn)$,$z = -(dm - cn)$,$w = -(cm + dm + dn)$,其中 a,b,c,d 是任意整数,且

$$m = (a+2b)(a^2+ab+b^2) - (c-d)(c^2+cd+d^2)$$

$$n=\begin{cases}(a-b)(a^2+ab+b^2)-(c+2d)(c^2+cd+d^2),当 m\neq 0 时\\ 1,当 m=0 时\end{cases}$$

[1] CASSELS J W S. A note on the diophantine equation $x^3+y^3+z^3=3$[J]. Math. Comp., 1985, 44: 265-266.

[2] 曹珍富. 丢番图方程引论[M]. 哈尔滨:哈尔滨工业大学出版社,1989:248-252.

[3] CHOWLA S. The number of representations of a large number as a sum of non-negative nth powers[J]. Indian Phys. Math. J., 1935, 6: 65-68.

[4] DAVENPORT H. Sums of three positive cubes[J]. J. London Math. Soc., 1950, 25: 339-343.

[5] 范绍舲. 不定方程 $w^3+x^3+y^3+z^3=0$[J]. 自然杂志,1988,11(9):710.

[6] ELLISON W J. Waring's problem[J]. Amer. Math. Monthly, 1971, 78: 10-36.

[7] ERDÖS P. On the representation of an integer as the sum of k kth powers[J]. J. London Math. Soc., 1936, 11: 133-136.

[8] ERDÖS P. On the sum and difference of squares of primes Ⅰ, Ⅱ[J]. J. London Math. Soc., 1937, 12: 133-136, 168-171.

[9] ERDÖS P, MAHLER K. On the number of integers which can be represented by a binary form[J]. J. London Math. Soc., 1938, 13: 134-139.

[10] ERDÖS P, SZEMEREDI E. On the number of solutions of $m=\sum_{i=1}^{k}x_i^{k}$[J]. Proc. Symp. Pure Math., 24, Amer. Math. Soc., Providence, 1972: 83-90.

[11] GARDINER V L, LAZARUS R B, STEIN P R. Solutions of the diophantine equation $x^3+y^3=z^3-d$[J]. Math. Comp., 1964, 18: 408-413.

[12] HARDY G H, LITTLEWOOD J E. Partitio Numerorum Ⅵ: Further researches in Waring's problem[J]. Math. Z., 1925, 23: 1-37.

[13] KE Z. Decompositions into four cubes[J]. J. London Math. Soc., 1936, 11: 218-219.

[14] LAGRANGE J. Thése d'Etat de 1'Université de Reims, 1976.

[15] LAL M, RUSSELL W, BLUNDON W J. A note on sums of four cubes[J]. Math. Comp., 1969, 23: 423-424.

[16] MAHLER K. Note on hypothesis K of Hardy and Littlewood[J]. J. London. Math. Soc., 1936, 11: 136-138.

[17] MAHLER K. On the lattice points on curves of genus 1[J]. Proc. London Math. Soc., 1935, 39: 431-466.

[18] MAKOWSKI A. Sur quelques problémes concernant les sommes de quatre

cubes[J]. Acta Arith. ,1959,5:121-123.
[19]MILLER J C P, WOOLLETT M F C. Solutions of the diophantine equation $x^3+y^3+z^3=k$[J]. J. London Math. Soc. ,1955,30:101-110.
[20]SCHINZEL A, SIERPINSKI W. Sur les sommes de quatre cubes[J]. Acta Arith. ,1958,4:20-30.

D5 二元四次丢番图方程问题

Ljunggren 已证明,方程 $x^2=2y^4-1$ 仅有的正整数解为(1, 1)和(239,13),但是他的证明是复杂且深刻的. Mordell 问:是否能找到一个简单的或初等的证明?

Ljunggren 和其他的人对同类方程做了相当可观的研究. 一些参考资料选编在下面. 其中 Cohn 对全部 $D\leqslant 400$ 的情形,给出了方程 $y^2=Dx^4+1$ 的全部解. 曹珍富对方程 $x^4-Dy^2=-1$ 证明了:设 $\eta=u_0+v_0\sqrt{D}$ 是 Pell 方程 $u^2-Dv^2=-1$ 的基本解,且设 $u_0=du_1^2$,d 无平方因子,则有 $x^2+y\sqrt{D}=\eta^d$. 乐茂华用 Baker 方法证明了:如果 $D>\exp 64$,那么方程 $x^4-Dy^2=1$ 最多只有一个正整数解. 在此之前,对任意 D,Ljunggren 证明了 $x^4-Dy^2=1$ 最多有两组正整数解,且当 $D=1\ 785$时,方程恰有两组正整数解 $x=13,y=4$ 和 $x=239,y=1\ 352$. 对于方程 $x^4-Dy^2=k$ 与 $x^2-Dy^4=k(|k|\neq 1,4)$,目前仅解决一些特例,例如 Cohn (1968)证明 $x^4-5y^2=-44$ 仅有正整数解$(x,y)=(1,3),(3,5),(47,1\ 453)$; $x^4-5y^2=11$仅有整数解(2,1),(4,7); $x^2-5y^4=44$ 仅有正整数解(7,1); $x^2-5y^4=11$ 仅有正整数解(4,1),(56,5); $x^2-5y^4=-44$ 仅有正整数解(6,2),(19,3),(181,9). Tzanakis 证明了 $x^2-3y^4=46$ 仅有正整数解(7,1),(17,3),因而最终解决了当$|n|\leqslant 100$ 时方程 $x^4-4x^2y^2+y^4=n$ 的求解问题. 曹珍富当$|n|\leqslant 200$ 时也解决了这个问题,此时主要解决了两个 n 值: -194 与 193. 但是方程 $x^2-3y^4=-194$ 与方程 $x^2-3y^4=193$ 的解如何? 能否给出它们的全部解? 已知的部分解为 $x^2-3y^4=-194$ 有部分解(7,3),(41,5),(1 586 297, 957); $x^2-3y^4=193$有部分解 (14,1),(31,4),(86,7),(79 321,214).

[1]BENDER E A, HERZBERG N P. Some diophantine equations related to the quadratic form ax^2+by^2[J]. Bull. Amer. Math. Soc. ,1975,81:161-162.
[2]BLASS J. On the diophantine equation $Y^2+K=X^5$[J]. Bull. Amer. Math. Soc. ,1974,80:329.
[3]曹珍富. 关于丢番图方程 $x^4-Dy^2=1$[J]. 哈尔滨:哈尔滨工业大学学报,(Ⅰ)1981,4:53-58;(Ⅱ)1983,2:133-138;(Ⅲ)(与贾广聚)哈尔滨师范大

学学报(自然科学版),1985,1:78-82.
[4]曹珍富.关于丢番图方程 $x^2+1=2y^2$, $x^2-1=2Dz^2$[J].数学杂志,1983,3(3):227-235.
[5]曹珍富.一些 Diophantus 方程的研究[J].自然杂志,1987,10(2):151;哈尔滨工业大学学报,1988,3:1-7.
[6]COHN J H E. On square Fibonacci numbers[J]. J. London Math. Soc.,1964,39:537-540.
[7]COHN J H E. The diophantine equation $y^2=Dx^4+1$[J]. Ⅰ,J. London Math. Soc.,1967,42:475-476; Ⅱ, Acta Arith.,1975,28:273-275; Ⅲ, Math. Scand.,1978,42:180-188.
[8]COHN J H E. Some quartic diophantine equation[J]. Pacific. J. Math.,1968,26(2):233-243.
[9]COHN J H E. The diophantine equation $x^4-Dy^2=1$[J]. Quart. J. Math. Oxford,1975,26(3):279-281.
[10]COHN J H E. Five diophantine equations[J]. Math. Scand.,1967,21:61-70.
[11]COHN J H E. Eight diophantine equations[J]. Proc. London Math. Soc.,1966,16:153-166; Addendum, ibid,1967,17:381.
[12]HERZBERG N P. Integer solutions of $by^2+p^n=x^3$[J]. J. Number Theory,1975,7:221-234.
[13]柯召,孙琦.关于不定方程 $x^4-Dy^2=1$[J].四川大学学报(自然科学版),1975,1:57-61.
[14]柯召,孙琦.关于丢番图方程 $x^4-Dy^2=1$[J].(Ⅰ)四川大学学报(自然科学版),1979,1:1-4;数学学报,1980,23(6):922-926;(Ⅱ)数学年刊,A辑,1980,1(1):83-88.
[15]柯召,孙琦.关于丢番图方程 $x^4-2py^2=1$[J].四川大学学报(自然科学版),1979,4:5-9;1983,2:1-3.
[16]柯召,孙琦.关于丢番图方程 $x^4-pqy^2=1$[J].(Ⅰ)科学通报,1979,24(16):721-723;(Ⅱ)四川大学学报(自然科学版),1980,3:37-43.
[17]柯召,孙琦.关于丢番图方程 $x^2-Dy^4=1$[J].数学年刊,A辑,1981,2(4):491-495.
[18]乐茂华. A note on the diophantine equation $x^{2p}-Dy^2=1$[J]. Proc. Amer. Math. Soc.,1989,107(1):27-34.
[19]LEWIS D J. Two classes of diophantine equations[J]. Pacific J. Math.,1961,11:1063-1076.

[20] LJUNGGREN W. Zur Theorie der Gleichung $x^2+1=Dy^4$ [J]. Avh. Norske Vid. Akad. Oslo, I, 1942, 5: 27.
[21] LJUNGGREN W. Über die Gleichung $x^4-Dy^2=1$ [J]. Arch. Math. Naturv., 1942, 45(5): 61-70.
[22] LJUNGGREN W. On a diophantine equation [J]. Norske Vid. Selsk. Forh. Trondheim, 1945, 18: 125-128.
[23] LJUNGGREN W. New theorems concerning the diophantine equation $Cx^2+D=y^n$ [J]. Norske Vid. Selsk. Forh. Trondheim, 1956, 29: 1-4.
[24] LJUNGGREN W. On the diophantine equation $Cx^2+D=y^n$ [J]. Pacific J. Math., 1964, 14: 585-596.
[25] LJUNGGREN W. Some remarks on the diophantine equation $x^2-Dy^4=1$ and $x^4-Dy^2=1$ [J]. J. London Math. Soc., 1966, 41: 542-544.
[26] MORDELL L J. The diophantine equation $y^2=Dy^4+1$ [J]. J. London Math. Soc., 1964, 39: 161-164.
[27] NAGELL T. Contributions to the theory of a category of diophantine equations of the second degree with two unknowns [J]. Novd Acta Soc. Sci. Upsal., 1955, 16(4): 38.
[28] TZANAKIS N. The diophantine equation $x^2-Dy^4=k$ [J]. Acta Arith., 1986, 46: 257-269.
[29] 朱卫三. $x^4-Dy^2=1$ 可解的充要条件[J]. 数学学报, 1985, 28(5): 681-683.

D6 连续数问题

Leo Moser 证明方程

$$1^n+2^n+\cdots+(m-1)^n=m^n$$

在 $m<10^{10^6}$ 时没有非平凡解(平凡解显然有 $1+2=3$). 后来 Rufus Bowen 猜想该方程没有非平凡解. 易知,若该方程成立,则 $n\sim m\ln 2$. 事实上,阎发湘证明了该方程成立可推出 $m=[\frac{n-1}{\ln 2}]+3$.

利用原根很容易证明该方程可推出 $m-1$ 无平方因子,设 $m-1=p_1p_2\cdots p_s$, $p_i(i=1,2,\cdots,s)$ 是不同的素数,则有 $(p_i-1)\mid n(i=1,2,\cdots,s)$,且 $p_1p_2\cdots p_{i-1}p_{i+1}\cdots p_s+1\equiv0(\bmod p_i)(i=1,2,\cdots,s)$. 由曹珍富等人关于方程 $\prod_{j=1}^{s}\frac{1}{x_j}+\frac{1}{x_1x_2\cdots x_s}=1$ 的解可知,方程 $1^n+2^n+\cdots+(m-1)^n=m^n$ 推出 $m-1$ 至少是 8 个不同素数的乘

积. Robert Tijdeman 注意到关于方程

$$1^n+2^n+\cdots+k^n=m^n$$

的一般结果不蕴含上述特定的方程,并且给出下面的最近进展.

van de Lune 证明了,若$(m-1)^n<\frac{1}{2}m^n$,则

$$1^n+2^n+\cdots+(m-1)^n<m^n \tag{L}$$

Best 和 te Riele 证明了,若$(m-2)^n\geqslant\frac{1}{2}(m-1)^n$,则

$$1^n+2^n+\cdots+(m-1)^n>m^n \tag{M}$$

因此,我们可以假设,对于任意大的 m,整数 n 可由

$$\left(1-\frac{1}{m}\right)^n>\frac{1}{2}>\left(1-\frac{1}{m-1}\right)^n$$

来确定. Erdös 猜想,(L)和(M)两者均无限多次成立,van de Lune 和 te Riele 证明了,(M)对几乎所有的 m 成立,Best 和 te Riele 证明了,(L)对 $m\leqslant x$ 的最多 $\ln x$个值成立. 他们计算了 33 对使(L)成立的(m,n),最小的一对是

$$m=1\ 121\ 626\ 023\ 352\ 385,n=777\ 451\ 915\ 729\ 368$$

但要证明(L)无限多次成立似乎很困难.

柯召和孙琦研究了比 Bowen 猜想更一般的 Escott 方程

$$x^n+(x+1)^n+\cdots+(x+h)^n=(x+h+1)^n$$

证明了该方程在 $1\leqslant n\leqslant33$ 时仅有正整数解 $1+2=3$,$3^2+4^2=5^2$ 以及 $3^3+4^3+5^3=6^3$,而在 $n>33$ 时,柯召、孙琦和邹兆南完全解决了 n 为奇数的情形,即他们证明了此时方程无其他的解. 他们猜想 $n>33$ 为偶数时也无正整数解.

[1]BEST M R, TE RIELE H J J. On a conjecture of Erdös concerning sums of powers of integers[R]. Report NW 23/76, Mathematisch Centrum Amsterdam, 1976.

[2]曹珍富,刘锐,张良瑞. 关于不定方程$\sum_{j=1}^{s}\frac{1}{x_j}+\frac{1}{x_1x_2\cdots x_s}=1$ 和 Znám 问题[J]. 自然杂志,1989,12(7):554-555.

[3]CAO Z F, LIU R, ZHANG L R. On the equation $\sum_{j=1}^{s}\frac{1}{x_j}+\frac{1}{x_1x_2\cdots x_s}=1$ and Znám's problem[J]. J. Number Theory,1987,27(2):206-211.

[4]ERDÖS P. Advanced problem 4347[J]. Amer. Math. Monthly,1949,56:343.

[5]GYÖRY K, TIJDEMAN R, VOORHOEVE M. On the equation $1^k+2^k+\cdots+x^k=y^z$[J]. Acta Arith.,1980,37:233-240.

[6]柯召,孙琦. 关于方程 $x^n+(x+1)^n+\cdots+(x+h)^n=(x+h+1)^n$[J]. 四川

大学学报(自然科学版),1962(2):9-20.
[7]柯召,孙琦,邹兆南.关于方程$\sum_{j=0}^{h}(x+j)^n=(x+h+1)^n$[J].四川大学学报(自然科学版),1978,2-3:19-24.
[8]VAN DE LUNC J. On a conjecture of Erdös(Ⅰ)[R]. Report ZW 54/75, Mathematisch Centrum Amsterdam,1975.
[9]VAN DE LUNE J, TE RIELE H J J. On a conjecture of Erdös(Ⅱ)[R]. Reprot ZW 56/75, Mathematisch Centrum, Amsterdam,1975.
[10]MOSER L. On the diophantine equation $1^n+2^n+\cdots+(m-1)^n=m^n$[J]. Scripta Math.,1953,19:84-88.
[11]SCHÄFFER J J. The equation $1^p+2^p+\cdots+n^p=m^q$[J]. Acta Math.,1956,95:155-189.
[12]VOORHOEVE M, GYÖRY K, TIJDEMAN R. On the diophantine equation $1^k+2^k+\cdots+x^k+R(x)=y^z$[J]. Acta Math.,1979,143:1-8.
[13]阎发湘.关于 Bowen 猜想[J].沈阳:辽宁大学学报(自然科学版),1980,1:1-10.

D7 方程 $x^3+y^3+z^3=x+y+z$

Wunderlich 问,方程 $x^3+y^3+z^3=x+y+z$ 的解(参量表示)怎样? Bernstein, Chowla, Edgar, Fraenkel, Oppenheim, Segal 和 Sierpinski 已给出了一些解,其中一些是参量形式的,因此一定存在无穷多个解.然而,通解仍未得到.

[1] BERNSTEIN L. Explicit solutions of pyramidal diophantine equations[J]. Canad. Math. Bull.,1972,15:177-184.
[2]EDGAR H M. Some remarks on the diophantine equation $x^3+y^3+z^3=x+y+z$[J]. Proc. Amer. Math. Soc.,1965,16:148-153.
[3]FRAENKEL A S. Diophantine equations involving generalized triangular and tetrahedral numbers[M]. Computers in Number Theory, Proc. Allas Symp. No. 2, Oxford 1969 Academic Press. London and New York(1971),99-114.
[4]OPPENHEIM A. On the diophantine equation $x^3+y^3+z^3=x+y+z$[J]. Proc. Amer. Math. Soc.,1966,17:493-496.
[5]OPPENHEIM A. On the diophantine equation $x^3+y^3-z^3=px+py-pz$[J]. Univ. Beograd Publ. Elektrotehn. Fak. Ser. 1968,235.
[6]SEGAL S L. A note on pyramidal numbers[J]. Amer. Math. Monthly,1962,69:637-638.

[7] SIERPINSKI W. Sur une propriété des nombres tétraédraux[J]. Elem. Math., 1962,17:29-30.

[8] SIERPINSKI W. Trois nombres tétraédraux en progression arithmetique[J]. Elem. Math.,1963,18:54-55.

[9] WUNDERLICH M. Certain properties of pyramidal and figurate numbers[J]. Math. Comp.,1962,16:482-486.

D8 两个幂之差

1842 年,Catalan 曾猜想:2^3 和 3^2 是仅有的两个连续数都是正整数的幂(幂大于 1).两个正整数幂中有一个是平方数的情形吸引了很多数学家的注意,最后在 1962 年由柯召证明了此时 Catalan 猜想成立.后来,Chein,Rotkiewicz 和曹珍富分别给出柯召定理的一个简化证明.1976 年,Tijdeman 用 Baker 方法基本上解决了 Catalan 猜想,即如果有两个连续数都是正整数的幂,那么每个正整数的幂均小于一个绝对常数 c. 近来 c 还可被具体定出,例如 $c<10^{10^{500}}$. Cassels,柯召还分别独立地证明了不存在三个连续数都是正整数的幂.这个结论可由下面的结论推出:方程 $x^p+1=y^q$(q 是素数,p 是奇素数)有正整数解,推出 $p\mid y$ 且 $q\mid x$.

更一般地,如果 $a_1=4,a_2=8,a_3=9,\cdots$是具有这样幂的序列,那么,Choodnowski 宣布已证明 $a_{n+1}-a_n$ 随 n 趋于无穷.Erdös 猜想 $a_{n+1}-a_n>c'n^c$,但目前还没有证明它的希望.

Jan Mycielski 注意到,除了与 2 同余(mod 4)的那些数,所有的数均能表示成每个均大于 4 的两个幂之差.他问 6,14 或 34 是否也能这样表达.对于更一般的情形 $a^x-b^y=(2p^s)^z$,这里 p 为奇素数,s 为非负整数,曹珍富证明了在$(a,b)\equiv(5,3),(3,5),(\pm3,7),(7,\pm3)\pmod 8$时,除 $3^4-7^2=2^5$,$(4p^{4s}+1)^2-(4p^{4s}-1)^2=(2p^s)^4$ 外无 $z\geqslant4$ 的非负整数解.Perisastri,曹珍富,Toyoizumi 以及曹珍富与王笃正等人还讨论了 $s=1$ 的若干情形.

Erdös 问是否有无穷多个数不具有 x^k-y^l 的形式,其中 $k>1,l>1$.

Carl Rudnick 用 $N(r)$代表 $x^4-y^4=r$ 的正整数解的个数,并且问 $N(r)$是否有界.Hansraj Gupta 注意到,Hardy 和 Wright 给出了 $x^4-y^4=u^4-v^4$ 的参数解,这些解表明,$N(r)$是 0,1 或无穷多次地取 2.例如 $133^4-59^4=158^4-134^4=300\ 783\ 360$.如果 $N(r)=3$,那么 r 必定是非常非常地大.但是几乎没有任何疑问,$N(r)$是有界的.

Hugh Edgar 问,给定素数 p,q 和整数 h,$p^m-q^n=2^h$ 有多少解(m,n)?是否至多 1 个?仅有有限个吗?例如,$3^2-2^3=2^0$,$5^3-11^2=2^2$,$5^2-3^2=2^4$.曹珍富

在给出方程 $x^2+2^m=y^n(n>1)$ 的全部解的基础上,和王笃正一起证明了:对于素数 p,q 和整数 h,方程 $p^m-q^n=2^h$ 最多有一组 $m>1,n>0$ 的解.他对给定素数 p,q,还证明方程 $p^m-q^n=2^h$ 最多有一组 $m>1,n>0,h>0$ 的解.如果存在整数 a,b,h',满足 $p=qa^2+2^{h'}b^2,h'\equiv h(\mathrm{mod}\ 2),b\neq 0$,那么方程 $p^m-q^n=2^h$(p,q 是素数)无 $m>1$ 的正整数解.他猜想:存在正常数 A,当 $\max(a,b,c)>A$ 时,方程 $a^x+b^y=c^z$(a,b,c 是不同的素数)最多有一组正整数解 x,y,z.当 $\max(a,b,c)>13$ 与 $z>1$ 时已证明猜想是对的.对于 $13<\max(a,b,c)<200$.他给出了 $a^x+b^y=c^z$ 的全部解,由此证明此时猜想也是对的.

[1]曹珍富.方程 $a^x-b^y=(2p^s)^z$ 和 Hugh Edgar 问题[J].科学通报,1985,30(14):1116-1117;哈尔滨工业大学学报,1986,3:7-11.

[2]曹珍富.关于方程 $a^x-b^y=10^z$[J].扬州师院学报(自然科学版),1986,1:17-20.

[3]曹珍富,王笃正.关于丢番图方程 $a^x-b^y=(2p)^z$[J].扬州师院学报(自然科学版),1987,4:25-30.

[4]曹珍富.方程 $x^2+2^m=y^n$ 和 Hugh Edgar 问题[J].科学通报,1986,31(7):555-556.

[5]曹珍富,王笃正.关于 Hugh Edgar 问题[J].科学通报,1987,32(14):1043-1046.

[6]曹珍富.关于 Diophantus 方程 $a^x+b^y=c^z$[J].(Ⅰ).科学通报,1986,31(22):1688-1690;(Ⅱ)科学通报,1988,33(3):237.

[7]曹珍富. On the Diophantine equation $ax^2+by^2=p^z$[J]. J. Harbin Inst. Tech.,1991,23(6):108-111.

[8]曹珍富.数论中的若干新的结果和问题[J].河池师专学报,1987,1:1-8.

[9]曹珍富.形为 $a^x+b^y=c^z$ 的指数丢番图方程[J].哈尔滨工业大学学报,1987,4:113-121.

[10]曹珍富,佟瑞洲,王镇江.关于指数 Diophantus 方程的一个猜想[J].自然杂志,1991,14(11):872-873.

[11]曹珍富.柯召定理的一个证明[J].西南师大学报(自然科学版),1987,2:16-19.

[12]CASSELS J W S. On the equation $a^x-b^y=1$[J]. Ⅱ, Proc. Comb. Phil. Soc.,1960,56(2):97-103.

[13]CHEIN E Z. A note on $x^2=y^q+1$[J]. Proc. Amer. Math. Soc.,1976,56(1):83-84.

[14]柯召.关于方程 $x^2=y^n+1,xy\neq 0$[J].四川大学学报(自然科学版),1962,

1:1-6; On the diophantine equation $x^2 = y^n + 1, xy \neq 0$, Sci. Sin. (Notes), 1964,14:457-460.
[15]柯召.关于连续数的一个问题[J].四川大学学报(自然科学版),1962,2:1-6.
[16]PERISASTRI M. A note on the equation $a^x - b^y = 10^z$[J]. Math. Stud., 1969,37:211-212.
[17]ROTKIEWICZ A. Applications of Jacobi's symbol to Lehmer's numbers[J]. Acta Arith., 1983(42):163-187.
[18]TIJDEMAN R. On the equation of Catalan[J]. Acta Arith., 1976,29:197-209.
[19]TOYOIZUMI M. On the equation $a^x - b^y = (2p)^z$[J]. Math. Stud., 1978, 46(2-4):1982:113-115.

D9 一些指数丢番图方程

Brenner 和 Foster 提出下列一般问题:设$\{p_i\}$是素数的有限集合,$\varepsilon_i = \pm 1$.什么时候,指数丢番图方程$\sum \varepsilon_i p_i^{x_i} = 0$能用初等方法(即模算术)来解?更确切地,对于给定的p_i, ε_i,确定是否存在一个模M使得给定的方程与同余式$\sum \varepsilon_i p_i^{x_i} \equiv 0 \pmod M$等价?他们已解决了许多特殊的情形,其中大部分情形是素数p_i为4个且小于108.在少数几种情形里,纵使素数p_i中有两个相等,初等方法也有效,但是,一般来说,初等方法无效.事实上,$3^a = 1 + 2^b + 2^c$和$2^a + 3^b = 2^c + 3^d$都不能用简单同余法来解.但用 Pell 方程方法曹珍富给出了这两个方程非常简短的解答.对于有限单群的p-主块寻常不可约特征标的次数方程$1 + p^a = 2^b q^c + 2^d p^e q^f$,这里$p, q$是奇素数,$a, b, c, d, e, f$是非负整数,Alex 和 Foster 证明了$(p, q) = (73, 223)$或$(223, 73)$时,仅有平凡解$(t, 0, 0, 0, t, 0)$;曹珍富证明了在$(p, q) \equiv (1, 7) \pmod{12}$且$\left(\frac{q}{p}\right) = 1$时仅有平凡解$(t, 0, 0, 0, t, 0)$.他还证明了$x^2 = p^n - p^m + 1$($p > 5$是素数)仅有$m = n$的正整数解.在曹珍富的书《丢番图方程引论》(第368~370页)中还介绍了 Alex 给出的方程$1 + 2^a = 3^b 5^c + 2^d 3^e 5^f$,$1 + 3^a = 2^b 5^c + 2^d 3^e 5^f$,$1 + 5^a = 2^b 3^c + 2^d 3^e 5^f$的全部非负整数解.

Hugh Edgar 问,除了$1 + 3 + 3^2 + 3^3 + 3^4 = 11^2$,方程$1 + q + q^2 + \cdots + q^{x-1} = p^y$还有其他的解吗?这里$p, q$为奇素数且$x \geqslant 5, y \geqslant 2$.我们知道,Ljunggren 曾证明方程$\frac{x^n - 1}{x - 1} = y^2 (n \geqslant 4)$仅有正整数解$\frac{7^4 - 1}{7 - 1} = 20^2$和$\frac{3^5 - 1}{3 - 1} = 11^2$(这一结果

的初等证明已由曹珍富给出). 因此,Hugh Edgar 问题当$2|y$时仅有解$1+3+3^2+3^3+3^4=11^2$. 对于$2\nmid y$,曹珍富证明它有解的充要条件是,(1)方程$x^2+p(q-1)y^2=q^z$有正整数解;(2)设z_1是满足$x_1^2+p(q-1)y_1^2=q^{z_1}(x_1>0,y_1>0)$的最小正整数,则$x_1=1,y_1=p^{(y-1)/2},z_1=x$. 由此推出,对给定的素数$p,q$方程$1+q+q^2+q^3+\cdots+q^{x-1}=p^y$最多只有一组解$x\geqslant 5,y\geqslant 2$. 另一个由 Pell 方程基本解表示的充要条件也被给出来了.

对指数丢番图方程$a^x+b^y=c^z$,当a,b,c是不同的素数时,从 1958 年 Nagell 开始,经过 Makowski,Hadano,Uchiyama,孙琦与周小明,杨晓卓的共同努力(参见曹珍富的书《丢番图方程引论》,第 361 ~ 362 页),到 1985 年给出了$\max(a,b,c)\leqslant 23$时的全部解. 曹珍富给出了$23<\max(a,b,c)<200$的全部解以及一些理论结果(参见 D8). 当a,b,c是商高数组时,Jesmanowicz 有一个著名的猜想,并且有过许多工作(参见 D28).

对 Ramanujan-Nagell 方程$x^2+7=2^n$以及各种推广,许多数学家均饶有兴趣. 1960 年,Apéry 证明了方程

$$x^2+D=2^n,2\nmid D>0 \tag{A}$$

在$D\neq 7$时最多有两组正整数解x,n. Browkin 和 Schinzel 提出如下猜想:方程(A)有两组正整数解,当且仅当$D=23$,或$D=2^k-1,k>3$. 1967 年,Schinzel 部分地解决了这个猜想,证明了除$D=2^k-1$外,方程(A)在$n>80$时最多有一组正整数解. 1981 年,Beukers 完全解决了 Browkin-Schinzel 猜想,即证明了该猜想成立. 同时 Beukers 还讨论了方程

$$x^2-D=2^n,2\nmid D>0 \tag{B}$$

的解. 显然

Ⅰ. 当$D=2^{2k}-3\cdot 2^{k+1}+1,k\geqslant 3$时,方程(B)有解$(x,n)=(2^k-3,3),(2^k-1,k+2),(2^k+1,k+3),(3\cdot 2^k-1,2k+3)$;

Ⅱ. 当$D=2^{2l}+2^{2k}-2^{k+l}-2^{k+1}-2^{l+1}+1,k>1,l\geqslant k+1$时,方程(B)有解$(x,n)=(2^l-2^k-1,k+2),(2^l-2^k+1,l+2),(2^k+2^l-1,k+l+2)$;

Ⅲ. 当$D=(\frac{2^{l-2}-17}{3})^2-32,2\nmid l\geqslant 9$时,方程(B)有解$(x,n)=(\frac{2^{l-2}-17}{3},5),(\frac{2^{l-2}+1}{3},l)$和$(\frac{17\cdot 2^{l-2}-1}{3},2l+1)$.

Beukers 证明:方程(B)最多有四组正整数解,且除Ⅰ,Ⅱ和Ⅲ的情形外,方程(B)最多有三组正整数解. 由此知Ⅰ的情形给出的解是(B)的全部正整数解. 乐茂华证明:Ⅱ,Ⅲ情形给出的解也是(B)的全部正整数解,且除Ⅰ,Ⅱ,Ⅲ外,若 Pell 方程$X^2-DY^2=-1$有整数解,则(B)最多只有两组正整数解. Beukers 在$D<10^{12}$时,证明了:除Ⅰ,Ⅱ,Ⅲ外方程(B)最多只有两组正整数解,并给

出 $|D|<1\ 000$ 时方程(A)与(B)有两个或多于两个正整数解的全体 D 的索引(参见曹珍富的书第 375 ~ 376 页).

对于 $p>2$ 是一个素数,Apéry 证明了当 $D>0$ 时方程

$$x^2+D=p^n, p\nmid D \tag{C}$$

最多只有两组正整数解. Beukers 证明:当 $-D$ 不是平方数,$D<0$ 时,若方程(C)有两组正整数解 $(x,n)=(A,k),(A',k'),k'>k$,则 $p^k\leqslant\max(2\cdot 10^6, 600D^2)$;同时他还证明方程(C)在 $D<0$ 时最多只有四组正整数解. 乐茂华在 $D<0$ 且 $\max(-D,p)\geqslant 10^{190}$ 时证明了方程(C)最多有三组正整数解. Toyoizumi,孙琦与曹珍富,乐茂华等人还讨论了方程 $x^2+D^m=p^n(D>0)$ 的解,参见 D28. 曹珍富利用二次域的理论研究了更为广泛的丢番图方程 $Cx^2+2^{2m}D=k^n$,例如证明了 $3x^2+8=11^n$ 仅有正整数解 $(x,n)=(1,1),(21,3)$;$5x^2+16=21^n$ 仅有正整数解 $(x,n)=(1,1),(43,3)$;$13x^2+40=53^n$ 仅有正整数解 $(x,n)=(1,1),(107,3)$,等等. 容易看出,结合 Baker 方法还可以得出另外一些新结果.

[1] ALEX L J. Problem E2880[J]. Amer. Math. Monthly, 1981, 89: 291.

[2] ALEX L J, FOSTER L J. On the diophantine equations of the form $1+2^a=p^bq^c+2^dp^eq^f$[J]. Rocky Mountain J. Math., 1983, 13(2): 321-331.

[3] APÉRY R. Sur une équation diophantienne[J]. C. R. Acad. Sci. Paris, Sér. A, 1960, 251: 1263-1264; 1451-1452.

[4] BEUKERS F. On the generalized Ramanujan-Nagell equation[J]. Ⅰ, Acta Arith., 1980, 38: 389-410; Ⅱ, Acta Arith., 1981, 39: 113-123.

[5] BRENNER J L, FOSTER L L. Exponential diophantine equations[J]. Pacific J. Math., 1982, 101(2): 263-301.

[6] BROWKIN J, SCHINZEL A. On the equation $2^n-D=y^2$[J]. Bull. Acad. Polon. Sci., Sér Sci. Math. Astronom. Phys., 1960, 8: 311-318.

[7] 曹珍富. 丢番图方程引论[M]. 哈尔滨:哈尔滨工业大学出版社,1989.

[8] CAO Z F. On the diophantine equation $\frac{ax^m-1}{abx-1}=by^2$[J]. Chinese Sci. Bull. 1991, 36(4): 275-278.

[9] 曹珍富,吴波. 关于丢番图方程 $\frac{x^n-1}{x-1}=y^2$ 的一个初等解法与 Edgar 方程[C]//青年科技论文集. 哈尔滨:黑龙江科技出版社,1990: 3-7.

[10] 曹珍富. 有限单群中的一类丢番图方程[J]. 东北数学,2000, 16(4): 391-397.

[11] 曹珍富. 关于丢番图方程 $Cx^2+2^{2m}D=k^n$[J]. 数学年刊,A 辑,1994, 15(2): 235-240.

[12] LE M H. On the number of solutions of the generalized Ramanujan-Nagell equation $x^2-D=2^{n+2}$ [J]. Acta Arith., 1991, 60(2): 149-167.
[13] 乐茂华. 关于丢番图方程 $x^2-D=p^n$ 的解数[J]. 数学学报, 1991, 34(3): 378-387.
[14] LJUNGGREN W. Some theorems on indeterminate equations $\frac{x^n-1}{x-1}=y^q$ [J]. Norsk Mal. Tidsskr., 1943, 25: 17-20.
[15] SCHINZEL A. On two theorems of Gelfond and some of their applications [J]. Acta Arith., 1967, 13: 177-236.

D10 埃及分数问题

埃及分数即单位分数,指分子为 1 的分数. Rhind Papyrus 是流传到今最古老的数学之一,它涉及有理数表示成单位分数和的问题:

$$\frac{m}{n}=\frac{1}{x_1}+\frac{1}{x_2}+\cdots+\frac{1}{x_k}$$

在这方面前人已提出了大量的问题,其中许多尚未解决,并且还继续不断地提出新的问题. 因此,人们对埃及分数的兴趣持久不衰. 我们已给出了许多参考资料,但这也只是它的一部分. Bleicher 对这一专题给出了一个详细的综述,且把注意力集中在各种算法上. 这些算法被提出来用以构造给定类型的表示,如 Fibonacci-Sylvester 算法, Erdös 算法, Golomb 算法, Bleicher 自己的两个算法, Farey 级数算法及连分数算法等. 在曹珍富的书《丢番图方程引论》的第十章中,选择了该专题的几个问题做了专门介绍.

Erdös 和 Straus 猜想:方程

$$\frac{4}{n}=\frac{1}{x}+\frac{1}{y}+\frac{1}{z}$$

对于所有 $n>1$ 有正整数解. 后来 Straus 发现,当 $n>2$ 时如果猜想成立,那么 $x\neq y, y\neq z, z\neq x$. 在 Mordell 的书中,已证明除了 n 为素数且与 $1^2, 11^2, 13^2, 17^2, 19^2$ 或 23^2 同余(mod 840)的情形,该猜想为真. Bernstein, Obláth, Rosati, Shapiro, Yamamoto 以及 Nicola Franceschine 都对此做了研究,证明了猜想对 $n\leqslant 10^8$ 成立. Schinzel 已注意到人们可表示

$$\frac{4}{at+b}=\frac{1}{x(t)}+\frac{1}{y(t)}+\frac{1}{z(t)}$$

其中 $x(t), y(t), z(t)$ 是关于 t 的整数多项式,且假定 b 不是 a 的二次剩余. 以上可参看 Mordell 的书 *Diophantine Equations*.

Sierpinski 对方程

$$\frac{5}{n}=\frac{1}{x}+\frac{1}{y}+\frac{1}{z}$$

做了一个相应的猜想. Palama 证实它对 $n\leqslant 922\ 321$ 成立. Stewart 改进到 $n\leqslant 1\ 057\ 438\ 801$和所有不具有 $278\ 460k+1$ 形式的 n.

Schinzel 放宽 x,y,z 必须为正的条件,用一般的 m 代替 4 和 5,且要求它仅对 $n>n_m$ 成立. n_m 可能比 m 大的例子是 $n_{18}=23$. 该猜想已相继被 Schinzel,Sierpinski,Sedláček,Palama 和 Stewart,及 Webb 证明对越来越大的 m 成立. 他们还证明了当 $m<36$ 时,该猜想成立. Breusch 和 Stewart 独立地证明了,如果$\frac{m}{n}>0$ 且 n 为奇数,那么$\frac{m}{n}$是有限个奇整数的倒数和. 请参见 Graham 的论文. Vaughan 已证明,如果 $E_m(N)$ 表示不大于 N 且使$\frac{m}{n}=\frac{1}{x}+\frac{1}{y}+\frac{1}{z}$没有解的 n 的个数,那么

$$E_m(N)\ll N\cdot\exp\{-c(\ln N)^{2/3}\}$$

其中 c 仅取决于 m. 后来单墫把这一结果推广到 $s(s\geqslant 3)$ 个变元.

与 Breusch 和 Stewart 的结果相比,由 Stein,Selfridge,Graham 和其他人提出的下列问题仍未获解决:如果有理数$\frac{m}{n}$(n 为奇数)能被表示成$\sum\frac{1}{x_i}$,其中 x_i 相继被选作可能的最小正的奇整数,且满足取定每个奇整数后留下的部分是非负的,那么和的项数总是有限的吗? 例如

$$\frac{2}{7}=\frac{1}{5}+\frac{1}{13}+\frac{1}{115}+\frac{1}{10\ 465}$$

John Leech 在 1977 年 3 月 14 日写给 Guy 的一封信中问,关于倒数和为 1 的不同奇整数集合,人们知道些什么呢? 如

$$\frac{1}{3}+\frac{1}{5}+\frac{1}{7}+\frac{1}{9}+\frac{1}{15}+\frac{1}{21}+\frac{1}{27}+\frac{1}{35}+\frac{1}{63}+\frac{1}{105}+\frac{1}{135}=1$$

$$\frac{1}{3}+\frac{1}{5}+\frac{1}{7}+\frac{1}{9}+\frac{1}{11}+\frac{1}{33}+\frac{1}{35}+\frac{1}{45}+\frac{1}{55}+\frac{1}{77}+\frac{1}{105}=1$$

他说,至少需要集合中的 9 个数,而且最大的分母至少应为 105. 注意此问题与 Sierpinski 伪完全数(参见 B2)

$$945=315+189+135+105+63+45+35+27+15+9+7$$

的联系. 已知 m/n(n 为奇数)总可表示为不同奇单位分数的和. Erdös 令

$$\frac{1}{2}+\frac{1}{3}+\cdots+\frac{1}{n}=\frac{a}{b}$$

其中 $b=[2,3,\cdots,n]$是 $2,3,\cdots,n$ 的最小公倍数. 他发现$\frac{1}{2}+\frac{1}{3}=\frac{5}{6}$,且$\frac{1}{2}+\frac{1}{3}+$

$\frac{1}{4}=\frac{13}{12}$使得 $a\pm1\equiv0(\bmod b)$,因此,他问是否还有这样的情形?他猜想没有.此外$(a,b)=1$ 能出现无穷多次吗?

如果$\sum_{i=1}^{t}\frac{1}{x_i}=1$ 且 $x_1<x_2<x_3<\cdots$为不同的正整数,Erdös 和 Graham 问 $m(t)=\min\ \max x_i$ 为多少?其中 min 取遍所有集合 $\{x_i\}$. 例如,$m(3)=6$,$m(4)=12$,$m(12)=120$. $m(t)<ct$ 对某些常数 c 成立吗?

借用上一段的符号,那么对所有 i,$x_{i+1}-x_i\leqslant2$ 可能成立吗?Erdös 猜想它为不可能,并为此问题的解决提出 10 美元的奖金.

给定一有正密率的序列 $x_1,x_2,\cdots$,总存在有限个子集$\{x_{i_k}\}$使得$\sum\frac{1}{x_{i_k}}=1$吗?如果 $x_i<ci$ 对所有 i 成立,那么存在这样的子集吗?Erdös 再次为此问题的解决提供10 美元的奖励. 如果 $\liminf\frac{x_i}{i}<\infty$,他猜想,答案是否定的,并为此问题的解决提供5 美元的奖励.

定义 $N(t)$为使$\sum_{i=1}^{t}\frac{1}{x_i}=1$ 成立的解$(x_1,\cdots,x_t)$的个数,定义 $M(t)$为满足 $x_1\leqslant\cdots\leqslant x_t$ 的不同解个数,Singmaster 计算出 $M(t)$,$N(t)$的值,见表 8.

表 8

t	1	2	3	4	5	6
$M(t)$	1	1	3	14	147	3 462
$N(t)$	1	1	10	215	12 231	2 025 462

Erdös 问 $M(t)$和 $N(t)$的渐近式是什么?柯召、孙琦和曹珍富等人曾积极地讨论了 x_t 是其他 $t-1$ 个 x_i 乘积的情形,即$\sum_{i=1}^{s}\frac{1}{x_i}+\frac{1}{x_1\cdots x_s}=1$. 为不失一般性可设 $1<x_1<\cdots<x_s$,解的个数用 $\Omega(s)$表示. 柯召和孙琦给出 $\Omega(s)=1(1\leqslant s\leqslant4)$,$\Omega(5)=3$,$\Omega(6)=8$. Janák 和 Skula 也得到当 $s\leqslant6$ 时的全部解及 $\Omega(7)\geqslant18$. 曹珍富、刘锐和张良瑞用计算机证明了 $\Omega(7)=26$. ①这个方程是否有素数解(指 $x_1,\cdots,x_s$ 均为素数的解)显然与 Bowen 猜想(参见 D6)、Giuga 问题(参见 A17)以及素数同余式组(参见 A18)等有联系. 1964 年,柯召、孙琦猜想该方程至少有一个素数解;1987 年,曹珍富、刘锐与张良瑞猜想:该方程至多有一个素数解. 当 $1\leqslant s\leqslant7$ 时,已知的结果是:该方程恰有一个素数解. 对于 $\Omega(s)$的估计也有一系列工作,例如孙琦和曹珍富证明了 $\Omega(s+1)\geqslant\Omega(s)+\sum_{j=1}^{\Omega(s-1)}\left(\frac{d(k_j)}{2}-1\right)$,

① 参考文献[15]中漏了三组解,[17]中给出了全部解.

这里

$$k_j=(x_1^{(j)}\cdots x_{s-1}^{(j)})^2+1$$

$(x_1^{(j)},\cdots,x_{s-1}^{(j)})$为$\sum_{i=1}^{s-1}\frac{1}{x_i}+\frac{1}{x_1\cdots x_{s-1}}=1$的$\Omega(s-1)$个解. 从这个关系,他们先后构造性的证明了:当$s\geqslant 4$时,$\Omega(s+1)>\Omega(s)$;当$s\geqslant 10$时,$\Omega(s+1)\geqslant\Omega(s)+3$;当$s\geqslant 10$时,$\Omega(s+1)\geqslant\Omega(s)+5$;当$s\geqslant 10$时,$\Omega(s+1)\geqslant\Omega(s)+8$. 1988年,曹珍富证明了:当$s\geqslant 11$时,$\Omega(s+1)\geqslant\Omega(s)+17$,且当$s\geqslant 11$,$2\nmid s$时,$\Omega(s+1)\geqslant\Omega(s)+23$,并且构造了$\Omega(9)\geqslant 62$,$\Omega(10)\geqslant 74$. 最近,曹珍富等人又证明了:当$s\geqslant 11$时,$\Omega(s+1)\geqslant\Omega(s)+39$,且当$2\nmid s\geqslant 11$时,$\Omega(s+1)\geqslant\Omega(s)+57$. 但是,$\Omega(s)$的渐近公式仍未得到. 另外,曹珍富问:方程$\sum_{i=1}^{s}\frac{1}{x_i}+\frac{1}{x_1\cdots x_s}=2(1<x_1<\cdots<x_s)$是否有解? 是否对任意给定正整数$x_1>1$,都存在正常数$c$,当$n\geqslant c$时,方程$\sum_{i=1}^{s}\frac{1}{x_i}+\frac{1}{x_1\cdots x_s}=1(1<x_1<\cdots<x_s)$都有整数解? 对$\Omega(s)$,曹珍富猜想:存在正常数$c$,在$\min(s,t)>c$时,有$\Omega(s+t+1)\geqslant\Omega(s+t)+\Omega(s)+s$.

关于$\Omega(s)$与Znám问题(参见F31)的关系参见F31. 另一个类似的问题参见D26.

Graham已证明,若$n>77$,则可把n分成t个不同正整数的和,即$n=x_1+x_2+\cdots+x_t$使得$\sum_{i=1}^{t}\frac{1}{x_i}=1$. 更一般地,对于任意的正有理数$\alpha,\beta$,必存在正整数$r(\alpha,\beta)$,我们取其为最小数,它使得任意比$r$大的整数都能分成比$\beta$大的不同整数的和,而其倒数和取$\alpha$. 关于$r(\alpha,\beta)$,除了Lehmer未发表的工作证明了77不能以这种方式分解,因而除$r(1,1)=77$外,其他的结果很少.

Graham猜想,对充分大的n(10^4左右?),我们类似地能分$n=x_1^2+x_2^2+\cdots+x_t^2$使$\sum_{i=1}^{t}\frac{1}{x_i}=1$. 我们也能分解$n=p(x_1)+p(x_2)+\cdots+p(x_t)$,其中$p(x)$是"合理"多项式,例如$x^2+x$不是合理的,因为它仅取偶数.

Hahn问,如果正整数以任意方式分成有限个集合,那么这些集合中总存在s个集合,任意的正有理数均能表示成s个集合中的一个集合的有限个不同元素的倒数和吗? 特别地,当$s=1$时,此问题是否正确? 如果当$s=1$时不正确,那么s为多少时问题的回答是肯定的?

Erdös设

$$1=\frac{1}{x_1}+\cdots+\frac{1}{x_k}$$

其中$x_1<x_2<\cdots<x_k$,并且问,如果k固定,那么$\max x_1=$? 如果k变化,那么x_k的最大值是多少? 冯克勤、魏权龄和刘木兰证明了$\max x_k=M_1\cdots M_{k-1}$,这里

$M_1=2, M_{i+1}=M_1\cdots M_i+1(i\geqslant 1)$.

Nagell 证明了,算术级数的倒数和绝不是整数,参看 Erdös 和 Niven 的论文以及曹珍富编著的讲义《数论及其应用》(哈尔滨工业大学教材,1985).

[1] AHO A V, SLOANE N J A. Some doubly exponential sequences[J]. Fibonacci Quart. ,1973,11,429-438.

[2] AIGNER A. Brüche als Summe von Stammbrüchen[J]. J. Reine Angew. Math. ,1964,214/215:174-179.

[3] VAN ALBADA P J, VAN LINT J H. Reciprocal bases for the integers[J]. Amer. Math. Monthly,1963,70:170-174.

[4] BARBEAU E J. Computer challenge corner: Problem 477: A brute force program[J]. J. Recreational Math. ,1976/1977,9:30.

[5] BARBEAU E J. Expressing one as a sum of distinct reciprocals: comments and a bibliography[J]. Eureka (Ottawa),1977,3:178-181.

[6] BERNSTEIN L. Zur Lösung der diophantischen gleichung $m/n=1/x+1/y+1/z$ insbesondere im falle $m=4$[J]. J. Reine Angew. Math. ,1962(211):1-10.

[7] BLEICHER M N. A new algorithm for the expansion of Egyptian fractions[J]. J. Number Theory,1972(4):342-382.

[8] BLEICHER M N, ERDÖS P. The number of distinct subsums of $\sum_1^N 1/i$[J]. Math. Comp. ,1975(29):29-42(and see Notices Amer. Math. Soc. ,1973,20A-516).

[9] BLEICHER M N, ERDÖS P. Denominators of Egyptian fractions[J]. J. Number Theory,1976,8:157-168; Ⅱ, Illinois J. Math. ,1976,20:598-613.

[10] BREUSCH R. A special case of Egyptian fractions, solution to advanced problem 4512[J]. Amer. Math. Monthly,1954,61:200-201.

[11] BURNSIDE W S. Theory of groups of finite order[M]. 2nd ed. London: Cambridge University Press,1911.

[12] BURSHTEIN N. On distinct unit fractions whose sum equals 1[J]. Diserete Math. ,1973,5:201-206.

[13] CAMPBELL P J. Bibliography of algorithms for Egyptian fractions[M]. Beloit Coll. Beloit W I 53511, U. S. A.

[14] CASSELS J W S. On the representation of integers as the sums of distinct summands taken from a fixed set[J]. Acta Sci. Math. Szeged,1960,21:111-124.

[15] CAO Z F, LIU R, ZHANG L R. On the equation $\sum_{j=1}^{s}\frac{1}{x_j}+\frac{1}{x_1\cdots x_s}=1$ and

Znám's problem[J]. J. Number Theory, 1987, 27(2): 206-211.

[16] 曹珍富. On the number of solutions of the diophantine equation $\sum_{j=1}^{s}\frac{1}{x_j}+\frac{1}{x_1\cdots x_s}=1$[C]//纪念华罗庚数论与分析国际学术会议, 1988 年.

[17] 曹珍富, 刘锐, 张良瑞. 关于不定方程 $\sum_{j=1}^{s}\frac{1}{x_j}+\frac{1}{x_1\cdots x_s}=1$ 和 Znám 问题[J]. 自然杂志, 1989, 12(7): 554-555.

[18] 曹珍富, 荆成明. 关于 Znám 问题的解数[J]. 哈尔滨工业大学学报, 1998, 30(1): 46-49.

[19] CHACE A B. The Rhind mathematical Papyrus[J]. Mathematical Association of America, Oberlin, 1927.

[20] COHEN R. Egyptian fraction expansions[J]. Math. Mag., 1973, 46: 76-80.

[21] CULPIN D, GRIFFITHS D. Egyptian fractions[J]. Math. Gaz., 1979, 63: 49-51.

[22] CURTISS D R. On Kellogg's diophantine problem[J]. Amer. Math. Monthly, 1922, 29: 380-387.

[23] DICKSON L E. History of the theory of numbers, Vol. 2, diophantine Analysis [M]. Chelsea, New York, 1952: 688-691.

[24] ERDÖS P. Egy Kürschák-féle elemi számelméleti tétel áltadanositasa[J]. Mat. es Phys. Lapok, 1932, 39.

[25] ERDÖS P. On arithmetical properties of Lambert series[J]. J. Indian Math. Soc., 1948, 12: 63-66.

[26] ERDÖS P. On a diophantine equation (Hungarian. Russian and English summaries)[J]. Mat. Lapok, 1950, 1: 192-210.

[27] ERDÖS P. On the irrationality of certain series[J]. Nederl. Akad. Wetensch. (Indag. Math.), 1957, 60: 212-219.

[28] ERDÖS P. Sur certaines séries á valeur irrationnelle[J]. Enseignement Math., 1958, 4: 93-100.

[29] ERDÖS P. Quelques problémes de la théorie des nombres[J]. Monographie de 1'Enseignement Math. No. 6, Geneva, 1963, problems 72-74.

[30] ERDÖS P. Comment on problem E2427[J]. Amer. Math. Monthly, 1974, 81: 780-782.

[31] ERDÖS P. Some problems and results on the irrationality of the sum of infinite series[J]. J. Math. Sci., 1975, 10: 1-7.

[32] ERDÖS P, NIVEN I. Some properties of partial sums of the harmonic series[J]. Bull. Amer. Math. Soc., 1946, 52: 248-251.

[33]ERDÖS P, STEIN S. Sums of distinct unit fractions[J]. Proc. Amer. Math. Soc. ,1963,14:126-131.

[34]ERDÖS P, STRAUS E G. On the irrationality of certain Ahmes series[J]. J. Indian Math. Soc. ,1968,27:129-133.

[35]ERDÖS P, STRAUS E G. Some number theoretic results[J]. Pacific J. Math. ,1971,36:635-646.

[36]ERDÖS P, STRAUS E G. Solution of problem E2232[J]. Amer. Math. Monthly,1971,78:302-303.

[37]ERDÖS P, STRAUS E G. On the irrationality of certain series[J]. Pacific J. Math. 1974,55:85-92.

[38]ERDÖS P, STRAUS E G. Solution to problem 387[J]. Nieuw Arch. Wisk. , 1975,23:183.

[39]冯克勤,魏权龄,刘木兰. 关于 Kulkarni 问题和 Erdös 一个猜想[J]. 科学通报,1987,32(3):164-168.

[40]FRANCESCHINE N. Egyptian fractions[D]. Sonoma State Coll. CA,1978.

[41]GOLOMB S W. An algebraic algorithm for the representation problems of the Ahmes papyrus[J]. Amer. Math. Monthly,1962,69:785-786.

[42]GOLOMB S W. On the sums of the reciprocals of the Fermat numbers and related irrationalities[J]. Canad. J. Math. ,1963,15:475-478.

[43]GRAHAM R L. A theorem on partitions[J]. J. Austral. Math. Soc. ,1963,4: 435-441.

[44]GRAHAM R L. On finite sums of unit fractions[J]. Proc. London Math. Soc. ,1964,14(3):193-207.

[45]GRAHAM R L. On finite sums of reciprocals of distinct nth powers[J]. Pacific J. Math. ,1964,14:85-92.

[46]HAHN L S. Problem E2689[J]. Amer. Math. Monthly,1978,85:47.

[47]HILLE J W. Decomposing fractions[J]. Math. Gaz. ,1978,62:51-52.

[48]HOLZER L. Zahlentheorie Teil Ⅲ[J]. Ausgewählte Kapitel der Zahlentheorie, Math. -Nat. Bibl. No. 14a, B. G. Teubner-Verlag, Leipzig, 1965, Sect. A. 1-27.

[49]JANÁK J, SKULA L. On the integers x_i for which $x_i \mid x_1 \cdots x_{i-1} x_{i+1} \cdots x_n + 1$ holds[J]. Math. Slovaca,1978,28:305-310.

[50]JOHANNESSEN D M. On unit fractions Ⅱ[J]. Nordisk mat. Tidskr. ,1978, 25-26:85-90.

[51]JOHANNESSEN D M, SÖHUS T V. On unit fractions Ⅰ[J]. Ibid,1974,22:

103-107.

[52] JOLLENSTEN R W. A note on the Egyptian problem[C]. Congressus Numerantium XVII. Proc. 7th S. E. Conf. Combin. Graph Theory, Comput., 1976: 351-364.

[53] KELLOGG O D. On a diophantine problem[J]. Amer. Math. Monthly, 1921, 28:300-303.

[54] KISS E. Quelques remarques sur une équation diophantienne (Romanian. French summary)[J]. Acad. R. P. Romine Fil. Cluj, Stud. Cerc. Mat., 1959, 10:59-62.

[55] KISS E. Remarques relatives á la représentation des fractions subunitaires en somme des fractions ayant le numerateur égal á 1' unité (Romanian)[J]. Acad. R. P. Romine Fil. Cluj, Stud. Cerc. Mat., 1960, 11:319-323.

[56] 柯召,孙琦. 关于单位分数表 1 问题[J]. 四川大学学报(自然科学版), 1964, 1:13-29.

[57] KOVACH L D. Ancient algorithms adapted to modern computers[J]. Math. Mag., 1964, 37:159-165.

[58] KÜRSCHÁK J. A harmonikus sorról[J]. Mat. es. Phys. Lapok, 1918, 27:299-300.

[59] LAWSON D. Ancient Egypt revisited[J]. Math. Gaz., 1970, 54:293-296.

[60] MONTGOMERY P. Solution to problem E2689[J]. Amer. Math. Monthly, 1979, 86:224.

[61] MORDELL L J. Diophantine equations[M]. London: Academic Press, 1969: 287-290.

[62] NAGELL T. Eine Eigenschaft gewissen Summen[J]. Skr. Norske Vid. Akad. Kristiania I, 1923, 1924, 13:10-15.

[63] NAKAYAMA M. On the decomposition of a rational number into "Stammbrüche."[J]. Tôhoku Math. J., 1939, 46:1-21.

[64] NEWMAN J R. The Rhind Papyrus, in the world of mathematics[M]. London: Allen and Unwin, 1960:169-178.

[65] OBLÁTH R. Sur 1' équation diophantienne $4/n = 1/x_1 + 1/x_2 + 1/x_3$[J]. Mathesis, 1950, 29:308-316.

[66] OWINGS J C. Another proof of the Egyptian fraction theorem[J]. Amer. Math. Monthly, 1968, 75:777-778.

[67] PALAMÀ G. Su di una congettura di Sierpinski relativa alla possibilità in numeri naturali della $5/n = 1/x_1 + 1/x_2 + 1/x_3$[J]. Boll. Un. Mat. Ital., 1958,

13(3):65-72.

[68]PALAMÁ G. Su di una congettura di Schinzel[J]. Boll,Un. Mat. Ital.,1959,14(3):82-94.

[69]PEET T E. The Rhind Mathematical Papyrus[M]. London:Univ. Press of Liverpool,1923.

[70]PISANO L. Scritti. Vol. 1,B. Boncompagni,Rome,1857.

[71]RAV Y. On the representation of a rational number as a sum of a fixed number of unit fractions[J]. J. Reine Angew. Math.,1966,222:207-213.

[72]ROSATI L A. Sull'equazione diofantea $4/n=1/x_1+1/x_2+1/x_3$[J]. Boll. Un. Mat. Ital.,1954,9(3):59-63.

[73]RUDERMAN H D. Problem E2232[J]. Amer. Math. Monthly,1970,77:403.

[74]RUDERMAN H D. Bounds for Egyptian fraction partitions of unity,problem E2427[J]. Amer. Math. Monthly,1973,80:807.

[75]SALZER H E. The approximation of numbers as sums of reciprocals[J]. Amer. Math. Monthly,1947,54:135-142.

[76]SALZER H E. Further remarks on the approximation of numbers as sums of reciprocals[J]. Amer. Math. Monthly,1948,55:350-356.

[77]单墫. On the diophantine equation $\sum_{i=0}^{k}\frac{1}{x_i}=\frac{a}{n}$[J]. 数学年刊,B 辑,1986,7(2):213-220.

[78]SCHINZEL A. Sur quelques propriétés des nombres $3/n$ te $4/n$, où n est un nombre impair[J]. Mathesis,1956,65:219-222.

[79]SEDLÁČEK J. Über die Stammbrüche[J]. Časopis Pést. Mat.,1959,84:188-197.

[80]SELMER E S. Unit fraction expansions and a multiplicative analog[J]. Nordisk mat. Tidskr.,1978,25-26:91-109.

[81]SIERPINSKI W. Sur les décompositions de nombres rationnels en fractions primaires[J]. Mathesis,1956,65:16-32.

[82]SIERPINSKI W. On the decomposition of rational numbers into unit fractions (Polish)[M]. Pánstwowe Wydawnictwo Naukowe, Warsaw,1957.

[83]SIERPINSKI W. Sur une algorithme pour le développer les nombres réels en séries rapidement convergentes[J]. Bull. Int. Acad. Sci. Cracovie Ser. A. Sci. Mat.,1911,8:113-117.

[84]SINGMASTER D. The number of representations of one as a sum of unit fractions(mimeographed note),1972.

[85]SLOANE N J A. A handbook of integer sequences[M]. New York:Academic Press,1973.

[86]STEWART B M. Sums of distinct divisors[J]. Amer. J. Math.,1954,76:779-785.

[87]STEWART B M. Theory of numbers[M]. Macmillan,N. Y.,1964:198-207.

[88]STEWART B M, WEBB W A. Sums of fractions with bounded numerators[J]. Canad. J. Math.,1966,18:999-1003.

[89]STRAUS E G, SUBBARAO M V. On the representation of fractions as sum and difference of three simple fractions[C]. Congressus Numeratium XX. Proc. 7th Conf. Numerical Math. Comput. Manitoba 1977:561-579.

[90]孙琦.关于单位分数表1的表法个数[J].四川大学学报(自然科学版),1978,2-3:15-18.

[91]孙琦,曹珍富.关于方程 $\sum_{j=1}^{s}\frac{1}{x_j}+\frac{1}{x_1\cdots x_s}=1$[J].数学研究与评论,1987,7(1):125-128.

[92]孙琦,曹珍富. On the equation $\sum_{j=1}^{s}\frac{1}{x_j}+\frac{1}{x_1\cdots x_s}=n$ and the number of solutions of Znám's problem[J].数学进展,1986,15(3):329-330.

[93]SYLVESTER J J. On a point the theory of vulgar fractions[J]. Amer. J. Math.,1880,3:332-335,388-389.

[94]TERZI D G. On a conjecture of Erdös-Straus[J]. BIT Numerical Mathematics,1971,11:212-216.

[95]THEISINGER L. Bemerkung über die harmonische Reihe[J]. Monat. für Math. u. Physik,1915,26:132-134.

[96]VAUGHAN R C. On a problem of Erdös, Straus and Schinzel[J]. Mathematika,1970,17:193-198.

[97]VIOLA C. On the diophantine equations $\prod_{0}^{k}x_i-\sum_{0}^{k}x_i=n$ and $\sum_{0}^{k}1/x_i=a/n$[J]. Acta Arith.,1972/1973,22:339-352.

[98]WEBB W A. On $4/n=1/x+1/y+1/z$[J]. Proc. Amer. Math. Soc.,1970,25:578-584.

[99]WEBB W A. Rationals not expressible as a sum of three unit fractions[J]. Elem. Math.,1974,29:1-6.

[100]WEBB W A. On a theorem of rav concerning Egyptian fractions[J]. Canad. Math. Bull.,1975,18:155-156.

[101]WEBB W A. On the unsolvability of $k/n=1/x+1/y+1/z$[J]. Notices A-

mer. Math. Soc. ,1975,22:A-485.

[102] WEBB W A. On the diophantine equation $k/n=a_1/x_1+a_2/x_2+a_3/x_3$ (loose Russian summary)[J]. Ĉasopis Pěst. Mat. ,1976,101:360-365.

[103] WILF H S. Reciprocal bases for the integers, res. problem 6[J]. Bull. Amer. Math. Soc. ,1961,67:456.

[104] WORLEY R T. Signed sums of reciprocals Ⅰ,Ⅱ[J]. J. Australian Math. Soc. ,1976,21:410-414,415-417.

[105] YAMAMOTO K. On a conjecture of Erdös[J]. Mem. Fac. Sci. Kyushü Univ. Ser. A,1964,18:166-167.

[106] YAMAMOTO K. On the diophantine equation $4/n=1/x+1/y+1/z$[J]. Mem. Fac,Sci. Kyushü Univ. Ser. A,1965,19:37-47.

D11 Markoff 方程

一个已吸引了许多人兴趣的丢番图方程是 Markoff 方程

$$x^2+y^2+z^2=3xyz$$

它显然有奇异解(1,1,1)和(2,1,1),且所有的解能由这两解产生. 因为此方程是每个变量的二次方,所以,一个整数解可导出第二个解,并且能证明,除了奇异解,所有解有不同的 x,y,z 值. 由此知,每一个这样的解恰与另外三个解相邻(参见图 7). 1,2,5,13,29,34, 89,169,194,233,433,610,985,…被称为 Markoff 数. 一个令人瞩目的问题是:图 7 是个真正的二元树吗? 或者两条不同的路径能产生相同的 Markoff 数吗? 偶尔有人声称已证明了 Markoff 数只能由一条路径产生,但是,到目前为止的证明都似乎是不可靠的.

如果 $M(N)$ 是满足 $x\leqslant y\leqslant z\leqslant N$ 的三个数的个数,Zagier 已证明

$$M(N)=c(\ln N)^2+O((\ln N)^{1+\varepsilon})$$

其中 $c\approx 0.180\ 717\ 105$.

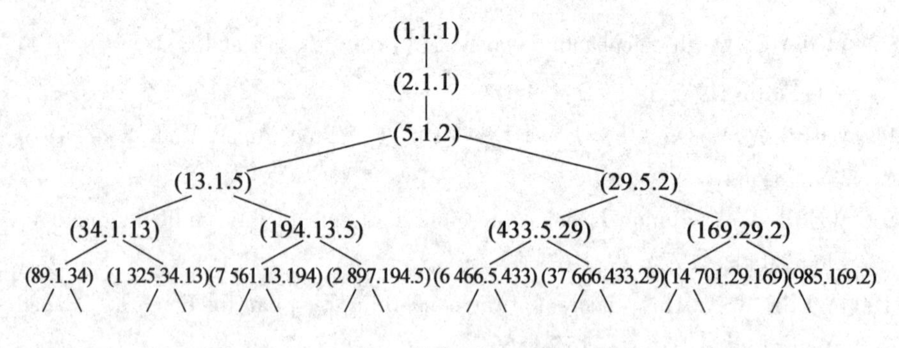

图 7 解的 Markoff 链

在大量的计算之后，他猜想

$$M(N)=c(\ln(3N))^2+O((\ln N)^{1/2+\varepsilon})$$

或者等价地，第 n 个 Markoff 数 m_n 是$(1/3+O(n^{-1/4-\varepsilon}))A^{\sqrt{n}}$，其中 $A=e^{1/\sqrt{c}}\approx 10.5101504$. Zagier 对这个猜想没有什么结果，但他能证明，此问题与某一类丢番图方程组的不可解性是等价的.

[1] CASSELS J W S. An introduction to diophantine approximation[M]. Cambridge Univ. Press, 1957: 27-44.

[2] COHN H. Approach to Markoff's minimal forms through modular functions[J]. Ann. Math. Princeton, 1955, 61(2): 1-12.

[3] CUSICK T W. The largest gaps in the lower Markoff spectrum[J]. Duke Math. J., 1974, 41: 453-463.

[4] DICKSON L E. Studies in the theory of numbers[M]. Chicago Univ. Press, 1930.

[5] FROBENIUS G. Über die Markoffschen Zahlen[M]. S. B. Preuss. Akad. Wiss. Berlin, 1913: 458-487.

[6] MARKOFF A. Sur les formes quadratiques binaires indéfinies[J]. Math. Ann., 1879, 15: 381-409.

[7] REMARK R. Über indefinte binäre quadratische minimalformen[J]. Math. Ann., 1924, 92: 155-182.

[8] REMARK R. Über die geometrische darstellung der indefiniten binären quadratischen minimalformen[J]. Jber. Deutsch Mato-Verein, 1925, 33: 238-245.

[9] Gerhard Rosenberger. The uniqueness of the Markoff numbers[J]. Math. Comp., 1976, 30: 361-365.

[10] VULAH L J. The diophantine equation $p^2+2q^2+3r^3=6pqr$ and the Markoff spectrum (Russian)[J]. Trudy Moskov. Inst. Radiotehn. Elektron. Avtomat. Vyp. 67 Mat., 1973: 105-112, 152.

[11] ZAGIER D B. Distribution of Markov numbers, abstract 796-A37[J]. Notices Amer. Math. Soc., 1979, 26: A-543.

D12 方程 $x^xy^y=z^z$

Erdös 曾猜想，方程

$$x^xy^y=z^z, x>1, y>1, z>1 \tag{A}$$

没有整数解. 1940 年，柯召否定了这个猜想，找到了无穷多个解

$$x=2^{2^{n+1}(2^n-n-1)+2n}(2^n-1)^{2(2^n-1)}$$
$$y=2^{2^{n+1}(2^n-n-1)}(2^n-1)^{2(2^n-1)+2}$$
$$z=2^{2^{n+1}(2^n-n-1)+n+1}(2^n-1)^{2(2^n-1)+1}$$
这里 $n>1$. 取 $n=2,3,4$ 给出如下解
$$x=12^6, 224^{14}, 61\ 440^{30}$$
$$y=6^8, 112^{16}, 30\ 720^{32}$$
$$z=2^{11}3^7, 2^{68}7^{15}, 2^{357}15^{31}$$
同时,他证明了 $(x,y)=1$ 时,方程(A)无正整数解. 现在的问题是:柯召找到的正整数解是否是(A)的全部解? 1959 年,Mills 发现柯召得到的解中 x,y,z 均满足关系 $4xy=z^2$,由此出发,他证明了当 $4xy\geqslant z^2$ 时,柯召得到的解是(A)的全部整数解. 1984 年,Uchiyama 证明了当 $4xy<z^2$ 时,方程(A)最多只有有限多个整数解. 此外 Schinzel 曾证明,如果方程(A)有整数解,那么 x 的每一个素因子整除 y,或 y 的每一个素因子整除 x. 并且他猜想,x,y 有相同的素因子. Dem'janenko 证明了这个猜想. 但是方程 $x^xy^y=z^z(1<x<y)$ 的全部解仍未得到,甚至它是否存在奇数解也没有解决. 从 Mills 与 Uchiyama 的工作很容易让人相信,柯召得到的非平凡解是全部的.

Claude Anderson 猜想,方程 $w^wx^xy^y=z^z$ 没有 $1<w<x<y$ 的整数解. 但这个猜想是不对的,因为柯召和孙琦早就给出一般方程 $\prod_{i=1}^{k}x_i^{x_i}=z^z(k\geqslant 3, x_i>1)$ 的无穷多组解(后来还有一些作者给出另外的无穷多组解). 对 $k=3$ 的情形,他们给出的解是①
$$x_1=3^{A+2n}(3^n-1)^B, x_2=3^A(3^n-1)^{B+2}$$
$$x_3=3^{A+n}(3^n-1)^{B+1}, z=3^{A+n+1}(3^n-1)^{B+1}$$
其中 $A=3^n(3^{n+1}-2n-3)$, $B=2(3^n-1)$, n 为正整数. 取 $n=1$ 得 $x_1=3^{14}2^4$, $x_2=3^{12}2^6$, $x_3=3^{13}2^5$, $z=3^{14}2^5$. 孙琦问,$w^wx^xy^y=z^z(1<w<x<y)$ 是否有全为奇数的解? 曹珍富认为这个问题的回答是肯定的,但没有证明.

[1] DEM, JANENKO V A. On a conjecture of A. Schinzel[J]. Inv. Vysš. Včebn. Zaved. Matematika, 1975, 8:39-45.

[2] 柯召,孙琦. 关于方程 $\prod_{i=1}^{k}x_i^{x_i}=z^z$[J]. 四川大学学报(自然科学版), 1964, 2: 5-9.

[3] KE Z. Note on the diophantine equation $x^xy^y=z^z$[J]. J. Chinese Math. Soc., 1940, 2:205-207.

① 注意,[6]中给出的解有误.

[4] MILLS W H. An unsolved diophantine equation[R]. in Report Inst. Theory of Numbers. Boulder, Colorado, 1959: 258-268.
[5] SCHINZEL A. 关于丢番图方程 $x^x y^y = z^z$[J]. 四川大学学报(自然科学版), 1958(1): 81-83.
[6] 孙琦. 不定方程中的一些结果和问题[J]. 自然杂志, 1985, 8(5): 343-344.
[7] UCHIYAMA S. On the diophantine equation $x^x y^y = z^z$[J]. Trudy Mat. Inst. Steklov, 1984, 163: 237-243.

D13 平方数问题

Leo Moser 欲求整数 $a_1, a_2, b_j (1 \leqslant j \leqslant n)$ 使得 $2n$ 个数 $a_i + b_j$ 都是平方数. 这能由使 $a_2 - a_1$ 为一个充足的合数来得到, 例如 $a_1 = 0, a_2 = 2^{2n+1}, b_j = (2^{2n-j} - 2^{j-1})^2$.

该问题可推广到 $a_i + b_j$ 是个平方数上, 其中 $1 \leqslant i \leqslant m$. 对于 $m = n = 3$, 取 $a_i + b_j$ 为下面排列的前三列数的平方, 则可找到无穷多组解

$$\frac{1}{2}(ps + qr), \frac{1}{2}(qs + rp), \frac{1}{2}(rs + pq), \frac{1}{2}(pqr + s)$$

$$\frac{1}{2}(ps - qr), \frac{1}{2}(qs - rp), \frac{1}{2}(rs - pq), \frac{1}{2}(pqr - s)$$

$$\frac{1}{4}(p^2 + s^2 - q^2 - r^2), \frac{1}{4}(q^2 + s^2 - r^2 - p^2), \frac{1}{4}(r^2 + s^2 - p^2 - q^2), t$$

其中, 为方便计算可取 p, q, r, s 为奇数. 如果我们包括第四列, 那么可推广到 $m = 3, n = 4$ 的情形且能找到方程

$$16t^2 = (s^2 - p^2 - q^2 - r^2 + 2)^2 + 4(p^2 - 1)(q^2 - 1)(r^2 - 1)$$

的一个非平凡解. 例如, 该方程的一个解由 $q = 2p + 1, r = 2p - 1, t = 2p^3 - p - 1$ 给出, 而 s, p 满足 Pell 方程①

$$17s^2 - (17p - 2)^2 = -72$$

(此方程有无穷多组解). 若 $(s, p) = (21, -5)$ 或 $(219, -53)$, 则我们有排列

$$3^2, 67^2, 93^2, 237^2$$

$$102^2, 122^2, 138^2, 258^2$$

$$66^2, 94^2, 114^2, 246^2$$

或

$$186^2, 8\,662^2, 8\,934^2, 297\,618^2$$

① 此方程在 Richard K. Guy 的书(参见 D14)中误为 $17s^2 - (17p - 2)^2 = 72$.

$$11\ 421^2, 14\ 333^2, 14\ 499^2, 297\ 837^2$$

$$7\ 074^2, 11\ 182^2, 11\ 394^2, 297\ 702^2$$

对于更大的 n, m 值,情况又如何呢?

Erdös 和 Leo Moser 又问了类似的问题:对每一个 n,存在 n 个不同的数使得任意一对的和是一个平方数吗?对 $n=3$,我们能取

$$a_1=\frac{1}{2}(q^2+r^2-p^2), a_2=\frac{1}{2}(r^2+p^2-q^2), a_3=\frac{1}{2}(p^2+q^2-r^2)$$

且对 $n=4$ 我们可以扩充这些数,例如可取 s 为任意一个能用三种不同的方式表示成两平方数和的数,即

$$s=u^2+p^2=v^2+q^2=w^2+r^2$$

和

$$a_4=s-\frac{1}{2}(p^2+q^2-r^2)$$

对 $n=5$,Jean Lagrange 已给出一个相当普遍的参数解和一个简化式,其中简化式给出了所有解中的大部分.易知,这些解中至多有一个是负的.Jean Lagrange 还把由 Nicolas 计算出的前 80 个解制成表格,最小的是

$$-4\ 878, 4\ 978, 6\ 903, 12\ 978, 31\ 122$$

且最小的正解是

$$7\ 442, 28\ 658, 148\ 583, 177\ 458, 763\ 442$$

他在给 Guy 的一封信(1972 年 5 月 19 日)中,又给出了 $n=6$ 时的下列解

$$-15\ 863\ 902, 17\ 798\ 783, 21\ 126\ 338, 49\ 064\ 546, 82\ 221\ 218, 447\ 422\ 978$$

事实上,Baker 找到了 5 个整数,其成对的和仍是一个平方数.Gill 找到 5 个整数,其三个的和为平方数.

[1] BAKER T. The Gentleman's Diary, or Math. Repository. London, 1839, 33-5, Quest. 1385.

[2] GILL C. Application of the angular analysis to indeterminate problems of degree 2. N. Y. 1848, 60.

[3] GUY R K. Unsolved problems in number theory[M]. D14. New York: Springer-Verlag, 1981.

[4] LAGRANGE J. Cinq nombres dont les sommes deux à deux sont des carrés[C]. Séminaire Delange-Pisot-Poitou (Théorie des nombres) 12e année, 1970/1971, 20:10.

[5] NICOLAS J L. 6 nombres dont les sommes deux à deux sont des carrés[J]. Bull. Soc. Math. France, Mém 1977, (49-50):141-143.

[6] THATCHER A W. A prize problem[J]. Math. Gaz., 1977, 61:64.

D14 Mauldon 问题

Mauldon 问,有多少个不同的三个一组的正整数组,其和与积分别是相同的.

对于 4 个这样的三个一组数集,他说,最小的共同和为 118,它来自(14,50,54),(15,40,63),(18,30,70),(21,25,72),而最小的共同积是 25 200,它来自(6,56,75),(7,40,90),(9,28,100),(12,20,105). 作为这样原始三个一组数无穷族的一个例子,他给出:$(16ka, bc, 15d)$,$(10ka, 4bc, 6d)$,$(15kb, ad, 16c)$,$(6kb, 4ad, 10c)$,其中 $a=k+2$,$b=k+3$,$c=2k+7$ 和 $d=3k+7$. 他找到 5 个三个一组数的仅有的例子是(6,480,495),(11,160,810),(12,144,825),(20,81,880)和(33,48,900).

现在还没有 6 个这样三个一组数的例子,尽管似乎没有理由说明为什么不应有任意大数目的三个一组数.

D15 Erdös 猜想

1939 年,Erdös 猜想:当 $n>m>1$,$k>2$ 时,方程 $\binom{n}{m}=y^k$ 没有正整数解. Erdös和 Selfridge 已证明,连续整数的积绝不是幂,二项式系数 $\binom{n}{m}$ 对于 $n\geqslant 2m\geqslant 8$ 绝不是幂(此处的幂次数均大于1). 后者是对 Erdös 猜想的部分回答. 如果 $m=2$,那么 $\binom{n}{2}$ 无穷多次地为一个平方数. 但是,Tijdeman 的方法(参见 D8)也许将证明,$\binom{n}{2}$ 绝不是一个更高次的幂,且对 $k=3$,除了 $n=50$(参见 D3),它绝不给出幂. 曹珍富已经证明了 $\binom{n}{2}$ 绝不是一个 $2k$ 次幂($k>1$),并且他还证明了,(1)在 $n\equiv 0,1\pmod 4$ 时,$\binom{n}{2}$ 不是一个 k 次幂($k>2$);(2)在 $n\not\equiv 0,2,3,10,11,15,16,23\pmod{24}$ 时,$\binom{n}{3}$ 不是一个 k 次幂($k>2$). 同时指出,解决 Erdös 猜想将依赖于方程 $x^p+1=2y^p$(p 为奇素数)的解决. 已知该方程的非零整数解满足 $2\nmid y$ 且 $p\mid(y-1)$. 曹珍富猜想:方程 $x^p+1=2y^p$(p 为奇素数)无 $|xy|>1$ 的整数解. 徐肇玉用曹珍富的方法(参见[4])证明了当 $k\geqslant 12\sqrt{2y}$ 时,Erdös 猜想成立.

Erdös 和 Graham 问,是否有两个或更多的相邻的连续整数段的积可能是一个幂. Pomerance 已经注意到,若 $a_1=2^{n-1}, a_2=2^n, a_3=2^{2n-1}-1, a_4=2^{2n}-1$,则 $\prod_{i=1}^{4}(a_i-1)a_i(a_i+1)$是一个平方数. 但是,Erdös 和 Graham 认为,如果 $l\geqslant 4$,那么$\prod_{i=1}^{k}\prod_{j=1}^{l}(a_i+j)$仅在有限个情形是平方数.

[1]CAO Z F. On the diophantine equation $x^{2x}-Dy^2=1$[J]. Proc. Amer. Math. Soc.,1986,98:11-16.

[2]CAO Z F. An Erdös conjecture, Pell sequence and diophantine equation[J]. J. Harbin Inst. Tech.,1987,2:122-124.

[3]曹珍富. 关于丢番图方程 $x^p-y^p=Dz^2$[J]. 东北数学,1986,2(2):219-227.

[4]曹珍富. 丢番图方程引论[M]. 哈尔滨:哈尔滨工业大学出版社,1989:126.

[5]ERDÖS P. On a diophantine equation[J]. J. London Math. Soc.,1951,26:176-178.

[6]ERDÖS P. On consecutive integers[J]. Nieuw Arch. Wisk.,1955,3:124-128.

[7]ERDÖS P, SELFRIDGE J L. The product of consecutive integers is never a power[J]. Illinois J. Math.,1975,19:292-301.

[8]徐肇玉. 关于 Erdös 猜想[J]. 自然杂志,1991,14(2):158-159.

D16 有理距离问题

是否存在一个点,它到单位正方形各顶角的距离都为有理数? 早些时候,人们认为没有三个这样有理距离的非平凡例子(即不是在正方形的一边上). 但是,John Conway 和 Mike Guy 找到了方程

$$(s^2+b^2-a^2)^2+(s^2+b^2-c^2)^2=(2bs)^2$$

的无穷多个解,其中 a,b,c 是某一点到边长为 s 的正方形三个顶点的距离. 图 8 给出了这样的解能够得到两个三距离问题的解.

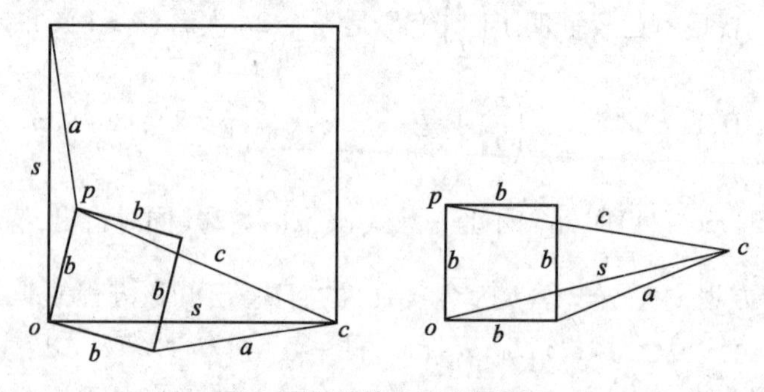

图 8 两相关的三距离问题解

当第四个距离也是整数时,我们又要求 $a^2+c^2=b^2+d^2$. 在三距离问题中,s,a,b,c 一个被 3 整除,一个被 4 整除,且一个被 5 整除. 在四距离问题中,s 是 4 的倍数,a,b,c,d 为奇数(假定它们不存在公因子). 如果 s 不是 3(或 5)的倍数,那么 a,b,c,d 中的两个被 3(或 5)整除.

在距一个边为 t 的等边三角形的顶点距离 a,b,c(a,b,c 都为整数)的对应问题中,有无穷多个解. 在这些解中,a,b,c,t 中的一个被 3、一个被 5、一个被 7 和最后一个被 8 整除.

Jerry Bergum 问,对什么样的整数 n,存在正整数 x,y,其中 $(x,y)=1$,x 为偶数,使得 $x^2+y^2=b^2$ 和 $x^2+(y-nx)^2=c^2$ 都为完全平方数. 如果 $n=2m(2m^2+1)$,那么 $x=4m(4m^2+1)$,$y=mx+1$ 是一个解. 对于 $n=\pm1,\pm2,\pm3$ 或 ±4,没有解存在. 如果 $n=8$,y 存在时,最小的 x 是 $x=2\ 996\ 760=2^3\times3\times5\times13\times17\times113$. 此问题与原问题的联系是:$(x,y)$ 都是点 P 的坐标. 点 P 离原点 O 的距离为 b,离边长 $s=nx$ 的正方形的邻角 C 的距离为 c,其中 n 为整数.

Ron Evans 注意到,问题可这样来陈述:在整数边的三角形中,其底与高之比是哪一个整数? n 的符号随角是锐(钝)角而正(负)变化(例如 $n=-29$,$x=120$,$y=119$ 是一个解). 他也问了一个孪生问题:试找到每一个整数边的三角形,其底整除它的高. 这里,(高/底)不可能是 1,2,但可能是 3(例如,底为 4,边为 13,15,高为 12).

[1] EGGLETON R B. Tiling the plane with triangles[J]. Discrete Math. ,1974,7:53-65.

[2] EGGLETON R B. Where do all the triangles go[J]. Amer. Math. Monthly, 1975,82:499-501.

[3] EVANS R. Problem E2685[J]. Amer. Math. Monthly,1977,84:820.

[4] FINE N J. On rational triangles[J]. Amer. Math. Monthly,1976,83:517-521.

[5] MAULDON J G. An impossible triangle[J]. Amer. Math. Monthly,1979,86:785-786.

[6] POMERANCE C. On a tiling problem of R. B. Eggleton[J]. Discrete Math. , 1977,18:63-70.

D17 有理距离的 6 个点问题

是否存在这样的平面上 6 个点,它们没有三点共线,没有 4 点共圆,其所有点的相互距离为有理数. 已知有可数的不共线且相互距离为有理数的无穷多个点存在,但是,除了两个点,其余的均在一个圆上.

有两个相互对立的猜想：(a)存在数 c 使得其相互距离为有理数的 n 个点必定包含至少 $n-c$ 个点在一个圆或一条直线上；(b) Besicoritch 猜想：任意多边形都被一有理多边形来进行任意程度的近似.

如果我们放宽条件，比如说，至多 4 点共线，至多 4 点共圆，John Leech 找到了如图 9(a) 所示类型的 7 个点的无穷多个集合和如图 9(b) 所示的 8 个点的无穷多个集合. 他说，后者情形似乎是由于解"太多"的方程而造成的数字畸形(关于三个同类变元的 4 个方程).

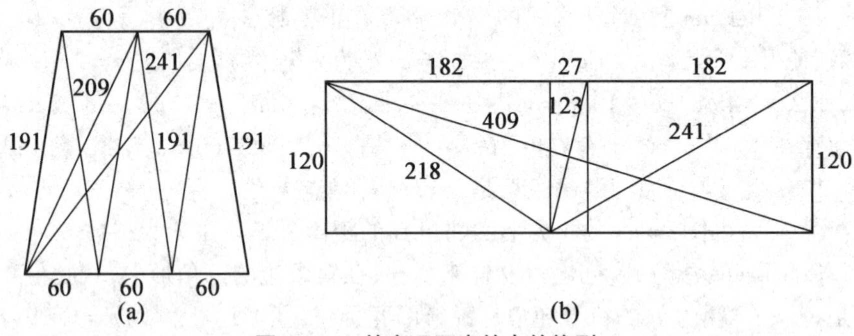

图 9 Leech 的有理距离的点的构型

[1] ALMERING J H J. Rational quadrilaterals[J]. Nederl. Akad. Wetensch, Proc. Ser. A66 = Indag. Math., 1963, 25: 192-199; Ⅱ ibid, 68 = 1965, 27: 290-304.

[2] ANG D D, DAYKIN D E, SHENG T K. On Schoenberg's rational polygon problem[J]. J. Austral. Math. Soc., 1969, 9: 337-344.

[3] BESICOVITCH A S. Rational polygons[J]. Mathematika, 1959, 6: 98.

[4] DAYKIN D E. Rational polygons[J]. Mathematika, 1963, 10: 125-131.

[5] DAYKIN D E. Rational triangles and parallelograms[J]. Math. Mag., 1965, 38: 46-47.

[6] MORDELL L J. Rational quadrilaterals[J]. J. London Math. Soc., 1960, 35: 277-282.

[7] SHENG T K. Rational polygons[J]. J. Austral. Math. Soc., 1966, 6: 452-459.

[8] SHENG T K, DAYKIN D E. On approximating polygons by rational polygons[J]. Math. Mag., 1966, 38: 299-300.

D18　三角形问题

存在一个三角形，其边、中线、面积均为整数吗？在资料中有一个否定性"证明"是不正确的，因此此问题仍然悬而未决.

我们知道，具有整数边的三角形，如果面积也为整数，那么称之为 Heron 三角形.有一个众所周知的问题是:Heron 三角形的三条边长能否都取 Fibonacci 数(参见 A3)?这样的三角形如果存在,就称之为 Fibonacci 三角形.易知,Fibonacci 三角形的边长只可能是$(F_{n-1},F_{n-1},F_n)(n\geqslant 4)$,或$(F_{n-k},F_n,F_n)(1\leqslant k<n)$,前者易知仅当 $n=6$,$(F_5,F_5,F_6)=(5,5,8)$构成 Fibonacci 三角形.对后者,Harborth 与 Kemnitz 证明了 $k=1$ 或 $n\leqslant 25$ 时,不存在边长为$(F_{n-k},F_n,F_n)(1\leqslant k<n)$的 Fibonacci 三角形.曹珍富给出研究 Fibonacci 三角形的一般方法,用此方法可证明 $k=2,3,4$ 时这种三角形均是不存在的.一般的看法是:当$1\leqslant k<n$时,不存在以(F_{n-k},F_n,F_n)为边长的 Fibonacci 三角形.

存在一个任意维数的单纯形,其长度、面积、体积、超体积均为有理数吗?在两维时,回答是肯定的,有无穷多个 Heron 三角形,其边和面积均为有理数.一个例子是边为 13,14,15,面积为 84 的三角形.在三维时,答案也是肯定的.那么所有的四面体都能由有理四面体来进行任意程度的近似吗?

[1]陈计.斐波那契三角形[J].数学通讯,1994,5:41.
[2]HARBORTH H, KEMNITZ A. Fibonacci triangles[J]. Applications of Fibonacci numbers, Vol. 3(Pisa,1988),129-132,Kluwer Acad. Publ. Dordrecht, 1990.
[3]GUY R K. Unsolved problems in number theory[M]. New York:Springer-Verlag,1981.

D19 方程$(x^2-1)(y^2-1)=(z^2-1)^2$

一个未解决的丢番图方程是

$$(x^2-1)(y^2-1)=(z^2-1)^2$$

已知 Schinzel 和 Sierpinski 对于 $x-y=2z$ 的情形,找到了全部解;曹珍富和王彦斌已找到其他情形的解,例如给出了 $1\leqslant l\leqslant 30$,$x-y=lz$ 情形的全部解.也对 $l\in Z$,$l\neq 2$ 时做了不存在非平凡解的猜想.曹珍富注意到 Schinzel 与 Sierpinski 考虑的情形是方程 $xy=z^2+2$,$x-y=2z$,因而研究了一般的联立方程 $axy=bz^2+c$与 $dx-ey=fz$ 的公解.由此得出了方程

$$(ax^2+db^2)(ay^2+dc^2)=(ez^2+f)^2$$

的一系列结果,包含了 Mordell 的书中总结的 Szymiczek 等人的相应研究.

此外,曹珍富问,方程$(x^4-1)(y^4-1)=z^2(x^2\neq 1,y^2\neq 1)$的解如何?从方程 $x^4-Dy^2=1$ 的结果可推出它最多有一组 $x^2>y^2$ 的解(参见 D5),且在$(x^4-1,y^4-1)>\exp 64$ 时无 $x^2>y^2$ 的解.我们希望用完全初等的方法证明该方程仅有 $x^2>y^2$ 的解$(x^2,y^2)=(239^2,13^2)$.

[1]曹珍富. 关于 Schinzel-Sierpinski 方程组的推广[J]. 哈尔滨工业大学学报, 1991, 23(5): 9-14.
[2]曹珍富. 数论中的几个未解决问题[J]. 哈尔滨师专学报, 1987(4): 14-18.
[3]MORDELL L J. Diophantine equations[M]. New York: Academic Press, 1969, 97.
[4]SCHINZEL A, SIERPINSKI W. Sur 1'equation diophantienne $(x^2-1)(y^2-1)=[((y-x)/2)^2-1]^2$[J]. Elem. Math., 1963, 18: 132-133.

D20 和等于积问题

对于 $k>2$,方程 $a_1a_2\cdots a_k=a_1+a_2+\cdots+a_k$ 总有正整数解 $a_1=2,a_2=k,a_3=a_4=\cdots=a_k=1$(即 k 个正整数中有一个为2,一个为 k,其余均为1,这种情形称为方程的一个解). 现在的问题是:对哪些 k,方程恰有一个解? Schinzel 证明了在 $k=6$ 或 $k=24$ 时不存在另外的解. Misiurewicz 已证明:当 $2<k<1\ 000$ 时,$k=3,4,6,24,144,174$ 和 444 是使方程恰有一个解的情形. 曹珍富发现,$k=144$ 的情形是错误的,例如此时有另外的解 $a_1=12,a_2=14,a_3=\cdots=a_{144}=1$ 以及 $a_1=2,a_2=4,a_3=21,a_4=\cdots=a_{144}=1$. 事实上,取 $a_4=\cdots=a_k=1$,则方程化为 $a_1a_2a_3=a_1+a_2+a_3+k-3$,当 $a_3=1$ 时得出 $(a_1-1)(a_2-1)=k-1$;当 $a_1=2$ 时得出 $(2a_2-1)(2a_3-1)=2k-1$. 由此知,方程恰有一个解的必要条件是 $k-1$ 与 $2k-1$ 均为素数($k=144$ 时,$k-1=11\times13,2k-1=7\times14$). 曹珍富问:是否存在无穷多个 k,使方程恰有一个解? 仅有有限个吗?

[1]GUY R K. Unsolved problems in number theory, D24[M]. New York: Springer-Verlag, 1981.
[2]MISIUREWICZ M. Ungelöste problems[J]. Elem. Math., 1966, 21: 90.

D21 与 $n!$ 有关的方程

方程 $n!+1=x^2$ 仅有解 $n=4,5,7$ 吗? Erdös 和 Obláth 解决了 $n!=x^p\pm y^p$,且 $(x,y)=1,p>2$ 的情形,但 $p=2$ 的情形未能解决.

Simmons 注意到 $n!=(m-1)m(m+1)$ 有正整数解 $(m,n)=(2,3),(3,4),(5,5)$ 和 $(9,6)$,并问:是否还有其他的正整数解?

[1]BROCARD H. Question 1532[J]. Nouv. Corresp. Math., 1876, 2: 287; Nouv. Ann. Math., 1885, 4(3): 391.
[2]ERDÖS P, OBLÁTH R. Über diophantische gleichungen der form $n!=x^p\pm y^p$

and $n! \pm m! = x^p$[J]. Acta Szeged,1937,8:241-255.
[3]KRAITCHIK M. Recherches sur la theorie des nombres, t. 1[M]. Gauthier-Villars,Paris,1924:38-41.
[4]POLLACK R M, SHAPIRO H N. The next to last case of a factorial diophantine equation[J]. Comm. Pure Appl. Math. ,1973,26:313-325.
[5]SIMMONS G J. A factorial conjecture[J]. J. Recreational Math. ,1968,1:38.

D22 Fibonacci 数问题

Stark 问,哪个 Fibonacci 数(参见 A3)是两个立方数的差(或和)的一半?这与寻找全部类数 2 的复合二次域的问题有关. 例子有:$1=\frac{1}{2}(1^3+1^3)$,$8=\frac{1}{2}(2^3+2^3)$,$13=\frac{1}{2}(3^3-1^3)$.

Vern Hoggatt 问,是否 1,3,21 和 55 是仅有的为三角形数(即形如$\frac{1}{2}m(m+1)$)的 Fibonacci 数?罗明用递推序列方法给出了这个问题的肯定回答,但证明非常麻烦. 是否有一个非常简洁且初等的证明?关于 Fibonacci 数表示平方数或 2 倍的平方数问题已由 Cohn 解决.

[1]COHN J H E. On square Fibonacci numbers[J]. J. London Math. Soc. ,1964(39):537-541.
[2]JUO M. On triangular Fibonacci numbers[J]. The Fibonacci Quarterly,1989,27(2):98-108.
[3]STARK H M. Problem 23[J]. Summer Institute on Number Theory, Stony Brook,1969.

D23 同余数问题

同余数与 Pythagorean 三角形(即直角三角形)有关,已有相当长的历史了. 早在一千多年前,阿拉伯人的手稿中就已给出了几个例子(5,6,14,下页表 9 中的 17 项 CA,以及 10 个大于 1 000 的同余数). 它至今仍吸引着许多人的兴趣. 所谓同余数是指使联立方程

$$x^2+ay^2=z^2, x^2-ay^2=t^2$$

有正整数解的那些整数 a. 也许,它的魅力便在于最小解的大小常常是不规则的. 例如,$a=101$ 是同余数,Bastien 给出了最小解

$$x=2\ 015\ 242\ 462\ 949\ 760\ 001\ 961, y=118\ 171\ 431\ 852\ 779\ 451\ 900$$

$$z=2\ 339\ 148\ 435\ 306\ 225\ 006\ 961, t=1\ 628\ 124\ 370\ 727\ 269\ 996\ 961$$

等价地,同余数是那些 a,它使丢番图方程

$$x^4-a^2y^4=u^2$$

有正整数解. Dickson 的《数论的历史》(*History of the theory of numbers*, New York:Chelsea Publishing company,1952)一书给出了许多早期的参考资料,它包括 Pisa(Fibonacci)的 Leonardo, Genocchi 和 Gerardin. 他们给出了 7,22,41,69,77 以及表 9 中 20 个阿拉伯人的例子及 43 项 CG. 显然,我们仅需考虑 a 为无平方因子就够了. 因为如果 $b=ad^2$,那么,关于 a 的方程的解 (x,y,z,t) 便与关于 b 的方程的解 (dx,y,dz,dt) 相对应了.

表 9　已知的小于 1 000 的同余数(C)和非余数(N)

$a=40c+r$ 的项以 c 列,r 行

$c=$	0	1	2	3	4	5	6	7	8	9	10	11	12	13	14	15	16	17	18	19	20	21	22	23	24	$=c$
r																										r
1	NB	C1	□	□	CG	N9	N1	N1	N9	□	N1	□	NJ	N1	CG	N1	N1	N9	C&	C1	□	□	1	N9	□	1
2	NB	NB	N2	NX	□	NX	□		NJ	NX	NJ	CG		□	N2	CG	NJ	NJ	□	NJ		NX	□	NK	NL	2
3	N3	N3	N3	N&	N3	NJ	□	N3	C&	□	NJ	N3	NJ	N3	N3	□	N3	N3	CJ	NJ	NJ	NJ	N3	NJ	□	3
4	□	□	□	□	□	□	□	□	□	□	□	□	□	□	□	□	□	□	□	□	□	□	□	□	□	4
5	C5	□	CG	□	CG	CG	□	C&	□	CJ	□	C&	CJ	□	C&	□	C&	CJ	□	□	C&	□	CJ	□		5
6	C6	C6	C6	□	C6	C6	C&	CA	C6	C&	CJ	C6	□	C6	C6	CJ	CG	□	□	C6	CG	□	C6	C6	CG	6
7	C7	C7	CG	C7	C7	□	CJ	C&	CJ	C7	CJ	CJ	C7	C&	□	C7	C7	CJ	C7	CJ	CJ	□	C7	□	C7	7
8	□	□	□	□	□	□	□	□	□	□	□	□	□	□	□	□	□	□	□	□	□	□	□	□	□	8
9	□	□	N1	N9	□	N9	N9	□	NJ	□	N1	N1	N9	□	1	C&	N9	C&	□	N1	1	N9	C&	N1	NJ	9
10	NX	□	□	NL	N&	CA	□	NL	CA	NL	CG	□	□	NL	NJ	NL	□	NJ	NJ	NJ	□	□	CG	NJ	NJ	10
11	N3	NB	NB	N3	□	N3	N3	CG	N3	CG	NJ	NJ	N3	□	N3	NJ	CG	N3	C&	NJ	N3	NJ	□	□	N3	11
12	□	□	□	□	□	□	□	□	□	□	□	□	□	□	□	□	□	□	□	□	□	□	□	□	□	12
13	C5	C5	CG	CJ	C5	CJ	CJ	C5	□	C5	CJ	CJ	CJ	C&		C5	C5	□	C5	C5	C&	C5			CJ	13
14	C6	□	C6	C6	CG	C6	C6	□	C6	CJ	□	C6	CJ	CJ	C&	C6	CJ	C6	C6	□	C&	CJ	CJ	C6	C&	14
15	CA	CG	CG	□	□	C&	CG	CJ	CJ	□	CJ	C&	□	C&	□	C&	CJ	CJ	□	□	CJ	□	CJ	C&	□	15
16	□	□	□	□	□	□	□	□	□	□	□	□	□	□	□	□	□	□	□	□	□	□	□	□	□	16
17	N1	N9	N1	C1	N9	NJ	C1	□	N1	NJ	N9	C1	NJ	N9	1	N1	□	NJ	N9	C&	N9	1		N1	N1	17
18	□	NX	□	CG	N2	NX	NJ	NX	□	□	NJ	NX	NJ	NX	□	NJ	C&	NX	□	NX	N2	NJ			NJ	18
19	N3	N3	□	N3	N3	C&	NJ	CG	NJ	N3	N3	□	N3	□	NJ	N3	N3	NJ	N3	NJ	□	N3	NJ		NJ	19
20	□	□	□	□	□	□	□	□	□	□	□	□	□	□	□	□	□	□	□	□	□	□	□	□	□	20
21	CA	C5	C5	C&	C5	CA	□	CJ	CJ	CJ	C5	C5	CJ	C5	CJ	□	C5	C5	CG	CJ	C5	CJ	C&	C5	□	21
22	C6	C6	CG	C6	C&	CJ	C6	C6	□	C6	C6	CG	C6	C6	C&	C6	C6	□	CJ	CJ	CJ	C6	CJ	CJ	C6	22
23	C7	□	C7	C&	CJ	C7	C7	CJ	□	C7	□	C7	C7		CG		C&	CJ	C7	□	C7	C7	C&	C&	C7	23
24	□	□	□	□	□	□	□	□	□	□	□	□	□	□	□	□	□	□	□	□	□	□	□	□	□	24
25	□	CA	NJ	CG	NJ	□	CG	NJ	NJ	NJ	□	CG	C&	NJ	□	□	NJ	NJ	NJ	NJ	□	NJ	C&	□	C&	25
26	NX	NB	NX	N2	N&	C&	NJ	□	NX	C&	C&	N2	NJ	CA	NX	N2	□		NX	NJ	NJ	C&	NJ	NJ	NJ	26
27	□	N3	N3	□	N&	N3	NJ	N3	N3	□	NJ	N3	□	N3	N3		NJ	NJ	□	N3	N3	□	N3	N3	C&	27
28	□	□	□	□	□	□	□	□	□	□	□	□	□	□	□	□	□	□	□	□	□	□	□	□	□	28
29	C5	CG	C5	C5	□	C5	C5	CJ	C5	C5	CA	CJ	C5	□	CJ	C&	C&	C5	CJ	CJ	C5	CJ	□	C&	CJ	29
30	CA	CA	CA	□	CA	CJ	□	CG	□	CA	CJ	CG	CG	□	CJ	□	C&	C&	□	CJ	CJ	C&	C&	□	□	30
31	C7	C7	CG	C7	C7	CA	C7	C7	□	C&	C7	CJ	C&	CJ	CJ	C7	C&	□	C7	C&	CJ	CJ	C7	C&	C7	31
32	□	□	□	□	□	□	□	□	□	□	□	□	□	□	□	□	□	□	□	□	□	□	□	□	□	32
33	N9	N1	N1	□	N1	N1	NJ	C1	C1	N9	N1	N9	□	NJ	1	N9	N1	NJ	N9	C&	□	□	N9	1	N9	33
34	CA	NX	N&	CA	C&	□	N2	NX	NJ	NX	CG	NJ	C&	NX	□	NX	C&	NJ	NL	NX	NJ	NJ	N2	□	NJ	34
35	NB	□	N&	NJ	NJ	NJ	□	□	NJ	C&	NJ	□	NJ	NJ	NJ	NJ	□	NJ	NJ	NJ	NJ	□	C&	NJ	C&	35
36	□	□	□	□	□	□	□	□	□	□	□	□	□	□	□	□	□	□	□	□	□	□	□	□	□	36
37	C5	CG	□	C5	C5	CJ	C5	C5	CG	C5	CJ	□	CG	C5		□	C5		C5	C5	□	C5		C&	C5	37
38	C6	CG	C6	C6	□	CJ	C6	C&	C6	C6	CG	C6	C&	□	CJ	CJ	CJ	C6	C6	CG	C6	C6	□	C6	C6	38
39	CG	C7	C&	C&	C7	C7	□	C&	C7	C&	C7	C7	CJ	CJ	C7	□	CJ	C7	CG	C&	C7	C&	C7	C&	□	39
40	□	□	□	□	□	□	□	□	□	□	□	□	□	□	□	□	□	□	□	□	□	□	□	□	□	40

人们猜想,无平方因子数≡5,6 或 7(mod 8)是同余的. Nelson Stephens 证

明了此猜想的成立取决于 Selmer 对椭圆曲线的猜想（参见 Cassels 的文献）. 因此，从 Heegner 的工作（参见 Birch 的文献）知，这对素数≡5，或 7（mod 8）和素数≡3（mod 8）的 2 倍成立. 这些便是表 9 中 C5，C7 和 C6 项. Bastien 注意到下列数是非同余的：素数≡3（mod 8），以及两个这样的素数积；素数≡5（mod 8）的 2 倍，以及两个这样的素数积的倍数；素数≡9（mod 16）的 2 倍. 这些是表 9 中的 N3，N9，NX（对 $10=2\times5$），NL（对 $50=2\times5\times5$）和 N2 项. 他还给出了其它一些非同余数（表 9 中的 NB），并且得到：若 a 是素数≡1（mod 8），且 $a=b^2+c^2$ 和 $b+c$ 是 a 的二次非剩余（参见 F5），则 a 是非同余的. 这也解释了几个 N1 情况. 因此，此表也可作为小于 1 000 的素数表，那些≡1（mod 8）的数也都已在表 9 中示出（由 C1，N1 或状况未明时用 1）. C& 和 N& 项来源于 Alter 等人，CJ 和 NJ 项来自于 Jean Lagrange 的大量论文. 方框（□）表明该数含有重复因子，空白表示状态不明.

我们很难保证上面收集到的是全部的结果，因为其中许多（特别是由构造性得到的）总是不发表的. 应该非常感谢 Hunter，他已获得或是猜想了下面几项的构造. Buckley 和 Gallyas（Fibonacci Assoc. Newsletter，Sept. 1975）找到了

$$134\ 130\ 664\ 938\ 047\ 228\ 374\ 702\ 001\ 079\ 697^2\pm103\times$$
$$7\ 188\ 661\ 768\ 365\ 914\ 788\ 447\ 417\ 161\ 240^2$$

两者均为平方数，而 Hunter 和 Buckley 找到最小表示

$$764\ 646\ 440\ 211\ 958\ 998\ 267\ 241^2\pm229\times9\ 404\ 506\ 457\ 489\ 780\ 613\ 180^2$$
$$777\ 777\ 618\ 847\ 556\ 210\ 645\ 041^2 \text{ 或 } 751\ 285\ 786\ 287\ 393\ 798\ 649\ 441^2$$

和

$$407\ 893\ 921^2\pm239\times4\ 826\ 640^2=414\ 662\ 879^2 \text{ 或 } 401\ 010\ 721^2$$

作为远比 103 情形大的例子，Hunter 给出了补充算式

$$49\ 143\ 127\ 346\ 631\ 084^2\pm46\ 867\ 792\ 486\ 220\ 437^2$$
$$=67\ 909\ 034\ 288\ 072\ 605^2 \text{ 或 } 263\times911\ 391\ 767\ 518\ 393^2$$

对于已知的小于 1 000 中的 221 个同余数，他得到 (x,y)，如 $5\ 829\ 043\ 537^2\pm457\times234\ 834\ 600^2=7\ 692\ 857\ 713^2$ 或 $2\ 962\ 336\ 463^2$，而同时 $86\ 236\ 037\ 017^2\pm133\times7\ 049\ 242\ 860^2$ 和 $318\ 957\ 135\ 928\ 681^2\pm183\times7\ 531\ 376\ 243\ 820^2$ 都是平方数，但是仍然有一百多个数，其解仍未能构造出来.

Jean Lagrange 在给 Guy 的一封信中注意到，尽管 897 出现在 Gérardin 的表中，但是其角色仍然未知，因此我们把它从表 9 中拿掉了. 他也报道说，他已证明，113，337，409 和 521 是非同余的，且希望能够将≡1，2 或 3（mod 8）的那些数分类. 下面是表 9 的一个总结（表 10）：

表 10

模 8 剩余类		1	2	3	5	6	7	总数
已知的数	同余	22	19	12	95	103	101	352
	非同余	68	76	87	0	0	0	231
状况不明的总数		8	6	2	7	0	2	25
无平方因子数的总数		98	101	101	102	103	103	608

[1] ALTER R. The congruent number problem[J]. Amer. Math. Monthly, 1980, 87:43-45.

[2] ALTER R, CURTZ T B. A note on congruent numbers[J]. Math. Comp., 1974, 28:303-305.

[3] ALTER R, CURTZ T B, KUBOTA K K. Remarks and results on congruent numbers[C]. Congressus Numerantium Ⅵ, Proc, 3rd S. E. Conf. Combin. Graph Theory, Comput. 1972:27-35.

[4] BASTIEN L. Nombres congruents[J]. Intermédiaire des Math., 1915, 22:231-232.

[5] BIRCH B J. Diophantine analysis and modular functins[J]. Proc. Bombay Colloq. Alg. Geom., 1968.

[6] CASSELS J W S. Diophantine equations with special reference to elliptic curves[J]. J. London Math. Soc., 1966, 41:193-291.

[7] DICKSON L E. History of the theory of numbers: Vol. 2, Diophantine Analysis [M]. Washington: Carnegie Institute of Washington, 1920:459-472.

[8] GENOCCHI A. Note analitiche sopra tre seritti[J]. Annali di Sc. Mat. e Fis., 1855, 6:273-317.

[9] GÉRARDIN A. Nombres congruents[J]. Intermédiaire des Math., 1915, 22:52-53.

[10] GODWIN H J. A note on congruent numbers[J]. Math. Comp., 1978, 32:293-295; 1979, 33:847.

[11] GUY R K. Unsolved problems in number theory, D27 [M]. New York: Springer-Verlag, 1981.

[12] LAGRANGE J. Thèse d'Etat de 1'Université de Reims, 1976.

[13] LAGRANGE J. Construction d'une table de nombres congruents[J]. Bull. Soc. Math. France Mém., No. 1977, 49-50, 125-130.

[14] MORDELL L J. Diophantine equations[M]. London: Academic Press, 1969: 71-72.

[15] ROBERTS S. Note on a problem of Fibonacci's[J]. Proc. London Math.

Soc. ,1879,80(11):35-44.

[16]STEPHENS N M. Congruence properties of congruent numbers[J]. Bull. London Math. Soc. ,1975,7:182-184.

D24 方程$\frac{1}{w}+\frac{1}{x}+\frac{1}{y}+\frac{1}{z}+\frac{1}{wxyz}=0$

Mordell 问:方程

$$\frac{1}{w}+\frac{1}{x}+\frac{1}{y}+\frac{1}{z}+\frac{1}{wxyz}=0 \tag{A}$$

的解如何? 1984 年,曹珍富给出了这个方程的全部整数解. 但解的参数满足一些条件,如方程

$$\frac{1}{x}=\frac{1}{y_1}+\frac{1}{z_1}+\frac{1}{w_1}+\frac{1}{xy_1z_1w_1}$$

的全部正整数解可表示为

$$x=n,y_1=n+k,z_1=n+(n^2+t)/k$$
$$w_1=[n(n+k)(n+(n^2+t)/k)+1]/t$$

这里正整数 n,k,t 满足

(1)$n^2+t\equiv 0(\bmod k)$;

(2)$n(n+k)(n+\frac{n^2+t}{k})+1\equiv 0(\bmod t)$;

(3)$(n,k)=(k,t)=(n,t)=1$.

在 $2\nmid n$ 或 $2\nmid k$ 时,可证满足(1)~(3)的 n,k,t 有如下的关系:$k\equiv t\equiv 1(\bmod 4)$ 且 Jacobi 符号$(\frac{k}{t})=1$. 由此容易构造方程当参数 $k>1,t>1$ 的某些解,例如取 $t=5,k=41$,由(1)~(2)解出 $n\equiv 6,88,158(\bmod 205)$,以 $n=205n_1+6$ 为例代入上述解中得

$$x=205n_1+6,y_1=205n_1+47,z_1=1\ 025n_1^2+265n_1+7$$
$$w_1=8\ 615\ 125n_1^4+4\ 454\ 650n_1^3+692\ 490n_1^2+30\ 157n_1+395$$

我希望由(1)~(3)给出一般地容易构造方程(A)解的其他条件来.

对于方程

$$\frac{1}{x_1}+\cdots+\frac{1}{x_s}+\frac{1}{nx_1\cdots x_s}=\frac{1}{n},1<x_1<\cdots<x_s \tag{B}$$

设 $\Omega_n(s)$表示其解的个数,曹珍富与田红旗证明了,当 $n\equiv 7,18,22(\bmod 25)$且 $s\geqslant 3$ 时,有

$$0<\Omega_n(s)<\Omega_n(s+1) \tag{C}$$

对于另外的某些 n,也能证明(C)成立. 但我不知道是否对所有的 n,(C)均成

立(当 $s \geqslant 4$ 时). 这个问题的肯定回答将引导另一个问题(参见 F30)的解决.

[1]曹珍富. 数论中的几个未解决问题[J]. 哈尔滨师专学报,1987,4:11-18.
[2]曹珍富. 关于单位分数的 Mordell 问题[J]. 数学杂志,1987,7(3):245-250.
[3]曹珍富. 数论中的一些新的问题和结果[J]. 河池师专学报,1987,1:1-8.
[4]曹珍富. 丢番图方程引论[M]. 哈尔滨工业大学出版社,1989.
[5]曹珍富,田红旗. 关于丢番图方程 $\sum_{j=1}^{s}\frac{1}{x_j}+\frac{1}{nx_1\cdots x_s}=\frac{1}{n}$[C]//青年科技论文集,黑龙江科技出版社,1990,7-11.
[6]MORDELL L J. Research problem 6[J]. Canad. Math. Bull. ,1974,17:141.

D25 公解问题与某些二元高次方程

利用 Baker 的方法可知,给定 D_1,D,k 和 l,方程 $x^2-Dy^2=k$ 和 $y^2-D_1z^2=l$ 仅有有限组解(可以定出解的绝对值的上界). 是否可以给出最多只有几个解的结论? 曹珍富猜想:

Pell 方程 $x^2-Dy^2=1$ 和 $y^2-D_1z^2=1$ 最多只有一组正整数的公解.

曹珍富对于方程 $x^{2n}-Dy^2=1(n>2)$ 已做过不少工作,例如他证明了:设 Pell 方程 $u^2-Dv^2=-1$ 有整数解,则方程 $x^{2n}-Dy^2=1(n>2)$ 除 $n=5,D=122,x=3,y=22$ 外,无其他的正整数解. 他猜想:方程 $x^{2n}-Dy^2=1(n>2)$ 最多只有一组正整数解,且设 Pell 方程 $\xi^2-D\eta^2=1$ 的基本解为 ε,则有 $x^n+y\sqrt{D}=\varepsilon$. 这个猜想的证明将需要首先解决方程 $x^p+1=2y^2$(p 为奇素数)的求解问题,已知这个方程的正整数解除 $x=y=1$ 外满足 $2p\mid y$.

1987 年,曹珍富又猜想:方程 $x^p+1=2y^2$ 在素数 $p>3$ 时仅有正整数解 $x=y=1$. 1989 年,乐茂华用 Baker 方法证明:当 $p>2^{2\,415}$时这一猜想是正确的.

在研究一类实二次域类数的可除性时,曹珍富证明了:当方程 $u^2-Dv^2=4$,$(u,v)=1$ 有整数解时,方程 $4x^{2n}-Dy^2=-1\ (n>2)$ 仅有正整数解:$D=5$,$x=y=1$. 他与 Nagell 使用不同的方法分别给出了 $x^p-1=2y^2$(p 是奇素数)的全部正整数解:$p=5,x=3,y=11$. 对于一般的方程

$$x^p\pm1=Dy^2,xy\neq0 \qquad (A)$$

当 $D>0$ 无平方因子,且不被 $2mp+1$ 形素数整除,p 是大于 3 的奇素数时,曹珍富证明了除 $1^p+1=2(\pm1)^2$ 和 $3^5-1=2(\pm11)^2$ 外,方程的整数解均满足 $2p\mid y$. 由此可以推出柯召关于 Catalan 猜想(参见 D8)的著名定理,以及方程 $x^{2p}-Dy^2=-1$(p 是奇素数,D 的条件同前)仅有正整数解 $D=2,x=y=1$. Nagell 对于(A)中取减号的方程证明了:设 $p\nmid h(-D)$,这里 $h(-D)$表示虚二

次域$Q(\sqrt{-D})$的类数,则方程的整数解满足$2|x$. 由此可以得到(A)中取减号的方程在$p>2,2<D<100$时的全部整数解(此时仅有解$p=5,D=31,x=2,y=\pm1$). 对于$p=3$的情形,柯召和孙琦、曹珍富与刘培杰均证明了:设$D>0$不被$6k+1$形素数整除,则(A)除$x^3+1=y^2$仅有正整数解$(x,y)=(2,3)$和$x^3+1=2y^2$仅有正整数解$(x,y)=(1,1),(23,78)$外,其他均无正整数解. 在此之前,Nagell 与 Ljunggren 只解决了部分特殊例子. 当D含有$6k+1$形的因子时,方程

$$x^3\pm1=Dy^2,xy\neq0 \tag{B}$$

的求解将变得困难. 例如 Ljunggren 用了复杂且不初等的方法才证明方程$x^3-1=7y^2$仅有正整数解$(x,y)=(2,1),(4,3),(22,39)$. 这个结果能否有初等且简洁的证明? 当$D=31$时,(B)中取加号的方程易证无整数解(参见任冬的资料),而(B)中取减号的方程却非常困难. 1983 年,Antoniadis 在研究类数 2 的虚二次域中,提出如下猜想:方程$x^3-1=31y^2$仅有整数解$(x,y)=(1,0),(5,2),(5,-2)$(参见 J. Reine Angew. Math.,1983,339:27-81). 1988 年,de Weger 用 Baker 方法证明这个猜想是正确的. 但 de Weger 的证明十分复杂,能否给出初等的证明或较为简洁的证明①? 一般地,当p是$6k+1$形的素数且$3|h(-p)$时,如何确定方程$x^3-1=py^2$的全部整数解? 在$p<100$时,这样的素数仅有 31,61,那么如何确定方程$x^3-1=61y^2$的全部整数解? Nagell 在$3\nmid h(-p)$时,证明方程$x^3-1=py^2$的全部整数解满足$2|x$,所以在$3\nmid h(-p)$时,如果$p\equiv7 \pmod 8$是具有$6k+1$形的素数,那么方程$x^3-1=py^2$的全部整数解又如何确定? 在$p<100$时这样的素数仅有 7,31,73,97. 从解决$p=7,31$的情况来看,解决 73,97 中的一个看来也是不容易的. 对于方程

$$x^3\pm8=Dy^2 \tag{C}$$

当$D>2$无平方因子且不被$6k+1$形的素数整除时,柯召和孙琦在一些条件下证明了(C)仅有$y=0$的整数解. 曹珍富给出了方程(C)在$D=p$或$3p,p=3$或$p\equiv5 \pmod 6$,p是素数时的全部整数解,例如方程$x^3-8=3y^2$仅有正整数解$x=11,y=21$;方程$x^3+8=Dy^2$除$13^3+8=5\cdot21^2$外无其他的正整数解,等等. 曹珍富在《丢番图方程引论》(217 页)中认为:利用递推序列的方法可以给出$D>0$且不被$6k+1$形的素数整除时方程(C)的全部整数解. 因此他猜想:设$D>0$且D不被$6k+1$形的素数整除,则最多只有有限个这样的D使方程(C)有正整数解.

[1]曹珍富. 丢番图方程引论[M]. 哈尔滨:哈尔滨工业大学出版社,1989.

① 此问题已被曹珍富与牟善志解决.

[2]曹珍富.数论中的若干新的问题与结果[J].河池师专学报,1987(1):1-8.

[3]CAO Z F. On the diophantine equation $x^{2n}-Dy^2=1$[J]. Proc. Amer. Math. Soc.,1986,98(1):11-16.

[4]曹珍富.丢番图方程与实二次域类数的可除性[J].数学学报,1994,37(5):625-631.

[5]曹珍富,王笃正.关于丢番图方程 $x^{2n}-Dy^2=1$ 和 $x^2-Dy^{2n}=1$[J].扬州师院自然科学学报,1985(2):16-18.

[6]曹珍富.关于丢番图方程 $x^p-y^p=Dz^2$[J].东北数学,1986,2(2):219-227.

[7]曹珍富.Ljunggren 方程及其推广[J].哈尔滨电工学院学报,1988,11(2):184-189.

[8]曹珍富,刘培杰.一个 Diophantus 方程的初等解法[J].山东师大学报(自然科学版),1989,4(1):13-16.

[9]曹珍富.关于方程 $7x^2+1=y^p, xy\neq0$[J].西南师范学院学报(自然科学版),1985,2:70-73.

[10]曹珍富.关于方程 $Dx^2\pm1=y^p, xy\neq0$[J].数学研究与评论,1987,7(3):414.

[11]柯召,孙琦.关于丢番图方程 $x^3\pm1=Dy^2$[J].中国科学,1981,12:1453-1457.

[12]柯召,孙琦.关于丢番图方程 $x^3\pm1=3Dy^2$[J].四川大学学报(自然科学版),1981,2:1-5.

[13]柯召,孙琦.关于丢番图方程 $x^3\pm8=Dy^2$ 和 $x^3\pm8=3Dy^2$[J].四川大学学报(自然科学版),1981,4:1-5.

[14]LE M H. A note on the diophantine equation $x^{2p}-Dy^2=1$[J]. Proc. Amer. Math. Soc.,1989,107(1):27-34.

[15]LJUNGGREN W. Sätze über unbestimmte gleichungen[J]. Skr,Norske Vid. Akad. Oslo. I. 1942,9:55.

[16]NAGELL T. Über die rationaler punkte auf einigen kubischen kurven[J]. Tohoku Math. J.,1924,24:48-53.

[17]NAGELL T. Sur I'impossibilite de quelques équations à deux indéterminécs[J]. Norsk mat. forenings skrifter,serie I,1921,13.

[18]任冬.关于方程 $x^3\pm1=Dy^2$(Ⅱ)[J].朝阳师专学报,1990,3:57-60.

[19]孙琦.关于方程 $15x^2+1=y^p$ 和 $23x^2+1=y^p$[J].四川大学学报(自然科学版),1987,1:19-23.

[20]DE WEGER B M M. A diophantine equation of Antoniadis, number theory and application[J],575-589. NATO Adv. Sci. Inst. Ser. C:Math. Phys. Sci.,

265, Kluwer Acad. Publ. ,Dordrecht,1989.

D26 商高数组猜想

我国古代《周髀算经》就提出了商高定理“勾三股四而弦五”,这给出了方程 $x^2+y^2=z^2$ 的一组正整数解 $x=3,y=4,z=5$. 一般地,将满足 $x^2+y^2=z^2$ 的数组 (x,y,z) 称为商高数组. 1956 年,Sierpinski 首先证明了 $3^x+4^y=5^z$ 仅有正整数解 $x=y=z=2$. Jesmanowicz 证明了对于 $(a,b,c)=(5,12,13),(7,24,25),(9,40,41),(11,60,61)$,方程

$$a^x+b^y=c^z \tag{A}$$

均仅有正整数解 $x=y=z=2$. 注意到这里的 (a,b,c) 是特殊类型的商高数组 $(2n+1,2n(n+1),2n(n+1)+1)$,当 $1\leqslant n\leqslant 5$ 时的情形,Jesmanowicz 对一般的商高数组 (a,b,c),提出了如下猜想:方程(A)均仅有正整数解 $x=y=z=2$.

对于商高数组

$$a=2n+1,b=2n(n+1),c=2n(n+1)+1,n>0 \tag{B}$$

柯召(1958)证明了:在 $n\equiv 1,3,4,5,7,9,10,11 \pmod{12}$,或 $n\equiv 2 \pmod 5$, $3 \pmod 7$, $4 \pmod 9$, $5 \pmod{11}$, $6 \pmod{13}$, $7 \pmod{15}$ 时,商高数组猜想成立. 由此可推出 $n<96$ 时猜想成立. 饶德铭利用柯召的方法证明了在 $n\equiv 2,6 \pmod{12}$ 时猜想也成立. 1964 年,柯召、孙琦讨论了(B)中数剩下的情形,证明了 $n<1\ 000$ 时猜想成立. 后来,柯召又把 1 000 改进为 6 144. 1965 年,Dem'janenko 证明了对(B)中的商高数组猜想成立,他还同时证明了对于

$$a=m^2-1,b=2m,c=m^2+1,m>1 \tag{C}$$

猜想成立. 在此之前,陆文端解决了 $m=2n$ 的情形,而 Jozefiak 比陆文端晚两年只解决了(C)中数组的特殊情形:$m=2^r p^s$,r,s 是正整数,p 是素数. 柯召(1959)首先考虑了更为一般的商高数组

$$a=s^2-t^2,b=2st,c=s^2+t^2,s>t>0,(s,t)=1,2\nmid s+t \tag{D}$$

证明了:设 $s=2n$ 和 t 均不含 $4k+1$ 形素因子,且:

(1) $n\equiv 2 \pmod 4$, $t\equiv 3 \pmod 8$;

(2) $n\equiv 2 \pmod 4$, $t\equiv 5 \pmod 8$, $2n+t$ 含 $4k-1$ 形素因子;

(3) $n\equiv 0 \pmod 4$, $t\equiv 3,5 \pmod 8$.

则猜想成立. 对于 $s=3n,t=2m$,他也得出类似的结沦. 陈景润、曹珍富等人用柯召的方法讨论了若干新的情形.

Nobuhiro Terai 提出了另一个猜想为:设 a,b,c 是两两互素的商高数组,$2\mid a$,则方程

$$x^2+b^m=c^n \tag{E}$$

仅有正整数解$(x,m,n)=(a,2,2)$,并且对于$b^2+1=2c,b<20,c<200$证明了这个猜想是正确的;当b和c均是素数且满足$b^2+1=2c$,及$d=1$或当$b\equiv 1 \pmod 4$时,d为偶数,则猜想也是正确的,这里d是$Q(\sqrt{-b})$的理想类群中$[c]$的一个素因子的阶. 曹珍富与董晓蕾证明了:当b为一个素数或素数幂,$c\equiv 5 \pmod 8$时,Terai猜想成立. 当c是素数时,对于任意的正整数b,孙琦与曹珍富曾给出了方程(E)的较为一般的解答;乐茂华证明了:如果$\max(b,c)>\exp\exp\exp 1\ 000$,那么

(1)当$b=3u^2+1,c=4u^2+1,u$是正整数时,方程(E)最多有三组正整数解$(m,n,x)=(1,1,u),(1,3,8u^2+3u),(m_3,n_3,x_3)$,这里$2\mid m_3$;

(2)当$b=2,c=2^{2^r}+1,r$是正整数时,方程(E)恰有两组正整数解$(m,n,x)=(2^r,1,1),(2^r+2,2,2^{2^r}-1)$;

(3)除(1),(2)外,方程(E)最多有两组正整数解(m_1,n_1,x_1)与(m_2,n_2,x_2),且$m_1\not\equiv m_2 \pmod 2$.

但是,一般地证明Jesmanowicz与Terai关于商高数组的这两个猜想是非常困难的.

戴宗恕与曹珍富提出了另一个猜想:如果正整数a,b,c,x,y,z满足$a^2+2b^2=c^2,a^x+2b^y=c^z$和$a\neq 1$,那么$x=y=z=2$. 显然$a=2n^2+4n+1,b=2n(2n+1)$,$c=6n^2+4n+1,n>0$适合$a^2+2b^2=c^2$且$a\neq 1$,他们证明:在$n\not\equiv 0 \pmod 4$时,所提猜想是正确的. 他们也考虑更一般猜想的提法:设正整数a,b,c,x,y,z适合$a^2+Db^2=c^2,a^x+Db^y=c^z$和$a\neq 1$,这里$D$是任意的正整数,则$x=y=z=2$.

[1]曹珍富. 丢番图方程引论[M]. 哈尔滨:哈尔滨工业大学出版社,1989.

[2]曹珍富. 关于商高数猜想的一个结论[J]. 数学通讯,1982,6:35-36.

[3]CAO Z F, DONG X L. On Terai's conjecture, to appear[J]. Journal of Harbin Institute of Technology, 1998.

[4]陈景润. 关于Jesmanowicz猜想[J]. 四川大学学报(自然科学版),1962(2):21-27.

[5]戴宗恕,曹珍富. 关于丢番图方程$(2n^2+4n+1)^x+2(2n(2n+1))^y=(6n^2+4n+1)^z$[J]. 哈尔滨工业大学学报,1982(4):99-104.

[6]DEM'JANENKO V A. On Jesmanowicz' problem for Pythagorean numbers (Russian)[J]. Izv. Vyss Ucebn. Zaved. Matematika,1965,48(5):52-56.

[7]JESMANOWICZ L. Kilda uwag o liczbach pitagorejskich [Some remarks on Pythagorean numbers][J]. Roczn. Polsk. Towarz. mat. [Wiakom. Mat.],1956,1,Ser. 2,2:196-202.

[8]JOZEFIAK T. On a hypothesis of L. Jesmanowicz concerning Pythagorean num-

bers[J]. Prace Mat. ,1961,5:119-123.
[9]柯召.关于商高数[J].四川大学学报(自然科学版),1958(1):76-83.
[10]柯召.关于 Jesmanowicz 的猜测[J].四川大学学报(自然科学版),1958(2):31-40.
[11]柯召.关于商高数 $2n+1,2n(n+1),2n(n+1)+1$[J].四川大学学报(自然科学版),1963(2):9-13;高等学校自然科学学报,数学、力学、天文版,1965,1(4):346-349.
[12]柯召,孙琦.关于商高数 $2n+1,2n(n+1),2n(n+1)+1$(Ⅱ)[J].四川大学学报(自然科学版),1964(3):1-6.
[13]柯召.关于商高数 $2n+1,2n(n+1),2n(n+1)+1$(Ⅲ)[J].四川大学学报(自然科学版),1964,4:11-24.
[14]柯召.关于丢番图方程 $(a^2-b^2)^x+(2ab)^y=(a^2+b^2)^z$[J].四川大学学报(自然科学版),1959,3:25-34.
[15]LE M H. The diophantine equation $x^2+D^m=p^n$[J]. Acta Arith. ,1989,52(3):255-265.
[16]陆文端.论商高数 $4n^2-1,4n,4n^2+1$[J].四川大学学报(自然科学版),1959(2):39-42.
[17]饶德铭.关于丢番图方程 $(2n+1)^x+(2n(n+1))^y=(2n(n+1)+1)^z$ 的一点注记[J].四川大学学报(自然科学版),1960,1:79-80.
[18]SIERPINSKI W. O rownaniu $3^x+4^y=5^z$[On the equation $3^x+4^y=5^z$][J]. Roczn. Polsk. towarz. mat. [Wiadom. Mat.],1956,1,Ser. 2,2:194-195.
[19]孙琦,曹珍富.关于方程 $x^2+D^m=p^n$ 和 $x^2+2^m=y^n$[J].四川大学学报(自然科学版),1988,2:164-169.
[20]TERAI N. The diophantine equation $x^2+q^m=p^n$[J]. Acta Arith. ,1993,63(4):351-358.

D27　方程 $n=x^2+y^2-z^2,x^2\leqslant n,y^2\leqslant n,z^2\leqslant n$

由于 $(k+1)^2-k^2=2k+1,1+k^2-(k-1)^2=2k$,故把正整数 n 表示成 $n=x^2+y^2-z^2$ 的形状是永远可能的,这里 x,y,z 都是整数. Erdös 给柯召写信提出下面的问题:是否对充分大的正整数 n,都有整数 x,y,z 存在,使得

$$n=x^2+y^2-z^2,x^2\leqslant n,y^2\leqslant n,z^2\leqslant n \tag{A}$$

柯召从具体计算中发现,在 $n\leqslant 10\ 000$ 时有"76"个数不能表示成(A)的形状,这里"76"加了引号,原因是:我们发现,柯召的"76"个数中有两个数(189 与 223)有误,因为

$$189=9^2+12^2-6^2,223=6^2+14^2-3^2$$

而这两个数应分别为 187 与 222. 其次,佟瑞洲用计算机检验发现,在 $n<10^5$ 时,有下列 77 个数不能表示成(A)的形状:

3,6,11,15,22,27,35,38,42,55,59,66,78,83,87,95,110,118,123,131, 143,150,187,210,222,227,255,262,266,278,299,303,323,326,395,402,447, 483,502,551,563,590,618,635,678,735,755,838,843,867,902,930,942, 1 003,1 007,1 034,1 091,1 162,1 190,1 295,1 326,1 482,1 523,1 770,1 790, 2 067,2 103,2 407,2 483,2 598,2 782,3 422,3 495,4 686,5 447,5 727,6 563

即柯召得到的表中漏了 150,且将 187 与 222 分别误为 189 与 223. 除了上述的计算,柯召还进行了以下讨论,设

$$a^2\leqslant n=a^2+b<(a+1)^2$$

则在 $b=4m$ 与 $b=2m+1$ 时分别有

$$n=a^2+(m+1)^2-(m-1)^2,n=a^2+(m+1)^2-m^2$$

且容易验证(A)中的其他条件;而在 $b=4m+2$ 时,设 $2a+4m+1=kl,1\leqslant k\leqslant l$,则有

$$n=(a-1)^2+\left(\frac{l+k}{2}\right)^2-\left(\frac{l-k}{2}\right)^2$$

当 $a\geqslant 4,k\geqslant 3$ 时易知 $\left(\frac{l+k}{2}\right)^2\leqslant n$,故在 $a\geqslant 4$ 时只有当

$$n=a^2+4m+2,1\leqslant 2m+1\leqslant a \text{ 且 } 2a+4m+1 \tag{B}$$

为素数时才有可能不适合(A). 由此易知,设 $A(N)$ 为小于 N 且不能表示为(A)的形状的正整数 n 的个数,则 $A(N)=O\left(\frac{N}{\ln N}\right)$. 柯召对于适合(B)的 n,讨论了表示成(A)的充要条件,由此提出了如下的猜想:"充分大的正整数 n 均能表示成(A)的形状. 6 563 很可能是不能表示为(A)的最大整数". 证明或否定这个猜想是很难的,即使对于a^2+2,要证明充分大的 a,a^2+2 均能表示为(A)的形状也很难.

[1]曹珍富. 丢番图方程引论[M]. 哈尔滨:哈尔滨工业大学出版社,1989,182-185.

[2]柯召. 关于方程 $n=x^2+y^2-z^2,x^2\leqslant n,y^2\leqslant n,z^2\leqslant n$[J]. 四川大学学报(自然科学版),1959,6:1-10.

D28 相关学科中的某些丢番图方程问题

(1)整树中的问题. 设 G 是图,$P(G,x)$是图 G 的特征多项式,若 $P(G,x)=0$

的所有解都是整数,则图 G 称为整图. Capobianco 等人在《公开问题的一个收集》(*A collection of open problems*, Annals of New York Academy of Science, 1980)一书的第 582 ~ 583 页中,列出的第 23 个问题是:直径 3 的树 $T(m,r)$ 是由一条新边联结两个星图 $K_{1,m}$ 和 $K_{1,r}$ 的中心得到图. 当 $m<r$ 时,有人使用计算机很费力地找到了 $T(m,r)$ 为整树的 65 组解 (m,r). 直径 4 的树 $S(r,m)$ 是联结 r 个星图 $K_{1,m}$ 的中心到一个新顶点得到的图,当且仅当 m 和 $m+r$ 都是平方数时 $S(r,m)$ 是直径 4 的整树. 存在直径大于 4 的整树吗? 存在异于 $S(r,m)$ 的直径 4 的整树吗? 当 $m<r$ 时能否给出全部直径 3 的整树 $T(m,r)$? 李学良与林国宁给出了一棵异于 $S(r,m)$ 的直径 4 的整树,同时给出了一类直径 6 的整树,这就部分地回答了上述问题. 他们提出了另外两个问题:存在直径 5 的整树吗? 存在直径为任意大的整树吗? 曹珍富给出丢番图方程组

$$\begin{cases}a^2+b^2=m+r+1\\a^2b^2=mr, m<r, a<b\end{cases}\tag{A}$$

的全部正整数解为

$$m=d\left(\frac{y_k-y_l}{2}\right)^2, r=d\left(\frac{y_k+y_l}{2}\right)^2\tag{B}$$

$$a=\frac{x_k-x_l}{2}, b=\frac{x_k+x_l}{x}$$

这里 $k>l>0$ 是整数, $y_k\equiv y_l \pmod 2$, x_n 与 y_n 由下式定义

$$x_n+y_n\sqrt{d}=\varepsilon^n, n=1,2,\cdots$$

$\varepsilon=x_0+y_0\sqrt{d}$ 为 Pell 方程 $x^2-dy^2=1$ 的基本解. 从而给出全部直径 3 的整树 $T(m,r)$. 后来,刘儒英利用(A)的特殊解,即(B)中 $d=2, k=l+1$ 时的情形,给出了一类直径 5 的整树. 曹珍富利用解(B)得出了迄今最为广泛的直径 5 的整树和一类新的直径 6 的整树. 为了回答是否有另外的直径 5 的整树的问题,他考虑了由一条新边联结两个直径 4 的树 $S(r,m)$ 和 $S(k,l)$ 的中心得到的直径 5 的树,证明了此时不存在直径 5 的整树.

设 $S(m_1,\cdots,m_r)$ 是联结 r 个星图 $K_{1,m_1},\cdots,K_{1,m_r}$ 的中心到一个新顶点的直径 4 的树. 曹珍富给出 $m_1=a(a+1)-\eta, r=a(a+1)+\eta, m_2=\cdots=m_r=1, \eta\in\{-1,1\}$ 时, $S(m_1,\cdots,m_r)$ 是直径 4 的整树. 能否给出 $S(m_1,\cdots,m_r)$ 的更为一般的结果? 当 $m_2=m_3=\cdots=m_r$ 时, $S(m_1,\cdots,m_r)$ 为整树的充要条件是: m_2 是一个完全平方数且 $x^4-(m_1+m_2+r)x^2+m_1(r-1)+m_2(m_1+1)$ 能分解成 $(x^2-a^2)(x^2-b^2)$. 由此即知,需要求解丢番图方程组

$$\begin{cases}a^2+b^2=m_1+m_2+r\\a^2b^2=m_1(r-1)+m_2(m_1+1)\end{cases}\tag{C}$$

这里 m_2 为完全平方数. 能否给出(C)的全部正整数解? 这是一个很难回答的

问题,即使在 $m_2=1$ 时,即(C)成为

$$\begin{cases}a^2+b^2=m_1+r+1\\a^2b^2=m_1r+1,b>a\end{cases}\tag{D}$$

要给出(D)的全部正整数解也不容易((D)显然有无穷多组正整数解,$m_1=a(a+1)\pm1,r=a(a+1)\mp1,b=a+1$).

(2)差集中的问题. 1962 年,Whiteman 在不同特征的两个有限域的直和 $GF(p^a)\oplus GF(p^b)$ 中引进了广义分圆(cyclotomy). Whiteman 考虑的是 Z_{pq} 中的特殊情形 $e=(p-1,q-1)$,因而建立了一类循环(cyclic)的差集. 1967 年,Storer 在他的书《分圆与差集》(*Cyclotomy and difference sets*, Markham, Chicago, 1967)中,推广了 Whiteman 差集,建立了如下的定理:设 p^a 和 $q^b=3p^a+2$ 是素数幂,那么在 $GF(p^a)\oplus GF(q^b)$ 中存在一个参数为

$$v=p^aq^b,k=\frac{v-1}{4},\lambda=\frac{v-5}{16}$$

的差集,其中 k 是一个奇数平方. 这种差集称为 Storer 差集. 1992 年,Jungnickel 指出:至目前为止,Storer 差集均是 Whiteman 差集且仅知道的例子分别是 $p=17,q=53$;和 $p=46\ 817,q=140\ 453$. Storer 证明当 $p^a<341\ 804\ 080\ 817$ 时没有别的例子. 曹珍富证明了 Storer 差集均是循环情形,即均是 Whiteman 差集,证明中主要使用他关于丢番图方程的一些成果. 例如他证明了联立方程组

$$\begin{cases}q^b=3p^a+2\\p^aq^b-1=4x^2,2\nmid x\end{cases}\tag{E}$$

蕴含 $a=b=1$,其中 p,q 是素数,a,b 是正整数. 他同时考虑 Whiteman 差集在更大范围内的个数,证明了当 $p<2U_{22}^2-1$(此数大于 1.8×10^{25})时,仅当 $(p,q)=(17,53),(46\ 817,140\ 453)$,和 $(2U_{13}^2-1,6U_{13}^2-1)$ 时 Whiteman 差集存在,这里 U_n 满足 $U_0=1,U_1=3,U_{n+2}=4U_{n+1}-U_n$. 但是 Whiteman 差集是有限个还是无限个,却是不易回答的问题.

在 Jungnickel 关于差集的长篇综述中,列为猜想 13.9 的是两个数论猜想,即:设 p 是奇素数,$a\geqslant0,b,t,r\geqslant1$,那么

(a) $Y=2^{2a+2}p^{2t}-2^{2a+2}p^{t+r}+1$ 是一个平方数,当且仅当 $t=r$;

(b) $Z=2^{2b+2}p^{2t}-2^{b+2}p^{t+r}+1$ 是一个平方数,当且仅当 $p=5,b=3,t=1,r=2$(即 $Z=2\ 401$).

这是马少麟在对可逆差集当 $v\neq4n(n=k-\lambda)$ 时的公开问题的研究中提出来的,并且证明:如果(a)与(b)均正确,那么可逆差集当 $v\neq4n$ 时仅有参数 $(4\ 000,775,150)$. 曹珍富证明了猜想(a)与(b),因而解决了可逆差集当 $v\neq4n$ 时的公开问题.

但是,我们不知道一般的丢番图方程

$$x^2 = p_1^{\alpha_1} \cdots p_s^{\alpha_s} - p_1^{\beta_1} + p_s^{\beta_s} + 1, p_i (i = 1, \cdots, s) \tag{F}$$

是不同素数如何求解？这里 $\alpha_i, \beta_i (i = 1, \cdots, s)$ 均是正整数，x 是整数.

(3)利用有限单群的分类定理，对于给定形式阶的单群的刻划是一个重要课题. 段学复教授早就指出，确定哪些单群的阶不恰含素数的一次幂是一个非常困难的问题. 陈重穆证明了，有限单群 G 的阶均不为 $k(k \geqslant 3)$ 次幂，且 G 的阶为平方数的充分必要条件是 G 为 Lie 型单群 $B_2(p)$，p 为适合丢番图方程 $p^2 - 2r^2 = -1$ 的素数. 那么方程 $p^2 - 2r^2 = -1$，当 p 为素数时有多少解？有限多还是无限多？回答这个问题很难，回答 p, r 均为素数的解是有限的还是无限的也很困难. 1986 年，屈明华证明了：当 $p, r < 10^{15}$ 时仅有三对素数解 $(p, r) = (7, 5)$，$(41, 29)$ 和 $(63\,018\,038\,201, 44\,560\,482\,149)$. 曹珍富还提出了一个类似的问题，即是否存在无穷多对素数 p, r，适合 $p^2 - 5r^2 = -4$？

对于确定给定形式阶的单群，也需要求解若干类的丢番图方程. 设 $p_1, \cdots, p_t$ 是给定的素数，确定阶 $\prod_{i=1}^{t} p_i^{\alpha_i}$ 与 $(\prod_{i=1}^{t} p_i^{\alpha_i}) p^{\alpha}$ 的单群，这里 $\alpha_i (i = 1, \cdots, t)$ 与 α 均为正整数，p 是素数且 $p \notin \{p_1, \cdots, p_t\}$.

依赖于求解如下的丢番图方程

$$S_1 - S_2 = 2, S_1, S_2 \in S^* \tag{G}$$

这里

$$S^* = \{x \mid x = p_1^{x_1} \cdots p_t^{x_t}, x_i \in Z_{\geqslant 0} (i = 1, \cdots, t)\}.$$

曹珍富利用他自己关于方程 $ax^2 - by^2 = 2$ 的结果，其中 $a \neq 2$，且 $x \mid^* a$，或 $y \mid^* b$，符号 $x \mid^* a$ 表示 x 的每一个素因子整除 a，给出了上述方程的一般的求解算法. 设(G)的解集为 $S(p_1, \cdots, p_t)$，利用已经求出的 $S(p_1, \cdots, p_t)$，他还给出确定阶为 $(\prod_{i=1}^{t} p_i^{\alpha_i}) p^a r^b$ 的单群算法，这里 $p, r \notin \{p_1, \cdots, p_t\}$ 是任意的两个素数. 当 $(\prod_{i=1}^{t} p_i^{\alpha_i})$ 最多有一个 $4k+1$ 形、最多有一个 $6k+1$ 形的素因子时，除 Lie 型单群 $A_1(q)$ 外，其余均可有统一算法确定，而 $A_1(q)$ 的确定依赖于下列丢番图方程的求解

$$q(q^2 - 1) = (2, q - 1) (\prod_{i=1}^{t} p_i^{\alpha_i}) p^a r^b \tag{H}$$

$$a, b, a_i (i = 1, \cdots, t) \in Z > 0$$

这里 q 是素数幂，$(2, q-1)$ 表示 2 与 $q-1$ 的最大公约数. 给出方程(H)全部解是较为困难的. 特别地，当 $t = 2, p_1 = 2, p_2 = 3$ 时，方程(H)解的个数是有限还是无限？这也是一个不易回答的问题.

[1] 曹珍富. 关于直径 $R(3 \leqslant R \leqslant 6)$ 的整树[J]. 黑龙江大学学报(自然科学版)，1988，2：1-3，95.

[2]曹珍富. 直径为5,6的整树的一些新类[J]. 系统科学与数学,1991,11(1):20-26.

[3]曹珍富. 差集中的一些不定方程问题[C]. 全国第五届组合数学学术会议论文摘要汇编,上海同济大学,1945年5月30日—6月4日.

[4]曹珍富. 关于阶为$2^{\alpha_1}3^{\alpha_2}5^{\alpha_3}7^{\alpha_4}p^{\alpha_5}$的单群[J]. 数学年刊,A辑,1995,16(2):244-250.

[5]曹珍富. 关于方程$ax^m-by^n=2$[J]. 科学通报,1990,35(7):558-559;Chinese Sci. Bull.,1990,35(14):1227-1228.

[6]曹珍富,邓谋杰. 关于数组$(n+1,n-1)$问题的机器解法[M]//中国科协首届青年学术年会卫星会议暨哈尔滨第二届青年学术年会论文集(理工分册),哈尔滨工业大学出版社,1992,1-6.

[7]CAPOBIANCO M, MAURER S, MCCARTHY D, et al. A collection of open problems[J]. Annals of New York Academy of Science,1980,582-583.

[8]陈重穆. 关于有限单群的阶[J]. 数学学报,1987,30(5):605-613.

[9]JUNGNICKEL D. Difference Sets[M]//J. H. Dinitz and D. R. Stinson(eds.). Contemporary Design Theory:A collection of Surveys. New York:John Wiley & Sons,Inc. 1992,241-324.

[10]李学良,林国宁. 关于整树问题[J]. 科学通报,1987,11:813-816.

[11]刘儒英. 直径为5的整树[J]. 系统科学与数学,1988,4:357-360.

[12]MA S L. McFarland's conjecture on abelian difference sets with multiplier-1[J]. Designs,Codes and Crypt.,1992(1):321-332.

[13]屈明华. 关于丢番图方程$p^2-2q^2=-1$[J]. 四川大学学报(自然科学版),1986,2:1-9.

[14]施武杰. 关于单K_4-群[J]. 科学通报,1991,36(17):1281-1283.

[15]STORER J. Cyclotomy and difference sets[M]. Chicago:Markham,1967.

[16]WHITEMAN A L. A family of difference sets[J]. Illinois J. Math.,1962(6):107-121.

整除序列

E

这里,我们主要讨论无穷序列.其中有些地方也许与A章和C章重叠了.关于这方面曾有一本优秀的讲义,它是Halberstam和Roth著的《序列》第一卷(牛津大学出版社,1966).人们期待的第二卷不久将会出版.其他的参考资料如下:

[1]ERDÖS P, SARKÖZI A, SZEMERÉDI E. On divisibility properties of sequences of integers[J]. Number Theory, Colloq. Math. Soc. Janos Bolyai 2, North-Holland,1970:35-49.

[2]OSTMANN H. Additive Zahlentheorie Ⅰ,Ⅱ[M]. Heidelberg:Springer-Verlag,1956.

[3]STÖHR A. Gelöste und ungelöste Fragen über Basen der natürlichen Zahlenreihe, Ⅰ,Ⅱ[J]. J. Reine Angew. Math. 1955, 194:40-65,111-140.

[4]TURÁN P. Number theory and analysis;a collection of papers in honor of Edmund Landau(1877-1938)[M]. New York: Plenum Press,1969,contains several papers,by Erdös and others,on sequences of integers.

本章我们用$A=\{a_i\}$,$i=1,2,\cdots$表示一可能是无穷的严格递增非负整数序列.不超过x的a_i的个数用$A(x)$表示,而如果序列的密率存在,我们将用$\lim A(x)/x$表示.

E1 $A(x)$的最大值

(1)如果序列每对元素的最小公倍数$[a_i,a_j]$至多为x,那

么$A(x)$的最大值是多少？现已知

$$(9x/8)^{1/2} \leqslant \max A(x) \leqslant (4x)^{1/2}$$

(2)假设序列$\{a_i\}$中,没有一个元素能整除其他r个元素的乘积,则Erdös证明了

$$\pi(x)+c_1x^{2/(r+1)}(\ln x)^{-2} < \max A(x) < \pi(x)+c_2x^{2/(r+1)}(\ln x)^{-2}$$

其中,$\pi(x)$是小于或等于x的素数个数.可是,如果我们假定,不大于r的任意个a_i的乘积是不同的,那么,$\max A(x)$为何？对于$r \geqslant 3$,Erdös证明了

$$\max A(x) < \pi(x)+O(x^{2/3+\varepsilon})$$

(3)Erdös为下面问题的解决提供50美元奖金.是否存在一足够稀疏的序列使$A(x) < c\ln x$,而它的每一充分大的整数都可表示成$p+a_i$的形式,其中p是素数?

用r次幂来代替素数的类似问题已被Leo Moser解决,Ruzsa已解决2的幂问题.

[1]ERDÖS P. On sequences of integers no one of which divides the product of two others and on some related problems[J]. Inst. Math. Mec. Tomsk,1938,2:74-82.

[2]ERDÖS P. Problem[J]. Mat. Lapok,1951,2:233.

[3]ERDÖS P. Extremal problems in number theory V(Hungarian)[J]. Mat. Lapok,1966,17:135-155.

[4]ERDÖ P. On some applications of graph theory[J]. to number theory,Publ. Ramanujan Inst.,1969,1:131-136.

[5]MOSER L. On the additive completion of sets of integers[J]. Proc. Symp. Pure Math.,8 Amer. Math. Soc. Providence,1965:175-180.

[6]RUZSA I. On a problem of P. Erdös[J]. Canad. Math. Bull.,1972,15:309-310.

E2　每个元素有两个可比因子的序列

下列整数6,12,15,18,20,24,28,30,35,36,40,42,45,48,54,56,60,63,66,70,72,…

都有两个因子d_1,d_2,使得$d_1 < d_2 < 2d_1$.它们的密率为1吗？Erdös已证明其密率存在.该问题与覆盖同余有关(参见F12).

[1]ERDÖS P. On the density of some sequences of integers[J]. Bull. Amer. Math. Soc.,1948,54:685-692.

E3 与给定序列有关的序列

假设$D(x)$是不大于x,且可被至少一个a_i整除的那些数的个数,其中$a_1<a_2<\cdots<a_k\leqslant n$是给定的序列,那么$D(x)/x<2D(n)/n$对全部$x>n$成立吗?2不能被去掉,例如$n=2a_1-1,x=2a_1<a_2$.另外,已知对每一$\varepsilon>0$,存在一个序列,它不满足不等式$D(x)/x>\varepsilon D(n)/n$(参见[1]、[2]).

设$n_1<n_2<\cdots$是一整数序列,它使得当$i\to\infty$时,$n_{i+1}/n_i\to 1$,且$\{n_i\}$对每一个d是不均匀分布的(mod d).[$n_i\leqslant x$,且$n_i\equiv c \pmod d$的n_i的个数$N(c,d;x)$满足

$$N(c,d;x)/N(1,1;x)\to 1/d(x\to\infty\text{时})$$

对每个c和所有d成立,其中$0\leqslant c\leqslant d-1$].如果$a_1<a_2<\cdots$是满足$a_j+a_k\neq n_i$(对于任意的$i,j,k$)的无穷整数序列,那么Erdös问,$a_j$的密率小于1/2吗?

[1] BESICOVITCH A S. On the density of certain sequences[J]. Math. Ann., 1934,110:355-341.
[2] ERDÖS P. Note on sequences of integers no one of which is divisible by any other[J]. J. London Math. Soc.,1935,10:126-128.

E4 一个与素数有关的级数与序列

如果p_n表示第n个素数,Erdös问$\sum(-1)^n n/p_n$是否收敛?

他又问,给定三个不同素数,如果将它们幂的积按递增排列为$a_1<a_2<a_3<\cdots$,那么a_i与a_{i+1}都是素数幂的情形会出现无穷多次吗?如果我们用k个素数或甚至无穷多个素数来代替三个素数又会如何呢?Meyer和Tijdeman对于两有限素数集合S和T问了类似的问题,此时$a_1<a_2<\cdots$是取自$S\cup T$,存在无穷多个i,使得a_i是来自S中的素数幂的乘积,而a_{i+1}却是T中的素数幂的积吗?

E5 和不为平方数序列

Paul Erdös和David Silverman考虑k个整数$1\leqslant a_1<a_2<\cdots<a_k\leqslant n$使得$a_i+a_j$都不是平方数的问题,并问:$k<n(1+\varepsilon)/3$或甚至$k<n/3+O(1)$为真吗?模3为1的整数表明,如果它为真,那么,它便是可能达到的最好结果.他们认为,对于不是平方数的其他序列可以问同样的问题.

Erdös和Graham在他们的书中说,Marsias已发现,任何两个$\equiv 1,5,9,13,$

14,17,21,25,26,29,30(mod 32)整数的和绝不是一个平方数(mod 32),因此,k 至少可选作 $11n/32$. 因为 Lagarias, Odlyzko 和 Shearer 已证明,如果 $S\subseteqq Z_n$ 且 $S+S$不含 Z_n 的平方数,那么,$|S|\leqslant 11n/32$,所以 Marsias 的结果是能达到的最好结果.

E6 Roth 猜想

Roth 猜想,必存在绝对常数 c 使得对每一个 k,存在 $n_0=n_0(k)$ 具有下面的性质:对于 $n>n_0$,分解不超过 n 的整数成 k 类 $\{a_i^{(j)}\}(1\leqslant j\leqslant k)$,那么对某些 j,可写成形如 $a_{i_1}^{(j)}+a_{i_2}^{(j)}$ 的不超过 n 的不同整数的个数必大于 cn.

E7 含算术级数的序列

由著名的 van der Waerden 定理知,对每个 l,存在 $n(h,l)$ 使得,如果不超过 $n(h,l)$ 的整数被分成 h 类,那么至少有一类包含有 $l+1$ 项的算术级数(AP). 更一般地,给定 $l_0,l_1,\cdots,l_{h-1}$,总存在类 $V_i(0\leqslant i\leqslant h-1)$,它含有一个有 l_i+1 项的 AP. 用 $W(h,l)$,或更一般地,用 $W(h;l_0,l_1,\cdots,l_{h-1})$ 表示最小的这样的 $n(h,l)$.

Chvátal 计算出 $W(2;2,2)=9$, $W(2;2,3)=18$, $W(2;2,4)=22$, $W(2;2,5)=32$ 和 $W(2;2,6)=46$. Beeler 和 O'Neil 给出,$W(2;2,7)=58$, $W(2;2,8)=77$ 和 $W(2;2,9)=97$. $W(2;3,3)=35$ 和 $W(2;3,4)=55$ 也是 Chvátal 找到的. $W(2;3,5)=73$ 是 Beeler 和 O'Neil 算出的, Stevens 和 Shentaram 找到了, $W(2;4,4)=178$, Chvátal 找到 $W(3;2,2,2)=27$, Brown 找到 $W(3;2,2,3)=51$. Beeler 和 O'Neil 又找到 $W(4;2,2,2,2)=76$.

van der Waerden 的定理的许多证明仅给出了 $W(h,l)$ 的粗略估计, Erdös 和 Rado 证明了 $W(h,l)>(2lh^l)^{1/2}$,而 Moser, Schmidt 和 Berlekamp 将界逐渐改进到

$$W(h,l)>lh^{c\ln h} \text{和} W(h,l)>h^{l+1-c\sqrt{(l+1)\ln(l+1)}}$$

Moser 的界($l\geqslant 5$)已由 Abbott 和 Liu 改进到

$$W(h,l)>h^{c_s(\ln h)^s}$$

其中 s 由 $2^s\leqslant l<2^{s+1}$ 定义. Everts 已证明, $W(h,l)>lh^l/4(l+1)^2$. 该结果有时比 Berlekamp 的结果要好.

一个与此紧密联系的函数($l+1=k$)便是著名的 $r_k(n)$,它是 Erdös 和 Turán 很多年前引入的,它表示不超过 n 的 r 个数 $1\leqslant a_1<a_2<\cdots<a_r\leqslant n$ 构成的序列必含有 k 项 AP 的最小的 r. 当 $k=3$ 时,最好的界是 Behrend, Roth 和 Moser 找到的,即

$$n \exp(-c_1\sqrt{\ln n}) < r_3(n) < c_2 n/\ln \ln n$$

且对于大的 k,Rankin 证明了

$$r_k(n) > n^{1-c_s/(\ln n)^{s/(s+1)}}$$

其中 s 由 $2^s < k \leqslant 2^{s+1}$ 定义.

此问题的重大突破是 Szemerédi 获得的. 他证明了,对全部 k, $r_k(n) = o(n)$. 但是,无论是 Szemerédi, Furstenberg,还是 Katznelson 和 Ornstein(参见 Thouvenot 的文章)的证明,都没有给出 $r_k(n)$ 的估计量. Erdös 猜想:对每一个 t,有

$$r_k(n) = o(n(\ln n)^{-t})$$

这将推出,对每一个 k,在 AP 中存在 k 个素数(参见 A5 中 Erdös 的有奖猜想,若该猜想为真,则可推出 Szemeréli 定理).

另一个与此关系比较密切的问题是 Leo Moser 研究的,他把整数写成以 3 为基的形式:$n = \sum a_i 3^i$ ($a_i = 0, 1$ 或 2),并且考虑将 n 映射成无穷维 Euclid 空间的格点 $(a_1, a_2, a_3, \cdots)$. 如果一些映象是共线的,那么他称对应的那些整数为共线的. 如,$35 \to (2,2,0,1,0,\cdots)$, $41 \to (2,1,1,1,0,\cdots)$ 和 $47 \to (2,0,2,1,0,\cdots)$ 是共线的. 他猜想,不具有 3 个共线数的整数序列的密率为 0. 若一些整数是共线的,则它们在 AP 中. 但是逆命题不一定成立,如:$16 \to (1,2,1,0,0\cdots)$, $24 \to (0,2,2,0,0,\cdots)$ 和 $32 \to (2,1,0,1,0,\cdots)$ 不是共线的. 因此,此猜想若为真,则推出 Roth 定理:$r_3(n) = o(n)$.

如果 $f_3(n)$ 是每边有三个点的 n 维立方体中无三点在一条线上的格点的最大个数,那么 Moser 证明了 $f_3(n) > c3^n/\sqrt{n}$,容易看出,$f_3(n)/3^n$ 趋于某一有限值,那么,它趋于零吗? Chvátal 改进 Moser 结果中的常数 c 为 $3/\sqrt{\pi}$. 并且找到了 $f_3(1) = 2$, $f_3(2) = 6$, $f_3(3) = 16$. 现在还知道 $f_3(4) \geqslant 43$.

更一般地,如果 n 维立方体在每边上有 k 个点,Moser 问 $f_k(n)$ 的估计是多少? 这里 $f_k(n)$ 表示没有 k 个点共线的格点的最大个数. 由 Hales 和 Jewett 定理知,对充分大的 n,将 k^n 个格点任意分成 h 类,则必有一类其 k 个点是共线的. 由此推出了 van der Waerden 关于格点 $(a_0, a_1, \cdots, a_{n-1})$ $(0 \leqslant a_i \leqslant k-1)$ 与以 k 为基的整数的展开式 $\sum a_i k^i$ 对应起来的定理.

如果用贪心算法去构造不含 AP 的序列,不能得到非常稠密的,但却能得到一些令人感兴趣的序列. Odlyzko 和 Stanley 构造正整数序列 $S(m)$: $a_0 = 0$, $a_1 = m$,且每一后继项 a_{n+1} 都是比 a_n 大的最小整数. 因此,$a_0, a_1, \cdots, a_{n+1}$ 不含有三项 AP,例如

$S(1)$: 0,1,3,4,9,10,12,13,27,28,30,31,36,39,40,81,82,84,85,…

$S(4)$: 0,4,5,7,11,12,16,23,26,31,33,37,38,44,49,56,73,78,80,85,…

如果 m 是 3 的幂,或是 3 的幂的 2 倍,那么序列的成员在它们三元展开的项中是非常易于描述的. 但是,对于其他的值,序列则变得相当不稳定. 其增长速率似乎是类似的,但这有待于证明.

不含有 4 项 AP 的"最简单"的序列是:

0,1,2,4,5,7,8,9,14,15,16,18,25,26,28,29,30,33,36,48,49,50,52,53,55,56,57,62,…

存在此序列的简单描述吗? 它增长多快?

如果我们定义集合 S 的跨度为 $\max S - \min S$,那么不包含 k 项 AP 的 n 个整数的集合的最小跨度 $sp(k,n)$ 是多少? Zalman Usiskin 给出下列值(表 11).

表 11

n	3	4	5	6	7	8	9	10	11
$sp(3,n)$	3	4	8	10	12	13	19	24	25
$sp(4,n)$		4	5	7	8	9	12		

$sp(k,n)$ 是函数 $r_k(n)$ 的反函数.

[1] ABBOTT H L, HANSON D. Lower bounds of certain types of van der Waerden numbers[J]. J. Combin. Theory,1972,12:143-146.

[2] ABBOTT H L, LIU A C. On partitioning integers into progression free sets[J]. J. Combin. Theory,1972,13:432- 436.

[3] ABBOTT H L, LIU A C, RIDDELL J. On sets of integers not containing arithmetic progressions of prescribed length[J]. J. Austral. Math. Soc. ,1974,18:188-193.

[4] BEELER M D, O'NEIL P E. Some new van der Waerden numbers[J]. Discrete Math. ,1979,28:135-146.

[5] BEHREND F A. On sets of integers which contain no three terms in arithmetical progression[J]. Proc. Nat. Acad. Sci. USA,1946,32:331-332.

[6] BERLEKAMP E R. A construction for partitions which avoid long arithmetic progressions[J]. Canad. Math. Bull. ,1968,11:409- 414.

[7] BERLEKAMP E R. On sets of ternary vectors whose only linear dependencies involve an odd number of vectors[J]. Canad. Math. Bull. ,1970,13:363-366.

[8] BROWN T C. Some new van der Waerden numbers[J]. Notices Amer. Math. Soc. ,1974,21:A- 432.

[9] BROWN T C. Behrend's theorem for sequences containing no k-element progression of a certain type[J]. J. Combin. Theory, Ser. A,1975,18:352-356.

[10] CHANDRA A K. On the solution of Moser's problem in four dimensions[J]. Canad. Math. Bull., 1973, 16:507-511.

[11] CHVÁTAL V. Some unknown van der Waerden numbers[M]. Combinatorial Structures and their Applications. New York: Gordon and Breach, 1970:31-33.

[12] CHVÁTAL V. Remarks on a problem of Moser[J]. Canad. Math. Bull., 1972, 15:19-21.

[13] DAVIS J A, ENTRINGER R C, GRAHAM R L, et al. On permutations containing no long arithmetic progressions[J]. Acta Arith., 1977/1978, 34:81-90.

[14] ERDÖS P. Some recent advances and current problems in number theory, in Lectures on Modern Mathematics[M]. New York: Wiley, 1965, 3:196-244.

[15] ERDÖS P, RADO R. Combinatorial theorems on classifications of subsets of a given set[J]. Proc. London Math. Soc., 1952, 2(3):417-439.

[16] ERDÖS P, SPENCER J. Probabilistic methods in combinatorics[M]. Academic Press, 1974:37-39.

[17] ERDÖS P, TURÁN P. On some sequences of integers[J]. J. London Math. Soc., 1936, 11:261-264.

[18] EVERTS F. PhD thesis, University of Colorado, 1977.

[19] FURSTENBERG H. Ergodic behaviour of diagonal measures and a theorem of szemerédi on arithmetic progressions[J]. J. Analyse Math., 1977, 31:204-256.

[20] GERVER J L, RAMSEY T L. Sets of integers with nonlong arithmetic progressions generated by the greedy algorithm[J]. Math. Comp., 1979, 33:1353-1359.

[21] GRAHAM R L, ROTHSCHILD B L. A survey of finite Ramsey theorems[C]. Congressus Numerantium Ⅲ. Proc. 2nd Louisiana Conf. Combin., Graph Theory, Comput, 1971:21-40.

[22] GRAHAM R L, ROTHSCHILD B L. A short proof of van der Waerden's theorem on arithmetic progressions[J]. Proc. Amer. Math. Soc., 1974, 42:385-386.

[23] HAJÓS G. Über einfache und mehrfache Bedeckung des n-dimensionalen Raumes mit einem Würfelgitter[J]. Math. Z., 1942, 47:427-467.

[24] HALES A W, JEWETT R I. Regularity and positional games[J]. Trans. Amer. Math. Soc., 1963, 106:222-229.

[25] KHINCHIN A Y. Three pearls of number theory[M]. Rochester, N. Y.: Graylock Press, 1952:11-17.

[26] MOSER L. On non averaging sets of integers[J]. Canad. J. Math., 1953, 5:245-252.

[27] MOSER L. Notes on number theory Ⅱ. On a theorem of van der Waerden[J]. Canad. Math. Bull., 1960, 3: 23-25.

[28] MOSER L. Problem 21 [C]. Proc. Number Theory Conf. Univ. of Colorado, Boulder, 1963: 79.

[29] MOSER L. Problem 170[J]. Canad. Math. Bull., 1970, 13: 268.

[30] ODLYZKO A M, STANLEY R P. Some curious sequences constructed with the greedy algorithm[J]. Bell. Labs. internal memo., 1978.

[31] POMERANCE C. Collinear subsets of lattice point sequences-an analog of Szemerédi's theorem[J]. J. Combin. Theory Ser. A, 1980, 25: 140-149.

[32] RABUNG J R. On applications of van der Waerden's theorem[J]. Math. Mag., 1975, 48: 142-148.

[33] RABUNG J R. Some progression-free partitions constructed using Folkman's method[J]. Canad. Math. Bull., 1979, 22: 87-91.

[34] RADO R. Note on combinatorial analysis [J]. Proc. London Math. Soc., 1945, 48: 122-160.

[35] RANKIN R A. Sets of integers containing not more than a given number of terms in arithmetical progression [J]. Proc. Roy. Soc. Edinburgh Sect. A, 1960/1961, 65: 322-334.

[36] RIDDELL J. On sets of numbers containing nolterms in arithmetic progressions[J]. Nieuw Arch. Wisk., 1969, 17(3): 204-209.

[37] ROTH R F. Sur quelques ensembles dentiers [J]. C. R. Acad. Sci. Paris, 1952, 34: 388-390.

[38] ROTH R F. On certain sets of integers[J]. J. London Math. Soc., 1953, 28: 104-109; MR 14, 536 (and see ibid, 1954, 29: 20-26; J. Number Theory, 1970, 2: 125-142; Period. Math. Hungar, 1972, 2: 301-326.)

[39] SALEM R, SPENCER D C. On sets of integers which contain no three terms in arithmetical progression[J]. Proc. Nat. Acad. Sci. USA, 1942, 28: 561-563.

[40] SALEM R, SPENCER D C. On sets which do not contain a given number in arithmetical progression[J]. Nieuw Arch. Wisk., 1950, 23(2): 133-143.

[41] SALIE H. Zur Verteilung natürlicher Zahlen auf Elementfremde Klassen[J]. Ber. Verh. Sächs. Akad. Wiss. Leipzig, 1954, 4: 2-26.

[42] SCHMIDT W M. Two combinatorial theorems on arithmetic progressions[J]. Duke Math. J., 1962, 29: 129-140.

[43] SIMMONS G J, ABBOTT H L. How many 3-term arithmetic progressions can there be if there are no longer ones[J]. Amer. Math. Monthly, 1977, 84: 633-

635.
[44]STEVENS R S, SHANTARAM R. Computer generated van der Waerden partitions[J]. Math. Comp. ,1978,32:635-636.
[45]SZEMERÉDI E. On sets of integers containing no four terms in arithmetic progression[J]. Acta Math. Acad. Sci. Hungar,1969,20:89-104.
[46]SZEMERÉDI E. On sets of integers containing no k elements in arithmetic progression[J]. Acta Arith. ,1975,27:199-245.
[47]THOUVENOT J P. La démonstration de Furstenberg du théorème de Szemerédi sur les progressions arithmétiques[M]. Springer Lect. Notes in Math. ,710, Berlin,1979:221-232.
[48]VAN DER WAERDEN B L. Beweis einer Baudet's chen Vermutung[J]. Nieuw Arch. voor Wish. Ⅱ, 1927,15:212-216.
[49]VAN DER WAERDEN B L. How the proof of Baudet's conjecture was found, in Studies in Pure Mathematics[M]. London:Academic Press,1971:251-260.
[50] WITT E. Ein kombinatorische Satz der Elementargeometrie[J]. Math. Nachr. ,1952,6:261-262.

E8 Schur 问题、整数无和类

Schur 证明了,如果小于 $n!\ e$ 的整数以任意方式分成 n 类,那么 $x+y=z$ 必能在某一类内得到整数解. 如果 $s(n)$ 是具有此类性质的最小整数,Abbott 和 Moser 证明了对某些 c 和充分大的 n,$s(n)>89^{n/4-c\ln n}$,Abbott 和 Hanson 证明了 $s(n)>c(89)^{n/4}$,这一结果改进了 Schur 自己的估计 $s(n)\geqslant(3^n+1)/2$. Schur 的结果事实上对 $n=1,2,3$ 它是强的,但对较大的 n,则不行了. $s(4)=45$ 是 Baumert 计算出来的. 例如,前 44 个数可被拆成 4 个无和类:

$\{1,3,5,15,17,19,26,28,40,42,44\}$, $\{2,7,8,18,21,24,27,33,37,38,43\}$, $\{4,6,13,20,22,23,25,30,32,39,41\}$, $\{9,10,11,12,14,16,29,31,34,35,36\}$

最近,Frederieksen 证明了 $s(5)\geqslant158$(参见 E9),并且对所有的后继 Schur 数,该结果改进了下界

$$s(n)\geqslant c(315)^{n/5}\ (n>5)$$

Robert Irving 稍稍改进了 Schur 的上界$[n!\ e]$为$[n!\ (e-1/24)]$.

[1]ABBOTT H L. Some problems in combinatorial analysis[D]. University of Alberta,1965.
[2]ABBOTT H L, HANSON D. A problem of Schur and its generalizations[J].

Acta Arith. ,1972,20:175-187.
[3]ABBOTT H L, MOSER L. Sum-free sets of integers[J]. Acta Arith. ,1966, 11:393-396.
[4]BAUMERT L D. Sum-free sets. J. P. L. Res,Summary No 36-10,1961,1:16-18.
[5]CHOI S L G. The largest sum-free subsequence from a sequence of n numbers[J]. Proc. Amer. Math. Soc. ,1973,39:42- 44.
[6]CHOI S L G,KOMLÓS J, SZEMERÉDI E. On sum-free subsequences[J]. Trans. Amer. Math. Soc. ,1975,212:307-313.
[7]FREDERICKSEN H. Five sum-free sets. Proc. 6th Ann. S. E. Conf. Graph Theory,Combin. & Comput. Congressus Numerantiun XIV. Utilitas Math. Pub. Inc 1975:309-314.
[8]IRVING R W. An extension of Schur's theorem on sum-free partitions[J]. Acta Arith. ,1973,25:55- 63.
[9]KOMLÓS J, SULYOD M, SZEMERÉDI E. Linear problems in combinatorial number theory[J]. Acta Math. Acad. Sci. Hungar,1975,26:113-121.
[10]MIRSKY L. The combinatorics of arbitrary partitions[J]. Bull. Inst. Math. Appl. ,1975,11:6-9.
[11]SCHUR I. Über die Kongruenz $x^m + y^m \equiv z^m \pmod p$[J]. Jahresb. der Deutsche Math. Verein,1916,25:114-117.
[12]WALLIS W D, STREET A P, WALLIS J S. Combinatorics:Room Squares, Sun-free Sets,Hadamard Matrices[M]. Heidelberg:Springer-Verlag,1972.
[13]ZNÁM Š. Generalisation of a number-theoretic result[J]. Mat. -Fyz. Časopis, 1966,16:357-361.
[14]ZNÁM Š. On k-thin sets and n-extensive graphs[J]. Math. Časopis,1967,17: 297-307.

E9 整数模的无和类

Abbott 和 Wang 考虑了与 Schur 类似的问题,设 $t(n)$是这样的最小整数 m,它使得不管怎样把从 1 到 m 的整数分成 n 类,总存在一类包含有同余式

$$x + y \equiv z(\bmod(m+1))$$

的解. 显然 $t(n) \leqslant s(n)$,这里 $s(n)$的定义同 E8,但对 $n=1,2$ 或 3,我们有 $t(1)=s(1)=2,t(2)=s(2)=5,t(3)=s(3)=14$. 确实,仅存在[1,13]的三种分为三个集合的方式

$$\{1,4,10,13\},\{2,3,11,12\},\{5,6,8,9\}$$

(这里 7 分别在三个集中)满足无和条件. 且它们满足更严格的无同余条件(mod 14). 而 Baumert 的例子(参见 E8)仅在第二个集合中有一个反例:$33+33\equiv 21 \pmod{45}$. 实际上 Baumert 找到了 112 种分解[1,44]成 4 个无和集合的方式,其中一些对模 45 无和. 因此,$t(4)=45$,一个例子是

$\{\pm1,\pm3,\pm5,15,\pm17,\pm19\}$,$\{\pm2,\pm7,\pm8,\pm18,\pm21\}$,$\{\pm4,\pm6,\pm13,\pm20,\pm22,30\}$,$\{\pm9,\pm10,\pm11,\pm12,\pm14,\pm16\}$

Abbott 和 Wang 得到不等式

$$f(n_1+n_2)\geqslant 2f(n_1)f(n_2)$$

对 $f(n)=s(n)-1/2$ 成立,且对 $t(n)$ 能导出与 Schur 对 $s(n)$ 导出的相同的下界:$t(n)\geqslant(3^n+1)/2$. 实际上,他们已得到 $t(n)=s(n)$ 的例子. 此外,Fredericksen 有如下的例子:

$\pm\{1,4,10,16,21,23,28,34,40,43,45,48,54,60\}$, $\pm\{2,3,8,9,14,19,20,24,25,30,31,37,42,47,52,65,70\}$, $\pm\{5,11,12,13,15,29,32,33,35,36,39,53,55,56,57,59,77,79\}$, $\pm\{6,7,17,18,22,26,27,38,41,46,50,51,75\}$, $\pm\{44,49,58,61,62,63,64,67,68,69,71,72,73,74,76,78\}$.

这表明 $s(5)\geqslant158$,且模 159 是无和的. 因而 $t(5)\geqslant158$ 和 $t(n)>c(315)^{n/5}$.

[1] ABBOTT H L, WANG E T H. Sum-free sets of integers[J]. Proc. Amer. Math. Soc. ,1977,67:11-16.

E10 强无和类

Turán 已证明,如果整数$[m,5m+3]$以任意方式分为两类,那么,至少在一类中,方程

$$x+y=z$$

有 $x\neq y$ 的解. 且这对于$[m,5m+2]$不真. $[m,5m+2]$分解成两无和集合的唯一性已被 Znám 证实.

Turán 又研究了 x,y 不一定是不相同的问题. 定义 $s(m,n)$为这样的最小整数,它使得无论$[m,m+s]$被怎样的分为 n 类,这 n 类中必有一类包含 $x+y=z$ 的一个解. 他的问题与第一个问题对应的结果是 $s(m,2)=4m$. 显然,$s(1,n)=s(n)-1$,其中 $s(n)$的定义仍见 E8. 由 Irving 的结果推出 $s(m,n)\leqslant m[n!(e-1/24)-1]$. Abbott 和 Znám(参见 E8)分别找到 $s(m,n)\geqslant 3s(m,n-1)+m$,①

① 此不等式在 Richard K. Guy 的书(E13)中误为 $s(m,n)\geqslant 3s(m,n)+m$.

从而 $s(m,n) \geqslant m(3^n-1)/2$.

如果某类不含有方程 $x+y=z$ 或 $x+y+1=z$ 的解,那么 Abbott 和 Hanson 称其为强无和的. 他们证明了,如果 $r(n)$ 是这样的最小的 r,它使得无论 $[1,r]$ 怎样分成 n 类,他们中必有一类含有上述方程的解,那么 $r(m+n) \geqslant 2r(n)s(m)-r(n)-s(m)+1$. 他们用此改进了 $s(m,n)$ 的下界. 他们的方法结合 Fredericksen 的例子给出 $s(m,n) > cm(315)^{n/5}$.

[1] ZNÁM Š. Megjegyzések Turán Pál egy publikálatlan eredményéhez[J]. Mat. Lapok,1963,14:307-310.

E11 van der Waerden 和 Schur 问题的推广

Rado 研究了 van der Waerden 和 Schur 问题的若干推广. 例如,他证明了,对任意自然数 a,b,c,必存在 u,使得无论 $[1,u]$ 怎样分成两类都有,至少在一类中 $ax+by=cz$ 有解. 他给出了 u 的一个值,但像 Schur 的问题一样,这还不是可能达到的最好的结果. 例如,对于 $2x+y=5z$,从定理知 $u=20$,而它对于 $u=15$ 也为真,尽管对更小的 u 它不成立:下列二集合

$$\{1,4,5,6,9,11,14\} \text{ 和 } \{2,3,7,8,10,12,13\}$$

中没有一个包含 $2x+y=5z$ 的解. 如果我们允许分成三类,那么 45 便是这样的最小的 u 值:

$$\{1,4,5,6,9,11,14,16,19,20,21,24,26,29,31,34,36,39,41,44\}$$

$$\{2,3,7,8,10,12,13,15,17,18,22,23,27,28,32,33,37,38,42,43\}$$

$$\{6,7,8,9,25,30,35,40\}$$

对于方程 $\sum a_i x_i = 0$,其中 a_i 是非零整数,若存在一个 $u(n)$(我们假定它为最小的)使得区间 $[1,u(n)]$ 无论怎样分成 n 类,都至少有一类包含方程的解,则 Rado 称此方程为 n - 正则的. 又如果方程对所有的 n 都是 n - 正则的,那么称方程是正则的,并且他证明了,恰好当 $\sum a_j = 0$ 对某些 a_i 的子集成立时,方程是正则的. 例如,对 $a_1 = a_2 = 1$ 且 $a_3 = -1$,我们对 Schur 的原问题有 $u(n) = s(n)$. Salié 和 Abbott 研究了找 $u(n)$ 下界的问题,见 E7 和 E8 所附资料.

上面例子当 $a_1 = 2, a_2 = 1, a_3 = -5$ 时不是正则的. 因为我们可以看出,它是 2 - 正则和 3 - 正则的,但不是 4 - 正则的. 如:把 $5^k l$ 的每一个数(其中 $5 \nmid l$)按照 k 是奇或偶和 $l \equiv \pm 1$ 或 $\pm 2 \pmod 5$ 分成四类,可以证明,这四类中没有一类含有 $2x+y=5z$ 的解.

对于方程 $2x_1+x_2=2x_3$ 和 $x_1+x_2+x_3=2x_4$,Salié,Abbott 及 Abbott 和 Hanson 相继得到较好的下界,最后分别得到 $u(n) > c(12)^{n/3}$ 和 $c(10)^{n/3}$.

可将问题 E7—12 与 C13—15 比较.

[1]DEUBER W. Partitionen und lineare Gleichungssysteme[J]. Math. Z. ,1973, 133:109-123.

[2]RADO R. Studien zur Kombinatorik[J]. Math. Z. ,1933,36:424- 480.

[3]WILLIAMS E R. M. Sc. Thesis, Memorial Univ. ,1967.

E12 Lenstra 序列

Lenstra 注意到,递推关系 $x_0=1, x_n=(1+x_0^2+x_1^2+\cdots+x_{n-1}^2)/n(n=1,2,\cdots)$ [或 $(n+1)x_{n+1}=x_n(x_n+n)$]产生 $x_1=2, x_2=3, x_3=5, x_4=10, x_5=28, x_6=154, x_7=3\ 520, x_8=1\ 551\ 880, x_9=267\ 593\ 772\ 160, \cdots$,且 x_n 对于 $n\leqslant 42$ 都为整数,但 x_{43} 却不是整数. Alf van der Poorten 问,若继续下去,情形会如何呢? Davfd Boyd 问:x_n 是否总是 2 - adic 整数(即它的分母不含有 2).

Boyd 和 van der Poorten 研究了用立方代替平方后的对应序列.

E13 Collatz 序列

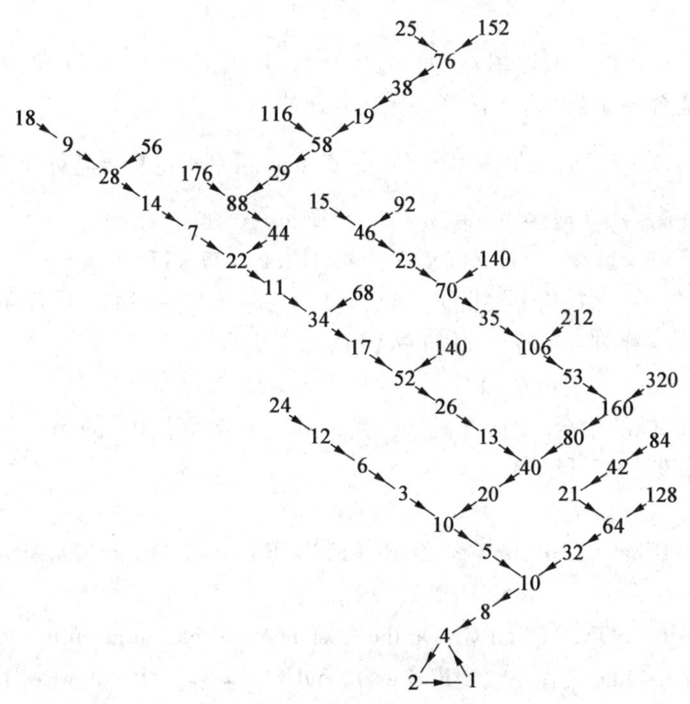

图 10 Collatz 序列是树状吗?

Collatz 问,由 $a_{n+1}=a_n/2$(a_n 为偶数),$a_{n+1}=3a_n+1$(a_n 为奇数)定义的序列,如果就从任意整数 a_1 起,必存在一个 n 使 $a_n=1$ 的意义上来看,序列除圈 4,2,1,4(图 10,见上页)外,是否为树状结构? Lehmer 和 Emma Lehmer 和 Selfridge 证实了这对所有小于 10^9 的整数为真. 另一些人将界推至 7×10^{11}. 设最小的正整数 k 使 $a_k=1$(若存在的话),则 k 称为 a 的长度,记为 $l(a)$,这里 $a=a_1$. 当 k 不存在时,记 $l(a)=\infty$. Filipponi 用十分简单的方法研究长度相同的一些数以及小的可能的 a_0 使 $l(a_0)=\infty$. 例如从 Filipponi 结果知

$$l(64k+15)=l(192k+45)$$

$$l(256k+98)=l(256k+99)$$

$$=l(256k+100)=l(256k+101)$$

$$l(4^n3^{-n}(4^{3^{n-1}k}-1)+1)=2(n+k3^{n-1})$$

$$a_0=4k+3,k\not\equiv0(\bmod 4)\text{ 和 }k\not\equiv0(\bmod 8)$$

Filipponi 提出如下的猜想:存在正常数 c 使得

$$a^{-1}\sum_{i=1}^{a}l(i)\sim c\ln a$$

如果用 $3a_n-1$ 替代 $3a_n+1$(或我们包括非负整数),那么任何序列以下面其中一个圈为终止似乎是可能的:{1,2},{5,14,7,20,10},或{17,50,25,74,37,110,55,164,82,41,122,61,182,91,272,236,68,34}. 这对所有比 10^8 小的数已证明为真.

David Kay 更一般地用 $a_{n+1}=a_n/p(p\mid a_n)$,$a_{n+1}=a_nq+r(p\nmid a_n)$ 定义了序列,并问是否存在数 p,q,r 使该问题能获解决?

定义 $f(n)$ 为 $3n+1$ 的最大奇因子,Zimian 问,是否 $\prod_{i=1}^{m}n_i=\prod_{i=1}^{m}f(n_i)$ 对于整数 $n_i>1$ 的任意一个(或多个)集 $\{n_i\}$ 成立. Erdös 找到

$$65\times7\times7\times11\times11\times17\times17\times13=49\times11\times11\times17\times17\times13\times13\times5$$

若对某些 $k\geqslant1$,有 n 整除 $f^k(n)$,则称 n 为自包含的. 如果出现了这样的整数,且 Collatz 序列 $n^*=f^k(n)/n$ 达到 1,那么集合

$$\{n,f(n),\cdots,f^{k-1}(n),n^*,f(n^*),\cdots,1\}$$

便是上述那样的集合. 用计算机已经找到了小于或等于 10^4 的 5 个自包含的整数 31,83,293,347 和 671.

[1] BEELER M, GOSPER W, SCHROEPPEL R, et al. Memo 239, Artificial Intelligence Laboratory[C]. M. I. T., 1972, 64.

[2] BÖHM C, SONTACCHI G. On the existence of cycles of given length in integer sequences like $x_{n+1}=x_n/2$ if x_n even, and $x_{n+1}=3x_n+1$ otherwise[J]. Atti Ac-

cad. Naz. Lincei Rend. Sci. Fis. Mat. Natur. 1978,64(8):260-264.
[3]CRANDALL R E. On the "$3x+1$" problem[J]. Math. Comp., 1978, 32: 1281-1292.
[4]EVERETT C J. Iteration of the number-theoretic function $f(2n)=n, f(2n+1)=3n+2$[J]. Advances in Math., 1977, 25: 42-45.
[5]FILIPPONI P. On the $3n+1$ problem: something old, something new[J]. Rend. Mat. Appl., 1991, 11(7): 85-103.
[6]GARDNER M. Mathematical games, a miscellany of transcendental problems, simple to state but not at all easy to solve[J]. Scientific Amer., 1972, 226(6): 114-118.
[7]HEPPNER E. Eine Bemerkung zum Hasse-Syracuse-Algorithmus[J]. Arch. Math. (Basel), 1977/1979, 31: 317-320.
[8]KAY D C. Pi Mu Epsilon J., 1972, 5: 338.
[9]LAGARIAS J C. The $3x+1$ problem and its generalizations[J]. Amer. Math. Monthly, 1985, 92(1): 3-23.
[10]MÖLLER H. Über Hasses Verallgemeinerung der Syracuse-Algorithmus(Kakutani's problem)[J]. Acta Arith., 1978, 34: 219-226.
[11]STEINER R P. A theorem on the Syracuse problem[C]. Congressus Numerantium XX. Proc. 7th Conf. Numerical Math. Comput. Manitoba, 1977: 553-559.
[12]TERRAS R. A stopping time problem on the positive integers[J]. Acta Arith., 1976, 30: 241-252; 1979, 35: 100-102.

E14 Conway 排列序列

在 Conway 的排列序列的情形里，情况与上一问题不同. 一个简单的例子是 $a_{n+1}=3a_n/2$（a_n 为偶数）且 $a_{n+1}=[(3a_n+1)/4]$（a_n 为奇数），也许更清楚地

$$2m\to 3m, 4m-1\to 3m-1, 4m+1\to 3m+1$$

从上面明显看出，它的逆过程也成立. 因此最终结构仅含有不相交圈和双无穷链. 但是，仍不清楚是否存在有限或无限个上述的圈和链，或者，是否有无穷多个链存在. 人们猜想，仅有的圈是{1}，{2,3}，{4,6,9,7,5}和{44,66,99,74,111,83,62,93,70,105,79,59}. Mike Guy 证明了，任何其他的圈其周期必大于 320. 下列含有 8 的序列又如何呢？

…,73,55,41,31,23,17,13,10,15,11,8,12,18,27,20,30,45,34,51,38,57,43,32,48,72,….

[1]CONWAY J H. Unpredictable iterations[C]. Proc. Numer Theory Conf. ,Boulder,1972:49-52.

E15 Mahler 的 Z 数

Mahler 研究了下列问题:给定任意实数 α,设 r_n 是 $\alpha(3/2)^n$ 的小数部分,那么存在数 α 使得 $0 \leqslant r_n < 1/2$ 对所有 n 成立吗(这样的 α 如果存在,那么称为 Z 数)? 这个问题的回答一般倾向于否定. Mahler 证明了,在每对相邻整数中至多存在一个.

一个类似的问题是,存在有理数 r/s 使得 $[(r/s)^n]$ 对所有 n 是奇数吗?

Littlewood 问,e^n 的小数部分是否随 $n \to \infty$ 而趋于 0? 这个问题仍不清楚.

[1]MAHLER K. An unsolved problem on the powers of 3/2[J]. J. Austral. Math. Soc. ,1968,8:313-321.

E16 Whiteman 猜想

Forman 和 Shapiro 已证明,有无穷多个形如 $[(4/3)^n]$ 和 $[(3/2)^n]$ 的整数为合数,Whiteman 猜想,这两个序列都包含有无穷多个素数. 对于一般的 $a > b > 1$,a 和 b 为互素整数,$[(a/b)^n]$ 中是否有无穷多个合数? 是否有无穷多个素数?

[1]FORMAN W, SHAPIRO H N. An arithmetic propcrty of certain rational powers[J]. Comm. Pure Appl. Math. ,1967,20:561-573.

E17 Davenport-Schinzel 序列

用 n 个字母 $[1,n]$ 来构成 Davenport-Schinzel(D-S)序列,此序列中没有直接的重复 $\cdots aa \cdots$,且没有长度大于 d 的交替序列 $\cdots a \cdots b \cdots a \cdots b$. 现用 $N_d(n)$ 表示 D-S 序列的最大长度. 现在的问题是确定所有的 D-S 序列,特别是找到 $N_d(n)$ 为何.

序列 12 131 323,12 121 213 131 313 232 323 和 1 213 141$\cdots$1 $\overline{n-1}$1 $\overline{n-1}$ $\overline{n-2}$ $\cdots 32n2n3n \cdots n$ $\overline{n-1}n$ 表明 $N_4(3) \geqslant 8$,$N_8(3) \geqslant 20$ 和 $N_4(n) \geqslant 5n-8$. Davenport 和 Schinzel 证明了 $N_1(n)=1, N_2(n)=n, N_3(n)=2n-1, N_4(n)=O(n\ \ln n/\ln\ln n)$, $lim\ N_4(n)/n\geqslant 8$ 且和 Conway 证明了, $N_4(lm+1)\geqslant 6lm-m-5l+2$, 因此 $N_4(n)=5n-8(4\leqslant n\leqslant 10)$. Kolba 证明了, $N_4(2m)\geqslant 11m-13$ 且 Mills 得到 $n\leqslant 21$ 时的 $N_4(n)$ 值. 例如序列

$$abacadaeafafedcbgbhbhgcicigdjdjgekekgfhijklkljlilhlfl$$

是 $N_4(12)=53$ 的证明的一部分.

Roselle 和 Stanton 固定 n 而不是 d, 得到 $N_d(2)=d, N_d(3)=2[3d/2]-4\ (d>3)$, $N_d(4)=2[3d/2]+3d-13\ (d>4)$ 且 $N_d(5)=4[3d/2]+4d-27\ (d>5)$. 可是, Peterkin 注意到最后一个括号内应是 $(d>6)$, 因为 $N_6(5)=34$. Roselle 和 Stanton 又证明了长为 $N_{2d+1}(5)$ 的序列是唯一的, 而长为 $N_{2d+1}(4)$ 和 $N_{2d}(5)$ 的序列仅有两个.

Peterkin 列出了长为 $N_5(6)=29$ 的 56 个 D-S 序列, 且证明了 $N_5(n)\geqslant 7n-13\ (n>5)$ 和 $N_6(n)\geqslant 13n-32\ (n>5)$.

Rennie 和 Dobson 给出了 $N_d(n)$ 的上界为

$$(nd-3n-2d+7)N_d(n)\leqslant n(d-3)N_d(n-1)+2n-d+2\ (d>3)$$

因此推广了 Roselle 和 Stanton 对 $d=4$ 时的结果.

除了已得到的特殊值, 现在主要的问题是证明或否定 $N_d(n)=O(n)$, Szemerédi 证明了 $N_d(n)<c_d nL(n)$, 其中 L 是最小的 e 的个数, 它使 $e^{e^{\cdot^{\cdot^{\cdot^{e}}}}}>n$. 如表 12.

表 12 $N_d(n)$ 的值

d \ n	1	2	3	4	5	6	7	8	9	10	11	12	13	14	15	16	17	18	19	20	21
1	1	1	1	1	1	1	1	1	1	1	1	1	1	1	1	1	1	1	1	1	1
2	1	2	3	4	5	6	7	8	9	10	11	12	13	14	15	16	17	18	19	20	21
3	1	3	5	7	9	11	13	15	17	19	21	23	25	27	29	31	33	35	37	39	41
4	1	4	8	12	17	22	27	32	37	42	47	53	58	64	69	75	81	86	92	98	104
5	1	5	10	16	22	29															
6	1	6	14	23	34																
7	1	7	16	28																	
8	1	8	20	35																	
9	1	9	22	40																	
10	1	10	26	47																	

[1] DAVENPORT H. A combinatorial problem connected with differential equations

Ⅱ(ed. A. Schinzel)[J]. Acta Arith.,1971,17:363-372.
[2]DAVENPORT H, SCHINZEL A. A combinatorial problem connected with differential equations[J]. Amer. J. Math.,1965,87:684-694.
[3]DOBSON A J, MACDONALD S O. Lower bounds for the lengths of Davenport-Schinzel sequences[J]. Utilitas Math.,1974,6:251-257.
[4]MILLS W H. Some Davenport-Schinzel sequenees[C]. Congressus Numerantium Ⅸ. Proc. 3rd Manitoba Conf. Numerical Math. 1973:307-313.
[5]PETERKIN C R. Some results on Davenport-Schinzel sequences[C]. Congressus Numerantium Ⅸ. Proc. 3rd Manitoba Conf. Numerical Math. 1973:337-344.
[6]RENNIE B C, DOBSON A J. Upper bounds for the lengths of Davenport-Schinzel sequences[J]. Utilitas Math.,1975,8:181-185.
[7]ROSELLE D P. An algorithmic approach to Davenport-Schinzel sequences[J]. Utilitas Math.,1974,6:91-93.
[8]ROSELLE D P, STANTON R G. Results on Davenport-Schinzel sequences[C]. Congressus Numerantium Ⅰ. Proc. Louisiana Conf. Combin. Graph Theory, Comput. Baton Rouge,1970:249-267.
[9]STANTON R G, DIRKSEN P H. Davenport-Schinzel sequences[J]. Ars Combinatoria,1976,1:43-51.
[10]STANTON R G, MULLIN R C. A map-theoretic approach to Davenport-Schinzel sequences[J]. Pacific J. Math.,1972,40:167-172.
[11]STANTON R G, ROSELLE D P. A result on Davenport-Schinzel sequences[J]. Colloq. Math. Soc. Janós Bolyai 4, Combinatorial Theory and its Applications. Balatonfüred,1969:1023-1027.
[12]STANTON R G, ROSELLE D P. Some properties of Davenport-Schinzel sequences[J]. Acta Arith.,1970/1971,17:355-362.

E18 Thue 序列

Thue 证明了存在无穷多个关于三个符号的序列,它不含有两个一致相等的相邻段. 他又证明了存在无穷多个关于两个符号的序列它不含有三个一致相等的相邻段. 其他许多人又重新发现这些结果.

如果不求一致相等段,而求不相邻段,其一段是另一段的排列,Justin 构造了一个关于两个符号的序列,它没有五个相邻段,其一段是另一段的排列. Pleasants 构造了关于 5 个符号的序列,它没有两个上述的相邻段. 我们称 Justin

与 Pleasants 分别解决了(2,5)与(5,2)问题.

Dekking 已解决了(2,4)和(3,3)问题,但把(4,2)情形称之为“一个十分有趣的未决问题”. 存在关于4 个符号序列,它不存在一个为另一个排列的相邻段吗?

[1] ARSHON S. Démonstration de 1' éxistence des suites asymétriques infinies (Russian. French summary)[J]. Mat. Sb. ,1937,2(44):769-779.

[2] BRAUNHOLTZ C H. Solution to problem 5030 [1962,439][J]. Amer. Math. Monthly,1963,70:675-676.

[3] BROWN T C. Is there a sequence on four symbols in which no two adjacent segments are permutations of one another[J]. Amer. Math. Monthly,1971,78:886-888.

[4] DEAN R A. A sequence without repeats on x, x^{-1}, y, y^{-1}[J]. Amer. Math. Monthly,1965,72:383-385.

[5] DEKKING F M. On repetitions of blocks in binary sequences[J]. J. Combin. Theory Ser. A,1976,20:292-299.

[6] DEKKING F M. Strongly non-repetitive sequences and progression-free sets[J]. J. Combin. Theory Ser. A,1979,27:181-185.

[7] ENTRINGER R C, JACKSON D E, SCHATZ J A. On non-repetitive sequences[J]. J. Combin. Theory Ser. A,1974,16:159-164.

[8] ERDÖS P. Some unsolved problems[J]. Magyar ud. Akad. Mat. Kutató Int.Közl. ,1961,6:221-254.

[9] EVDOKIMOV A A. Strongly asymmetric sequences generated by a finite number of symbols[J]. Dokl. Akad. Nauk SSSR, 1968, 179: 1268-1271; Soviet Math. Dokl. ,1968,9:536-539.

[10] FIFE E D. Binary sequences which contain no BBb[D]. Wesleyan Univ. , Middletown,Connecticut,1976.

[11] HAWKINS D, MIENTKA W E. On sequences which contain no repetitions[J]. Math. Student,1956,24:185-187.

[12] HEDLUND G A. Remarks on the work of Axel Thue on sequences[J]. Nordisk Mat. Tidskr. ,1967,15:147-150.

[13] HEDLUND G A, GOTTSCHALK W H. A characterization of the Morse minimal set[J]. Proc. Amer. Math. Soc. ,1964,16:70-74.

[14] JUSTIN J. Généralisation du théoreme de van der Waerden sur les semigroupes répétitifs[J]. J. Combin. Theory Ser A,1972,12:357-367.

[15] JUSTIN J. Semi-groupes répétitifs[J]. Sém. IRIA, Log. Automat. 1971, 108: 101-105.
[16] JUSTIN J. Characterization of the repetitive commutative semigroups[J]. J. Algebra, 1972, 21: 87-90.
[17] LEECH J. A problem on strings of beads[J]. Math. Gaz., 1957, 41: 277-278.
[18] MORSE M. A solution of the problem of infinite play in chess[J]. Bull. Amer. Math. Soc., 1938, 44: 632.
[19] MORSE M, HEDLUND G A. Unending chess, symbolic dynamics and a problem in semigroups[J]. Duke Math. J., 1944, 11: 1-7.
[20] PLEASANTS P A B. Non-repetitive sequences[J]. Proc. Cambridge Philos. Soc., 1970, 68: 267-274.
[21] PRODINGER H, URBANEK F J. Infinite 0-1 sequences without long adjacent identical blocks[J]. Discrete Math., 1979, 28: 277-289.
[22] ROBBINS H E. On a class of recurrent sequences[J]. Bull. Amer. Math. Soc., 1937, 43: 413-417.
[23] THUE A. Über unendliche Zeichenreihen[J]. Norse Vid. Selsk. Skr. I Mat. Nat. Kl. Christiania, 1906, 7: 1-22.
[24] THUE A. Über die gegenseitige lage gleicher teile gewisser Zeichenreihen[J]. Ibid, 1912, 1: 1-67.

E19 算术级数覆盖整数

如果 S 是 n 个整数算术级数的并,每一个都有公差大于等于 k,其中 $k\leqslant n$. Crittenden 和 Vanden Eynden 猜想,只要 S 含有小于或等于 $k\cdot 2^{n-k+1}$ 的那些整数,那么 S 必含有所有正整数. 如果这为真,那么它是可能达到的最好结果. 他们已证明了 $k=1$ 的情形.

[1] CRITTENDEN R B, EYNDEN C L V. Any n arithmetie progressions covering the first 2^n integers covers all integers[J]. Proc. Amer. Math. Soc., 1970, 24: 475-481.
[2] CRITTENDEN R B, EYNDEN C L V. The union of arithmetic progressions with differences not less than k[J]. Amer. Math. Monthly, 1972, 79: 630.

E20 无理序列

Erdös 和 Straus 定义,若$\sum 1/a_n b_n$ 对所有整数序列$\{b_n\}$为无理数,则正整数序列$\{a_n\}$为无理序列. 已找到一些有趣的无理序列. 如果 $\lim\sup(\log_2 \ln a_n)/n>1$,那么$\{a_n\}$为无理序列,其中 log 以 2 为底. $\{n!\}$不是无理序列,因为$\sum 1/n!\ (n+2)=1/2$. Erdös 已证明$\{2^{2^n}\}$是无理序列. 序列 2,3,7,43,1 807,…是无理序列吗? 其中 $a_{n+1}=a_n^2-a_n+1$.

[1] ERDÖS P. Some problems and results on the irrationality of the sum of infinite series[J]. J. Math. Sci. ,1975,10:1-7.

E21 Epstein 游戏

Richard Epstein 的"加或减一个平方数"的游戏是用一堆木片进行的. 两个人交替地从木片中加或减一个最大的完全平方数,也就是说,两人交替地命名非负整数 a_n,其中 $a_{n+1}=a_n\pm[\sqrt{a_n}]^2$. 赢者是首先加或减到零的人. 这是一个循环游戏,许多数能导致平局,例如,从 2 开始,下一个人不能减 1(那样对手便赢了),因此他加 1 而成 3. 现在再加 1 又不行了,所以只有减 1 又回到 2 上去了. 类似地,6 也会导致平局,最好的玩法是:6,10,19!,35,60,109!,209!,13!,22!,6,…(其中! 表示一步最佳玩法而非阶乘). 例如,209 后,405 是不好的玩法,因为对手能够减至 5,而 5 是前一个玩者必赢的位置(称为$\mathscr{P}$-位置). 类似地,从 60 始,将数减至 11 也是不好的,因为 11 是后一个玩者必赢(走到 20 便可)的位置(称为$\mathscr{N}$-位置).

$\mathscr{P}$-位置数:

0,5,20,29,45,80,101,116,135,145,165,173,236,257,397,404,445,477,540,565,580,585,629,666,836,845,885,909,944,949,954,975,1 125,1 177,…

$\mathscr{N}$-位置数:

1,4,9,11,14,16,21,25,30,36,41,44,49,52,54,64,69,71,81,84,86,92,100,105,120,121,126,136,141,144,149,164,169,174,189,196,201,208,216,225,230,245,252,254,256,261…都有正密率吗?

[1] BERLEKAMP E R, CONWAY J H, GUY R K. Winning Ways[M]. London: Academic Press,1981.

E22 B_2-序列

对于无穷序列 $1 \leqslant a_1 < a_2 < \cdots$,如果 a_i 都不是序列中除了 a_i 的不同元素的和,那么称其为 A-序列. Erdös 证明了,对于每一个 A-序列,$\sum 1/a_i < 103$. Levine 和 O' Sullivan 改进此结果到 $\sum 1/a_i < 4$. 他们又给出一个 A-序列,其倒数和大于 2.035,并且猜想,这几乎是对其极大值的正确回答.

如果 $1 \leqslant a_1 < a_2 < \cdots$ 是 B_2-序列(参见 C8),即序列中所有 $a_i + a_j$,是不同的,那么 $\sum 1/a_i$ 的极大值是多少? 因 $i = j$ 和 $i \neq j$ 而产生两类问题,Erdös 都不能解决.

最显而易见的 B_2-序列是由贪心算法得到的(参见 E7;每一项都是比前一项大的最小整数,它不违背不同和条件,且允许 $i = j$)

1,2,4,8,13,21,31,45,66,81,97,123,148,182,…

Mian 和 Chowla 用此证明了存在 $a_k \ll k^3$ 的 B_2-序列. 如果 M 是 $\sum 1/a_i$,取遍 B_2-序列的极大值,且 S^* 是 Mian-Chowla 序列的倒数之和,那么 $M \geqslant S^* > 2.156$. 但是 Levine 注意到,如果 $t_n = n(n+1)/2$,那么 $M \leqslant \sum 1/(t_n + 1) < 2.374$,并希望看到人们对 $M = S^*$ 给出证明或反例.

[1] LEVINE E. An extremal result for sum-free sequences[J]. J. Number Theory, 1980,12:251-257.

[2] LEVINE E, O'SULLIVAN J. An upper estimate for the reciprocal sum of a sum-free sequence[J]. Acta Arith. ,1977,34:9-24.

[3] MIAN A M, CHOWLA S D. On the B_2 sequences of Sidon[J]. Proc. Nat. Acad. Sci. India Sect. A. 1944,14:3-4.

[4] O' SULLIVAN J. On reciprocal sums of sum-free sequences[D]. Adelphi Univ. 1973.

E23 和与积在同一类中的序列

如果把整数分成两类,那么总存在序列 $\{a_i\}$ 使得全部和 $\sum \varepsilon_i a_i$ 与积 $\prod a_i^{\varepsilon_i}$ ($\varepsilon_i = 0$ 或 1)都是在同一类中吗? Hindman 否定地回答了 Erdös 的这一问题.

存在序列 $a_1 < a_2 < \cdots$ 使得所有和 $a_i + a_j$ 以及乘积 $a_i a_j$ 都在同一类中吗? Graham 证明了,如果我们分整数[1,252]成两类,必存在 4 个不同的数 $x, y, x + y$ 和 xy 是在同一类中. 此外,252 是可能达到的最好的结果. Hindman 证明了,

如果我们分整数[2,990]为两类,那么,其中一类总包含4个不同的数 $x,y,x+y$ 和 xy. 对于大于或等于3的整数尚不知其相应的结果.

Hindman又证明了,如果我们分整数成两类,那么总存在序列 $\{a_i\}$ 使得所有的和 a_i+a_j(允许 $i=j$)在同一类中. 另外,他找到一种分成三类的分解法使得不存在上述的无穷序列.

[1] BAUMGARTNER J. A short proof of Hindman's theorem[J]. J. Combin. Theory Ser. A,1974,17:384-386.

[2] HINDMAN N. Finite sums with sequences within cells of a partition of n[J]. J. Combin. Theory Ser. A,1974,17:1-11.

[3] HINDMAN N. Partitions and sums and products of integers[J]. Tráns. Amer. Math. Soc.,1979,247:227-245.

[4] HINDMAN N. Partitions and sums and products-two counterexamples[J]. J. Combin. Theory Ser. A,1980,29:113-120.

E24 MacMahon序列

MacMahon定义了如下序列:

1,2,4,5,8,10,14,15,16,21,22,25,26,28,33,34,35,36,38,40,42,…

它后继项中不包含前面所有两个或更多个相邻项的和.

如果 m_n 是此序列的第 n 个元素,且 M_n 是前 n 项的和,那么George Andrews猜想 $m_n \sim n \ln n/\ln \ln n$,且 $M_n \sim n^2(\ln n)/\ln(\ln n)^2$,并提出了下面一个也许更容易些的问题:证明 $\lim n^{-\Delta}m_n=0$ 对某些 $\Delta<2$ 成立;证明 $\lim m_n/n=\infty$;证明 $m_n<p_n$ 对每个 n 成立,其中 p_n 是第 n 个素数.

Jeff Lagarias对MacMahon序列做了一些限制,问序列的后继项仅不包含序列前面两或三相邻项的和时,导出的序列:

1,2,4,5,8,10,12,14,15,16,19,20,21,24,25,27,28,32,33,34,37,38,40,42,43,44,46,47,48,51,53,54,56,57,58,59,61,…

的密率为3/5吗?

[1] ANDREWS G E. MacMahon's prime numbers of measurement[J]. Amer. Math. Monthly,1975,82:922-923.

[2] GRAHAM R L. Problem # 1910[J]. Amer. Math. Monthly,1966,73:775; solution,1968,75:80-81.

[3] LAGARIAS J. Problem 17[C]. W. Coast Number Theory Conf., Asilomar,

1975.
[4] MACMAHON P A. The prime numbers of measurement on a scale[J]. Proc. Cambridge Philos. Soc., 1923, 21: 651-654.
[5] Y Š P. On MacMahon's segmented numbers and related sequences[J]. Nieuw Arch. Wish., 1977, 25(3): 403-408.
[6] SLOANE N J A. A handbook of integer sequences[M]. New York: Academic Press, 1973; sequences 363, 416, 1044.

E25 Hofstadter 的三个序列

Doug Hofstadter 定义了三个有趣的序列

(a) $a_1=a_2=1, a_n=a_{n-a_{n-1}}+a_{n-a_{n-2}}(n\geqslant 3)$，该序列的性质如何呢？序列给出

1,1,2,3,3,4,5,5,6,6,6,8,8,8,10,9,10,11,11,12,12,12,12,16,14,14,16,16,16,16,20,17,17,…

有无穷多个如7,13,15,18,…这样的数不在序列中吗？

(b) $b_1=1, b_2=2$，且对 $n\geqslant 3$，b_n 是比 b_{n-1} 大的最小整数，且能表示成此序列两个或更多的相邻项的和，因此有

1,2,3,5,6,8,10,11,14,16,17,18,19,21,22,24,25,29,30,32,33,34,35,37,40,41,43,45,46,47,…

此问题是 MacMahon 问题（参见 E24）的孪生问题. 现在的问题是，此序列将怎样增长？

(c) $c_1=2, c_2=3$，且当 $c_1,\cdots,c_n$ 被定义时，形成所有可能的表达式 c_ic_j-1 $(1\leqslant i<j\leqslant n)$，并把他们作为添加项而得到下面的序列

2,3,5,9,14,17,26,27,33,41,44,50,51,53,69,77,80,81,84,87,98,99,101,105,122,125,129,…

其结果将包含几乎全部的整数吗？

[1] ERDÖS P, GRAHAM R L. Old and new problems and results in combinatorial number theory[M] // Monographie de L' Enseignement Mathématique No. 28, Genève, 1980: 83-84.

E26 由贪心算法得到的 B_2 - 序列

Dikson 的一个古老问题仍未被解决. 给定 k 个整数的集合 $a_1<a_2<\cdots<$

a_k,对于 $n\geqslant k$,定义 a_{n+1} 为比 a_n 大的最小整数,且它不具有形式 $a_i+a_j, i,j\leqslant n$. 除了起始的初值外,这些便是由贪心算法得到的 B_2 - 序列(参见 C8,E7,E22).

差 $a_{n+1}-a_n$ 构成的序列最终成周期性变化吗?

在周期性出现以前,也许要花很长时间. 例如,对于 $k=2$,我们取 $a_1=1$, $a_2=6$,序列为

1,6,8,10,13,15,17,22,24,29,31,33,36,38,40,45,47,52,54,56,59,61, 63,68,…

要想认识到这模式,可从集合{1,4,9,16,25}开始.

[1]DICKSON L E. The converse of Waring's problem[J]. Bull. Amer. Math. Soc.,1934,40:711-714.

E27 不含单调算术级数的序列

Erdös 和 Graham 研究了序列$\{a_i\}$,并认为如果存在下标 $i_1<i_2<\cdots<i_k$ 使得子序列 $a_{i_j}(1\leqslant j\leqslant k)$ 是递增或递减的 AP,那么序列$\{a_i\}$有长度为 k 的单调 AP. 长度为 k 的单调 AP 也说是单调的 k 项 AP. 若 $M(n)$ 是$[1,n]$上满足没有单调的 3 项 AP 的排列的个数,则 Davis 等人证明了

$$M(n)\geqslant 2^{n-1}, M(2n-1)\leqslant (n!)^2, M(2n+1)\leqslant (n+1)(n!)^2$$

他们问 $M(n)^{1/n}$ 是否有界?

Davis 等人还证明了所有正整数的任何排列必包含一递增的 3 项 AP,但是,存在没有单调的 5 项 AP 的排列. 仍不清楚是否有单调的 4 项 AP.

如果正整数被排成双无穷序列,那么单调 3 项 AP 仍然必定出现. 但是避免 4 项 AP 出现是可能的.

如果所有的整数参与排列,那么 Odda 证明了,在单无穷情形下,没有 7 项 AP 出现,但是其他情形如何,很少为人所知.

[1]DAVIS J A, ENTRINGER R C, GRAHAM R L, et al. On permutations containing no long arithmetic progressions[J]. Acta Arith.,1977,34:81-90.

[2]ODDA T. Solution to problem E2440[J]. Amer. Math. Monthly,1975,82:74.

E28 一类特殊序列的 Jacobi 符号

柯召对于正整数 x,首先研究了整数序列 $E_n=\dfrac{x^n-1}{x-1}(n\geqslant 1)$ 的性质,证明

了：在 $x\equiv 0 \pmod 4$ 时，对任意奇数，$m\geqslant 3$，$n\geqslant 1$，$(m,n)=1$，都有 Jacobi 符号（参见 F5）$(E_n/E_m)=1$. 由此导出了 Catalan 方程 $y^2-1=x^n(n\geqslant 3)$（参见 D8）仅有正整数解 $x=2$，$y=3$，$n=3$. 后来，Terjanian，孙琦和曹珍富又研究了整数序列 $Q_n=\dfrac{x^n-y^n}{x-y}$ 的性质，其中 x，y 是给定的整数，$(x,y)=1$，例如有以下的结果：

（1）若 $xy\equiv 0$ 或 $-1 \pmod 4$，则对任意奇数 $m\geqslant 3$，$n\geqslant 3$，$(m,n)=1$ 有 $(Q_n/Q_m)=1$；

（2）若 $xy\equiv 1 \pmod 4$，则对任意正奇数 m，n 有 $(Q_n/Q_m)=(n/m)$.

Rotkiewicz 将上述结果还推广到 Lehmer 数 P_n 上，这里

$$P_n=\begin{cases}(\alpha^n-\beta^n)/(\alpha-\beta)\text{，当 }2\nmid n\\(\alpha^n-\beta^n)/(\alpha^2-\beta^2)\text{，当 }2\mid n\end{cases}$$

而 α，β 是方程 $z^2-\sqrt{L}z+M=0$ 的两个根，L，M 是整数且满足 $L>0$，$L-4M>0$，$(L,M)=1$. 但是，对于 Lucas 数

$$U_n=\varepsilon^n+\eta^n,n\geqslant 0$$

这里 ε，η 是方程 $z^2-\sqrt{R}z+S=0$ 的两个根，$(R,S)=1$. 要研究类似的问题却十分困难. 曹珍富令

$$U_n=(\varepsilon^n+\eta^n)/(\varepsilon+\eta)\text{（当 }2\nmid n\text{）}$$

从而问，当 $2\nmid m$ 时，Jacobi 符号 (U_n/U_m) 的值如何确定？如何估计 $\sum(U_n/U_m)$ 的结果？这里 $\sum$ 包含对固定的 m，n 通过 m 缩系. 近期，曹珍富给出了前一问题的回答，但后一问题仍没有结果.

[1] 曹珍富. 丢番图方程引论[M]. 哈尔滨：哈尔滨工业大学出版社，1989.

[2] 曹珍富. 一类不定方程对 Lucas 序列的应用[J]. 数学杂志，1991，11(3)：267-274.

[3] 曹珍富. 关于丢番图方程 $x^p-y^p=Dz^2$[J]. 东北数学，1986，2(2)：219-227.

[4] CAO Z F. On the diophantine equation $x^4-py^2=z^p$[J]. C. R. Math. Rep. Acad. Sci. Canada，1995，17(2)：61-66.

[5] 柯召. 关于方程 $x^2=y^n+1$，$xy\neq 0$[J]. 四川大学学报（自然科学版），1962，1：1-6.

[6] ROTKIEWICZ A. Applications of Jacobi's symbol to Lehmer's numbers[J]. Acta Arith.，1983，42：163-187.

[7] 孙琦，曹珍富. 关于丢番图方程 $x^p-y^p=z^2$[J]. 数学年刊，A，1986，7(5)：514-518.

[8] TERJANIAN G. Sur l'équation $x^{2p}+y^{2p}=z^{2p}$[J]. C. R. Acad. Sci. Paris，1977，285：973-975.

一些其它问题

F

本章介绍不在前面出现的数论中的一些其它问题,其中有一些问题是近几年才提出的. 前几个问题是关于格点的(其Euclid 坐标为整数)且他们中的大部分是二维的,但也有一些问题是在更高维数上阐述的. 一些有趣的书是

[1] CASSELS J W S. Introduction to the germetry of numbers[M]. New York: Springer-Verlag,1972.

[2] TÓTH L F. Lagerungen in der ebene, auf der kugel und in raum[M]. Berlin:Springer-Verlag,1953.

[3] HAMMER J. Unsolved problems concerning lattice points [M]. Pitman,1977.

[4] KELLER O H. Geometrie der Zahlen[M]// Enzyclopedia der Math. Wissenschaften, Vol. 12,B. G. Teubner,Leipzig,1954.

[5] LEKKERKERKER C G. Geometry of numbers[M]. Bibliotheca Mathematia, Vol. 8, Walters-Noordhoff, Groningen; North-Holland,Amsterdam,1969.

[6] ROGERS C A. Packing and covering[M]. Cambridge Univ. Press,1964.

F1 Gauss 格点问题与除数问题

一个非常困难的问题是 Gauss 问题:圆心在原点,半径为 r 的圆内有多少个格点? 如果答案是 $\pi r^2+h(r)$ 个,那么 Hardy 和 Landau 证明了,$h(r)$不是 $o(r^{1/2}(\ln r)^{1/4})$,并且猜想 $h(r)=$

$O(r^{1/2+\varepsilon})$. 已知的最好结果是属于陈景润的,他证明了 $h(r)=O(r^{24/37+\varepsilon})$. 三维时,对球和正则四面体可以提出同样的问题. 例如对球问题,易知

$$\sum_{u^2+v^2+w^2\leqslant x}1=\frac{4}{3}\pi x^{3/2}+h_1(x)$$

陈景润证明了 $h_1(x)=O(x^{2/3+\varepsilon})$. 尹文霖对除数问题也获得了类似结果. 对三维除数问题,设 $d_3(n)$ 表示分成三个因子乘积的表示法个数,则有

$$\sum_{n\leqslant x}d_3(x)=xp_3(\ln x)+h_2(x)$$

这里 $p_3(\ln x)$ 为 $\ln x$ 的一个二次多项式. 最好的结果是属于尹文霖和李中夫的,他们证明了 $h_2(x)=O(x^{127/282})$.

[1]陈景润. 圆内整点问题[J]. 数学学报,1963,2:299-313;中国科学,1963,12:633- 649.

[2]尹文霖. $\xi(1/2+\mathrm{i}t)$的阶[J]. 四川大学学报(自然科学版),1963,2:63-72.

[3]尹文霖,李中夫. 三维除数问题误差项估计的改进[J]. 科学通报,1980,16:767.

F2 不同距离的格点

在格点(x,y),$1\leqslant x,y\leqslant n$ 中,使$\binom{k}{2}$个格点相互距离都不同的最大 k 是什么? 很容易看出 $k\leqslant n$. $n\leqslant 7$ 时能得到 k 的界. 但是,对任意大的 n 却不能. Erdös 和 Guy 证明了

$$n^{2/3-\varepsilon}<k<cn/(\ln n)^{1/4}$$

且猜想 $k<cn^{2/3}(\ln n)^{1/6}$. 人们可以求"浸润"组态,它含有确定不同距离且在不重复某一距离时就无法加进新格点的那些格点的最小个数. Erdös 注意到,这至少需要 $n^{2/3-\varepsilon}$个格点. 在一维时,他已不能改进 $O(n^{1/3})$,且猜测 $O(n^{1/2+\varepsilon})$是可能达到的最好的结果.

[1]ERDÖS P, GUY R K. Distinct distances between lattice points[J]. Elem. Math. 1970,25:121-123.

F3 没有 4 点共圆的格点

Erdös 和 Purdy 问,从 n^2 个格点(x,y),$1\leqslant x,y\leqslant n$ 中,能挑出多少个点使得没有 4 点共圆. 很容易证明能挑出 $n^{2/3-\varepsilon}$个,但是挑出更多的也是可能的.

选 t 个点使他们确定的$\binom{t}{2}$条直线包含全部 n^2 个格点,那么满足此条件的最小 t 是多少? $t=o(n)$吗? 不难证明,$t>cn^{2/3}$.

F4 无三点共线问题

能选出 $2n$ 个格点$(x,y)(1\leqslant x,y\leqslant n)$使得没有三点共线吗? 对 $n\leqslant 26$ 时,这已经实现. Guy 和 Kelly 提出四个猜想:

(1)不存在不具有完全的正方形对称性的矩形对称性的组态.

(2)仅有的具有正方形对称性的组态是 $n=2,4,10$ 的情形(参见图 11. $n=10$ 的组态首先由 Acland-Hood 找到).

(3)对于充分大的 n,问题的答案为否定,即该问题只有有限个解.

(4)对大 n,我们至多可选$(c+\varepsilon)n$ 个格点,它们没有三点共线,其中 $3c^3=2\pi^2$,即 $c\approx 1.85\cdots$.

另外,Erdös 证明了,如果 n 是素数,那么选出 n 个点且没有三点共线是可能的. Hall 等人证明了,对于大 n,能找到$(3/2-\varepsilon)n$ 个这样的点.

无三点共线问题是 Heibronn 的 30 岁问题的离散模拟. 放 $n(n\geqslant 3)$个点于单位面积(或者单位正方形,或者单位面积的三角形)的盘中,使由其三点形成的最小三角形面积为极大. 若我们用 $\Delta(n)$来表示此极大面积,则 Heilbronn 的原猜想为:$\Delta(n)<c/n^2$. Erdös 证明了,$\Delta(n)>1/(2n^2)$. 因此,如果猜想为真,那么它是可能达到的最好结果. Roth 证明了 $\Delta(n)\ll 1/n(\ln\ln n)^{1/2}$,Schmidt 改进到 $\Delta(n)\ll 1/n(\ln n)^{1/2}$. 接着 Roth 又改进到 $\Delta(n)\ll 1/n^{\mu-\varepsilon}$,其中 μ 值开始为 $\mu=2-2\sqrt{5}>1.1055$,后来又得到 $\mu=(17-\sqrt{65})/8>1.1172$.

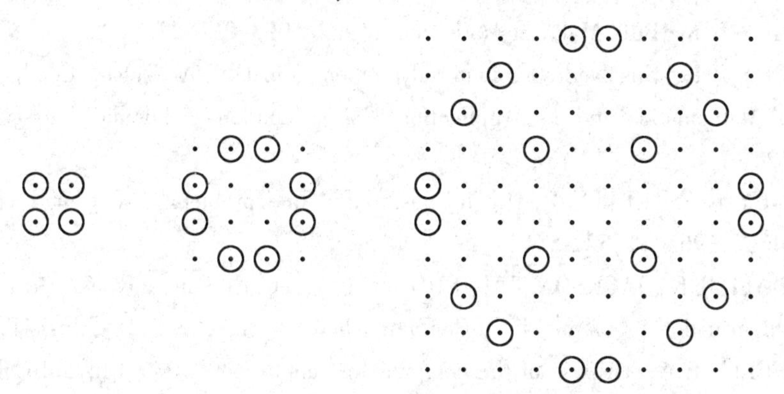

图 11　$2n$ 个格点中无三点共线,$n=2,4,10$

后来,Komlós,Pintz 和 Szemerédi 把下界改进到$(\ln n)/n^2$,由此否定 Heilbronn 的猜想,他们还改进了上界.

[1]HOOD A. Bull. Malayan Math. Soc. ,1952/1953,0, E 11- 12.

[2]ADENA M A, HOLTON D A, KELLY P A. Some thoughts on the no-three-in-line problem[C]. Proc. 2nd Austral. Conf. Combin. Math. , Springer Lecture Notes,1974,403:6-17.

[3]ANDERSON D B. Update on the no-three-in-line problem[J]. J. Combi. Theory Ser. A,1979,27:365-366.

[4]BALL W W R, COXETER H S M. Mathematical recreations and essays[M]. 12th ed Univ. of Toronto Press,1974:189.

[5]CRAGGS D, JONES R H. On the no-three-in-line problem[J]. J. Combin. Theory Ser. A,1976,20:363-364.

[6]DUDENEY H E. Amusements in mathematics[J]. Nelson,London,1917,94:222.

[7]GARDNER M. Mathematical Games:Challenging chess tasks for puzzle butts and answers to the recreational puzzles[J]. Sci. Amer. ,226 # 5,May 1972:112-117: 113-114.

[8]GARDNER M. Mathematical Games:Combinatorial problems, some old,some new and all newly attacked by computer[J]. Sci. Amer. ,1976,4(235):131-137,133-134 also 1977,3(236):139-140.

[9]GOLDBERG M. Maximizing the smallest triangle made by N points in a square[J]. Math. May. ,1972,45:135-144.

[10]GUY R K. Bull. Malayan Math. Soc. ,1952/1953,0,E 22.

[11]GUY R K. Unsolved combinatorial problems, in D. J. A. Welsh, Combinatorial Mathematics and Its Applications[M]. London: Academic Press, 1971:124.

[12]GUY R K, KELLY P A. The no-three-in-line problem[J]. Canad. Math. Bull. ,1968,11:527-531.

[13]HALL R R, JACKSON T H, SUDBERY A, et al. Some advances in the no-three-in-line problem[J]. J. Combin. Theory Ser. A,1975,18:336-341.

[14]KELLY P A. The use of the computer in game theory[D]. Univ. of Calgary, 1967.

[15]KLOVE T. On the no-three-in-line problem Ⅱ[J]. J. Combin. Theory Ser. A, 1978,24:126-127.

[16]KLOVE T. On the no-three-in-line problem Ⅲ[J]. J. Combin. Theory Ser. A, 1979, 26: 82-83.
[17]POMERANCE C. Collinear subsets of lattice point sequences-an analog of Szemerédi's theorem[J]. J. Combin. Theory Ser. A, 1980, 28: 140-149.
[18]ROTH K F. On a problem of Heibronn[J]. J. London Math. Soc. 1951, 25: 198-204,; Ⅱ, Ⅲ, Proc. London Math. Soc., 1972, 25: 193-212, 543-549.
[19]ROTH K F. Developments in Heibronn's triangle problem[J]. Advances in Math., 1976, 22: 364-385.
[20]SCHMIDT W M. On a problem of Heilbronn[J]. J. London Math. Soc., 1971/1972, 4: 545-550.

F5 二次剩余、Schur 猜想

素数 p 的二次剩余是指非零数 $r(r<p)$,使得同余式 $r\equiv x^2 \pmod p$ 有解. 模 p 的二次剩余共有 $(p-1)/2$ 个,且如果 p 具有 $4k+1$ 的形式,那么它是对称分布的. 如果 $p=4k-1$,那么用 Dirichlet 的类数公式很容易证明:位于区间 $[1,2k-1]$ 中的二次剩余比 $[2k,4k-2]$ 中要多.

对于头几个 d 值,很容易证明哪些素数取 d 为二次剩余(表 13).

表 13

$d=-1$	$p=4k+1$		
$d=-2$	$p=8k+1,3$	$d=2$	$p=8k\pm1$
$d=-3$	$p=6k+1$	$d=3$	$p=12k\pm1$
$d=-5$	$p=20k+1,3,7,9$	$d=5$	$p=10k\pm1$
$d=-6$	$p=24k+1,5,7,11$	$d=6$	$p=24k\pm1,5$

但是,在这些小 d 的情形中,偶尔有剩余随 d 符号的不同,恰在周期的前 1/2 或后 1/4 中. Legendre 符号 $\left(\frac{a}{p}\right)$ 常被用来表示与素数 p 互素的数 a 的二次特征,它的值随 a 是或不是 p 的二次剩余而取 ±1. 例如,$\left(\frac{-1}{p}\right)$ 随 $p=4k\pm1$ 而取 ±1.

Legendre 符号的一个有用的推广是 Jacobi 符号 $\left(\frac{a}{b}\right)$,这里 $(a,b)=1$,b 为奇数,它由 Legendre 符号的积

$$\prod\left(\frac{a}{p_i}\right)$$

来定义,其中 $b=\prod p_i$ 是 b 的素数分解(其中允许某些 p_i 相同).

这些符号重要的特性包括:若 $a\equiv c(\bmod p)$,则 $\left(\frac{a}{p}\right)=\left(\frac{c}{p}\right)$ 及 Gauss 著名的二次互反定律:对奇素数 p,q,$\left(\frac{p}{q}\right)=\left(\frac{q}{p}\right)$,除非 p,q 都 $\equiv -1(\bmod 4)$,而此时,$\left(\frac{p}{q}\right)=-\left(\frac{q}{p}\right)$. 这些特性可用来迅速判断一个相当大数的二次特征. 如 224 对 325 的 Jacobi 符号为

$$\left(\frac{224}{325}\right)=\left(\frac{224}{5\times5\times13}\right)=\left(\frac{224}{5}\right)\left(\frac{224}{5}\right)\left(\frac{224}{13}\right)$$
$$=\left(\frac{224}{13}\right)=\left(\frac{3}{13}\right)=\left(\frac{13}{3}\right)=\left(\frac{1}{3}\right)=1$$

这个过程说明,224 是 5 的二次剩余,224 还是 13 的二次剩余,所以 224 是 325 的二次剩余. 事实上,$224\equiv 43^2(\bmod 325)$.

如果 R(相应为 N)是奇素数 p 的连续二次剩余(相应为非二次剩余)的最大个数,那么,Brauer 证明了,对 $p\equiv3(\bmod 4)$,$R=N<\sqrt{p}$;若 $p=13$,则 $N=4>\sqrt{13}$,因为 5,6,7,8 都是 13 的非二次剩余. Schur 猜想:若 p 充分大,则 $N<\sqrt{p}$. Hudson 证明 Schur 猜想是正确的;此外,他认为 $p=13$ 是仅有的例外.

[1] BRAUER A. Über die Verteilung der potenzreste[J]. Math. Z., 1932, 35: 39-50.

[2] DAVENPORT H. The higher arithmetic[M]. Hutchinson's Univ. Library, 1952: 74-78.

[3] HUDSON R H. On sequences of quadratic nonresidues[J]. J. Number Theory, 1971, 3: 178-181.

[4] HUDSON R H. On a conjecture of Issai Schur[J]. J. Reine Angew. Math., 1977, 289: 215-220.

F6 二次剩余的模式

对任意正奇数 $n>1$ 为模,必定出现什么样的二次剩余? 很容易看出,连续二次剩余对是一定存在的. 因为 2,5 和 10 中至少有一个是二次剩余,因此(1,2),(4,5)或(9,10)便是这样的对. 同样地,(1,3),(2,4)或(4,6)中至少有一个是差为 2 的二次剩余对;(1,4)是差为 3 的对;(1,5),(4,8),(6,10)或(12,16)中至少有一个是差为 4 的对,如此等.

假定 $r,r+a,r+b$ 中的每一个都是模 p 的二次剩余. Emma Lehmer 问:对于

所有充分大的 p,哪组(a,b),使得 $r,r+a,r+b$ 都为模 p 的二次剩余？用 $\Omega(a,b)$表示对所有 $p>p(a,b)$,$r\leqslant\Omega(a,b)$,使得 $r,r+a,r+b$ 为模 p 二次剩余的最小 r. 若不存在有限数,则记 $\Omega(a,b)=\infty$,例如,Emma Lehmer 证明了 $\Omega(1,2)=\infty$,且更一般地,若$(a,b)\equiv(1,2)\pmod 3$,$(a,b)\equiv(1,3)$,$(2,3)$或$(2,4)\pmod 5$,$(a,b)\equiv(1,5)$,$(2,3)$或$(4,6)\pmod 7$,则 $\Omega(a,b)=\infty$. 那在余下的情形里,$\Omega(a,b)$为有限吗？Emma Lehmer 猜想,如果 a,b 为平方数,那么它是有限的. 当然,如果 a,b 均比平方数小,那么 $\Omega(a,b)=1$. 作为例子,让我们看看为什么 $\Omega(5,23)=16$. 如果$(1,6,24)$和$(4,9,27)$都不全为二次剩余,那么 6 和 3 不是,而 2 必定是二次剩余. 如果$(2,7,25)$和$(13,18,36)$都不全为二次剩余,那么 7 和 13 必须是二次非剩余. 在这些前提下,$(r,r+5,r+23)$对 $1\leqslant r\leqslant 15$不全为二次剩余,但是当 $r=16$ 时,$(16,21,39)$为二次剩余.

表 14　$\Omega(a,b)$的值$(a<b\leqslant 25)$

$b=$	4	5	6	7	8	9	10	11	12	13	14	15	16	17	18	19	20	21	22	23	24	25	
a																							a
1	45	∞	24	38	∞	84	26	∞	∞	∞	∞	77	35	∞	∞	∞	∞	15	35	∞	21	69	1
2	∞	25	20	∞	∞	∞	∞	70	30	∞	∞	54	∞	∞	∞	∞	25	98	∞	∞	∞	∞	2
3	174	39	∞	∞	1	∞	55	∞	∞	36	105	1	∞	∞	18	36	95	∞	∞	∞	1	51	3
4		∞	∞	∞	∞	91	36	∞	∞	∞	∞	126	60	∞	38	168	∞	90	∞	∞	66	77	4
5			49	∞	∞	121	∞	25	4	∞	28	∞	∞	64	110	∞	100	4	∞	16	64	∞	5
6				57	∞	33	30	∞	24	∞	42	60	36	38	∞	62	78	60	78	∞	45	∞	6
7					∞	∞	75	∞	74	∞	∞	27	8	∞	∞	∞	∞	70	42	∞	∞	45	7
8						66	∞	∞	∞	∞	30	1	∞	∞	77	∞	48	∞	∞	42	1	∞	8
9							∞	54	∞	42	66	57	66	∞	36	27	16	72	∞	21	∞	119	9
10								∞	60	85	∞	55	∞	∞	32	102	∞	77	26	∞	28	39	10
11									28	∞	119	49	∞	39	∞	∞	∞	64	∞	∞	25	∞	11
12										∞	∞	∞	65	98	∞	∞	36	4	∞	∞	∞	90	12
13											∞	42	∞	∞	∞	36	∞	∞	∞	∞	36	∞	13
14												35	∞	∞	42	∞	52	56	∞	64	81	∞	14
15													66	27	69	∞	49	25	99	110	1	105	15
16														∞	∞	102	∞	169	95	∞	∞	56	16
17															∞	∞	76	64	∞	∞	∞	∞	17
18																81	∞	∞	∞	40	185	144	18
19																	∞	33	∞	∞	36	96	19
20																		74	∞	40	25	∞	20
21																			93	∞	70	100	21
22																				∞	∞	98	22
23																					∞	∞	23
24																						63	24

表 14 列出被认为是最小的 $\Omega(a,b)$的值. 这也为除了已经讨论过的情形外,$\Omega(a,b)$均是有限的猜想提供了好的证据. 就 a,b 来说能得到它们的上界吗？

对于多个变元的情形又如何呢？

[1] LEHMER D H, LEHMER E. On runs of residues[J]. Proc. Amer. Math.

Soc.,1962,13:102-106.
[2] LEHMER D H, LEHMER E, MILLS W H. Pairs of consecutive power residues[J]. Canad. J. Math. 1963,15:172-177.

F7 Pell 方程的三次模拟

Hugh Williams 注意到,如果素数 $p\equiv 3 \pmod 4$,那么方程 $x^2-py^2=2$ 仅当 $w^2\equiv 2 \pmod p$ 成立时有整数解,即 $\left(\frac{2}{p}\right)=1$ 时有整数解. 并问方程 $x^3+py^3+p^2z^3-3pxyz=3(p\not\equiv \pm 1 \pmod 9)$ 是否仅当 $w^3\equiv 3 \pmod p$ 成立时有解? Barrucand 和 Cohn 证明了这对 $p\equiv 2$ 或 $5 \pmod 9$ 时为真. 那么 $p\equiv 4$ 或 $7 \pmod 9$ 的情形又怎样呢? 这是 Barrucand 那个一般猜想的特殊情形. 如果它为真,那么它在寻找三次域 $Q(\sqrt[3]{p})$ 的基本单位时很有用.

[1] BARRUCAND P A, COHN H. A rational genus, class number divisibility and unit theory for pure cubic fields[J]. J. Number Theory,1970,2:7-21.
[2] WILLIAMS H C. Improving the speed of calculating the regulator of certain pure cubic fields[J]. Math. Comp.,1980,35:1423-1434.

F8 Ebert 问题

Gary Ebert 问:模 p^n 二次剩余 r_i 的最大集是什么? 其中 $p^n\equiv 1 \pmod 4$ 使得对全部 (i,j),r_i-r_j 为模 p^n 的二次剩余.

F9 原根

素数 p 的原根 g 是这样定义的:它使得 $g,g^2,\cdots,g^{p-1}=1$ 的剩余类都是不同的. 例如 5 是 23 的原根,因为

$5,5^2\equiv 2,5^3\equiv 10,4,-3,8,-6,-7,11,9,-1,$

$-5,-2,-10,-4,3,-8,6,7,-11,-9,1$

都属于不同的剩余类 $\pmod{23}$.

Erdös 问,如果 p 充分大,那么总存在素数 $q<p$ 使得 q 是 p 的原根吗?

Basil Gordon 问是否每一奇素数 p 都有一原根 $g>(p-1)/2$ 也为素数?

给定一素数 $p>3$,Brizolis 问是否总存在 p 的原根 g 及 $x(0<x<p)$ 使得 $x\equiv g^x \pmod p$. 如果是,那么 g 又能被选择使得 $0<g<p$ 和 $(g,p-1)=1$ 吗?

Vegh 问，对所有素数 $p>61$，是否每一整数都能表示成 p 的两原根之差？在 $p>2^{60}$ 时，这个问题的回答是肯定的，而且更一般的，孙琦与李曙光证明了：如果 $p>2^{60}$，$a,b,c\in Z_{p^l}$，$p\nmid abc$，那么至少有 $(p-2)p^{l-2}$ 对模 p^l 的原根 α,β 使 $a\alpha+b\beta\equiv c(\bmod p^l)$.

如果 p 和 $q=4p^2+1$ 都为素数，Gloria Gagola 问，是否对全部 $p>3$，3 是 q 的原根；$p=193$ 是否是仅有的奇素数，其 2 不是 q 的原根？$p=653$ 是不是仅有的素数，它使得 5 既不是 q 的二次剩余也不是 q 的原根；存在（也许是 p 的函数，诸如 $2p-1$，这里 p 很大）总是 q 的原根的数吗？

[1] SUN Q, LI S G. On primitive roots mod p^l [J]. Chinese Sci. Bull., 1989, 34(9): 714-715.

F10 2 的幂的剩余

Graham 问 2^n 对模 n 的剩余如何？在 $n>1$ 时，$2^n\equiv 1(\bmod n)$ 不存在解，$2^n\equiv 2(\bmod n)$ 在 n 是以 2 为底的伪素数（参见 A12）时成立，特别地，只要 n 为素数也成立. Lehmer 已证明 $2^n\equiv 3(\bmod n)$ 的最小解是 $n=4\ 700\ 063\ 497=19\times 47\times 5\ 263\ 229$. 当然 n 必须是合数，且它不能被 2，3，7，17，31，41，43，73，…中的任何一个整除. 这些素数是什么？

F11 模 p 剩余系中的一些问题

对每一个 $x(0<x<p)$，其中 p 是奇素数，现由 $x\bar{x}\equiv 1(\bmod p)$ 且 $0<\bar{x}<p$ 来定义 $\bar{x}$. 设 N_p 表示 x 和 $\bar{x}$ 具有相反奇偶性的个数，例如，对 $p=13$，$(x,\bar{x})=(1,1)$，$\underline{(2,7)}$，$(3,9)$，$(4,10)$，$\underline{(5,8)}$，$\underline{(6,11)}$，$(12,12)$，因此 $N_{13}=6$. Lehmer 要求找到 N_p 或至少关于它做一点非平凡的事情. 随 $p\equiv\pm 1(\bmod 4)$ 而有 $N_p\equiv 2$ 或 $0(\bmod 4)$. $N_3=N_7=0$；$N_5=2$；$N_{11}=N_{19}=N_{31}=4$；$N_{13}=6$；$N_{17}=10$，$N_{23}=12$ 和 $N_{29}=18$. 曹珍富令 $\overline{N}_p$ 表示 x 和 $\bar{x}$ 具有相同奇偶性的个数，则 $\lim\limits_{p\to\infty}\dfrac{N_p}{\overline{N}_p}=1$ 吗？是否无穷多次出现 1？大于 1？或小于 1？

F12 覆盖系

若每一整数 y 对至少一个 i 满足 $y\equiv a_i(\bmod n_i)$，则称同余系 $a_i(\bmod n_i)(1\leqslant$

$i \leqslant k$)为覆盖系. 例如 0(mod 2),0(mod 3),1 (mod 4),5(mod 6),7(mod 12)是覆盖系. 如果 $c = n_1 < n_2 < \cdots < n_k$,Erdös 为有任意大 c 的覆盖系的存在性证明或反例提供 500 美元奖金. Davenport 和 Erdös 及 Fried 找到了 $c = 3$ 时的覆盖系;Swift 找到了 $c = 6$;Selfridge 找到了 $c = 8$;Churchhouse 找到了 $c = 10$;Selfridge 找到了 $c = 14$,Krukenberg 找到 $c = 18$,且 Choi 找到 $c = 20$.

Erdös 为所有模 n_i 均是不同的奇的且比 1 大的覆盖系不存在的证明提供 25 美元的奖金,而 Selfridge 为举出这样一个系的明白无误的例子提供 500 美元奖金. 更一般地,"奇"能用"不被前 r 个素数整除"来代替. Jim Jordan 愿意为上面提到的那些问题对于高斯整数(参见 A16)时的解提供相当可观的奖金.

Erdös 注意到,用 210 的真因子能得到一覆盖系,其所有的模 n_i 是不同的,无平方因子的比 1 大(表 15).

表 15

a_i	0	0	0	1	0	1	1	2	2	23	4	5	59	104
n_i	2	3	5	6	7	10	14	15	21	30	35	42	70	105

Krukenberg 用 2 和大于 3 的无平方因子数也得到此列. Selfridge 问用 $c \geqslant 3$ 来替代 2 时是否能得到这样的系. 他注意到 n_i 不可能都是至多有两个素因子的无平方因子数,但是,上面的例子表明,不需要比三个更多.

很容易但不是平凡地证明:对于不同模 n_i 的覆盖系有 $\sum_{i=1}^{k} 1/n_i > 1$. 如果 $n_1 = 3$或 4,那么和能无限地接近 1. 张明志证明,不同模中存在子集$\{n_{i_1}, \cdots, n_{i_t}\}$使得$\sum_{j=1}^{k} 1/n_{i_j} \equiv 0 \pmod 1$. Selfridge 和 Erdös 猜想,$\sum 1/n_i > 1 + c_{n_1}$,其中 c_{n_1} 随 n_1 趋向∞.

Erdös 也阐述了下面的猜想:考虑所有奇数的算术级数,如果这些奇数没有一项是 $2^k + p$ 形式,那么所有这些级数都能从覆盖同余得到吗? 有无穷多个不具有 $2^k + p$ 形式的整数不在这样的级数中吗?

127,149,251,331,337,373,509,599,701,757,809,877,905,907,959,977,997,…

中哪个数不在这样的级数中?

[1]CHOI S L G. Covering the set of integers by congruence classes of distinct moduli[J]. Math. Comp. ,1971,25:885-895.

[2]CHURCHHOUSE R F. Covering sets and systems of congruences,in Computers in mathematical research[M]. North-Holland,1968:20-36.

[3]COHEN F, SELFRIDGE J L. Not every number is the sum or difference of two

prime powers[J]. Math. Comp. ,1975,29:79-81.

[4]ERDÖS P. Some problems in number theory, computers in number theory[M]. Academic Press,1971:405- 414.

[5]HAIGHT J. Covering systems of congruences, a negative result[J]. Mathematika, 1979,26:53- 61.

[6]JORDAN J H. Covering classes of residues[J]. Canad,J. Math. ,1967,19:14-519.

[7]JORDAN J H. A covering class of residues with odd moduli[J]. Acta Arith. , 1967/1968,13:335-338.

[8]KRUKENBERG C E. Covering sets of the integers[D]. Univ. of Illinois,1971, 38-77.

[9]SCHINZEL A. Reducibility of polynomials and covering systems of congruences[J]. Acta Arith. ,1967,13:91-101.

[10]张明志.覆盖剩余系的一个注记[J].四川大学学报(自然科学版),1989(89):185-188.

F13 恰覆盖系

如果一个同余系既是覆盖又是不相交的(即每一个整数恰被一个同余式覆盖),那么它被称为恰覆盖系(也称不相交覆盖系),为恰覆盖系 $a_i(\bmod n_i)$ $(1\leqslant i\leqslant k)$ 的必要的但不是充分的条件是 $\sum_{i=1}^{k}1/n_i=1$ 且 $(n_1,n_2,\cdots,n_k)>1$. 张明志进一步证明了必要条件 $\sum_{j=1}^{k}a_j/n_j=(k-1)/2$(参见 F12 所附材料). Znám 猜想,如果 $[n_1,n_2,\cdots,n_k]=\prod p_j^{a_j}$,那么 $k\geqslant 1+\sum a_j(p_j-1)$. 1974 年,Korec 证明了这一猜想(参看柯召,孙琦的书). 后来,Znám 证明了,如果 p 是 n_k 的最小素因子,那么 $n_k=n_{k-1}=\cdots=n_{k-p+1}$. 从而推广了 Davenport,Mirsky,Newman 和 Rado 等人的结果. 他猜想,如果仅存在成对的等模,那么模便都具有 $2^\alpha 3^\beta$ 的形式. 但是后来,他和 Schönheim 又给出了反例(表 16).

表 16

mod	5	10	15	30	20	40	60	120
	0,1	2,7	3,8	13,28	4,9	14,34	19,39	59,19

Stein 证明了如果仅存在一对等模,其余的均不同,那么 $n_i=2^i(1\leqslant i\leqslant k-1)$,$n_k=2^{k-1}$. 类似地,Znám 证明了如果存在三个相等的模,其余的均不同,那

么$n_i=2^i(1\leqslant i\leqslant k-3)$,$n_{k-2}=n_{k-1}=n_k=3\times 2^{k-3}$. 主要的问题是给出恰覆盖同余的特征.

[1]BURSHTEIN N, SCHÖNHEIM J. On exactly covering systems of congruences having moduli occurring at most twice[J]. Czechoslovak Math. J., 1974, 24(99):369-372.

[2]FRAENKEL A S. A characterization of exactly covering congruences[J]. Discrete Math.,1973,4:359-366.

[3]柯召,孙琦. 数论讲义(上)[M]. 高等教育出版社,1986.

[4]NOVÁK B, ZNÁM Š. Disjoint covering systems[J]. Amer. Math. Monthly, 1974,81:42- 45.

[5]ZNÁM Š. On Mycielski's problem on systems of arithmetical progressions[J]. Colloq. Math.,1966,15:201-204.

[6]ZNÁM Š. On exactly covering systems of arthmetic sequences[J]. Math. Ann.,1969,180:227-232.

[7]ZNÁM Š. A simple characterization of disjoint covering systems[J]. Discrete Math. 1975,12:89-91.

F14 Graham 的一个问题

Graham 为解决下列问题提供 25 美元的奖金,即:$0<a_1<a_2<\cdots<a_n$ 蕴含 $\max_{i,j} a_i/(a_i,a_j)\geqslant n$ 吗?

如果上述不等式不成立,那么 Marica 和 Schönheim 证明了至少有一个 a_i 有大于 1 的平方因子;Winterle 证明了,a_1 不是素数;Szemeredi 证明了 n 不是素数;Weinstein 证明了如果某个 a_i 是素数 p,那么对一些 j,k 有 $p=\frac{a_j+a_k}{2}$;Vélez 证明了 $n-1$ 不是素数,且如果素数 p 整除某些 a_i,那么 $p\leqslant n$;Boyle 改进此结果到 $p\leqslant(n-1)/2$ 且对许多情形改进到 $p\leqslant(n-1)/3$;Simpson 证明了没有 a_i 为素数. 最近,Alexandru 对充分大的 n 证明了上述不等式成立.

[1]ALEXANDRU Z. On a conjecture of Graham[J]. J. Number Theory,1987,27:33-40.

[2]BOYLE R D. On a problem of R. L. Graham[J]. Acta Arith.,1978,34:163-177.

[3]CHEIN E Z. On a conjecture of Graham concerning a sequence of integers[J].

Canad. Math. Bull. ,1978,21:285-287.
[4]ERDÖS P. Problems and results in combinatorial number theory[J]. A Survey of Combinatorial Theory, North-Holland,1973:117-138.
[5]GRAHAM R L. Advanced problem 5749* [J]. Amer. Math. Monthly,1970, 77:775.
[6]MARICA J, SCHÖNHEIM J. Differences of sets and a problem of Graham[J]. Canad. Math. Bull. ,1969,1(2):635- 637.
[7]SIMPSON R J. On a conjecture of R. L. Graham[J]. Acta Arith. ,1982,40: 209-211.
[8]VÉLEZ W Y. Some remarks on a number theoretic problem of Graham[J]. Acta Arith. ,1977,32:233-238.
[9]WEINSTEIN G. On a conjecture of Graham concerning greatest common divisors[J]. Proc. Amer. Math. Soc. ,1977,63:33-38.
[10]WINTERLE R. A problem of R. L. Graham in combinatorial number theory[C]. Congressus Numerantium Ⅰ, Proc. Conf. Combin. Baton Rouge, Utilitas Math. Pub. 1970:357-361.

F15 小素数幂的乘积

Erdös 定义 $A(n,k)$ 为 $\prod p^a$,其中积取遍小于 k 的素数 p,且 $p^a \parallel n$,他问

$$\max_n \min_{1\leqslant i\leqslant k} A(n+i,k)=o(k)$$

他说很容易证明它是 $O(k)$.

$$\max_n \min_{1\leqslant i\leqslant k} A(n+i,k)>k^c$$

对于每一个 c 和充分大的 k 成立吗?

$$\sum_{i=1}^{k}\frac{1}{A(n+i,k)}>c\ln k$$

F16 与 ζ - 函数有关的级数

Alf van der Poorten 要求证明

$$\zeta(4)\left[=\sum_{n=1}^{\infty}\frac{1}{n^4}=\frac{\pi^4}{90}\right]=\frac{36}{17}\sum_{n=1}^{\infty}\frac{1}{n^4\binom{2n}{n}}$$

已知

$$\sum_{n=1}^{\infty}\frac{1}{\binom{2n}{n}}=\frac{2\pi\sqrt{3}+9}{27},\sum_{n=1}^{\infty}\frac{1}{n\binom{2n}{n}}=\frac{\pi\sqrt{3}}{9}$$

$$\zeta(2)\left[=\sum_{n=1}^{\infty}\frac{1}{n^2}=\frac{\pi^2}{6}\right]=3\sum_{n=1}^{\infty}\frac{1}{n^2\binom{2n}{n}}$$

$$2(\sin^{-1}x)^2=\sum_{n=1}^{\infty}\frac{(2x)^{2n}}{n^2\binom{2n}{n}}$$

和

$$\zeta(3)\left[=\sum_{n=1}^{\infty}\frac{1}{n^3}\right]=\frac{5}{2}\sum_{n=1}^{\infty}\frac{(-1)^{n-1}}{n^3\binom{2n}{n}}$$

但是,人们怎样证明 $\zeta(4)$ 的结果?

[1] COMTET L. Advanced combinatorics[M]. Dreidel, Dordrecht, 1974:89.

[2] VAN DER POORTEN A J. A proof that Euler missed…Apery's proof of the irrationality of $\zeta(3)$[R]. An informal report. Math. Intelligencer, 1979, 1:195-203.

[3] VAN DER POORTEN A J. Some wonderful formulas…an introduction to polylogarithms[C]. Proc. Number Theory Conf. Queen's Univ., Kingston, 1979: 269-286.

F17 *n* 个数成对的和与积的集合

如果 $a_1,a_2,\cdots,a_n$ 是 n 个数(任意类),那么他们成对的和与积的集合多大呢?

$$|\{a_i+a_j\}\cup\{a_ia_j\}|>n^{2-\varepsilon}$$

Erdös 和 Szemerédi 已证明 $|\{a_i+a_j\}\cup\{a_ia_j\}|>n^{1+\varepsilon}$.

[1] ERDÖS P. Some recent problems and results in graph theory, combinatorics and number theory[C]. Congressus Numerantiun XVII, Proc. 7th S. E. Conf. Combin. Graph Theory, Comput. Boca Raton, 1976:3-14.

F18 最大积的素数分拆

如果 n 充分大且记 $n=a+b+c,0<a<b<c$,那么在每一种可能的方式中,

所有积 abc 都不同吗?

Riddell 和 Taylor 问,在 n 分为不同素数和的分解中,具有最大积的分解的个数一定最多吗? Selfridge 给出了否定的回答,例如

$$319=2+3+5+7+11+13+17+23+29+31+37+41+47+53=3+5+11+13+17+19+23+29+31+37+41+43+47$$

分解成的个数较少的却给出了可能是最大的积.这是最小的反例吗? 两个集合的基数差能是任意大吗?

F19 连分数

x 能被表示成连分数

$$x=a_0+\cfrac{b_1}{a_1+\cfrac{b_2}{a_2+\cdots}}$$

出于排字方便的考虑,通常记为

$$x=a_0+\frac{b_1}{a_1+}\ \frac{b_2}{a_2+}\ \frac{b_3}{a_3+}\cdots$$

当分子 b_i 全为 1 时,连分数被称为简单的.他可以是有限的或无限的.若 x 是有理数,则它是有限的.在这种情形下,存在两种可能的形式,其中之一是它的最后部分商 a_k 等于 1

$$\frac{7}{16}=\frac{1}{2+}\ \frac{1}{3+}\ \frac{1}{2}=\frac{1}{2+}\ \frac{1}{3+}\ \frac{1}{1+}\ \frac{1}{1}$$

并不是每一个 n 都能表示成两正整数 a 与 b 的和,它使 b/a 的连分数所有部分商等于 1 或 2.对于 11,17,19 我们有

$$\frac{4}{7}=\frac{1}{1+}\ \frac{1}{1+}\ \frac{1}{2+}\ \frac{1}{1},\frac{5}{12}=\frac{1}{2+}\ \frac{1}{2+}\ \frac{1}{2}\text{和}\frac{7}{12}=\frac{1}{1+}\ \frac{1}{1+}\ \frac{1}{2+}\ \frac{1}{2}$$

但是 23 就不能如此表达.Leo Moser 猜想;有一个常数 c 使得,每个 n 表达的部分商的和 $\sum a_i<c\ln n$.

F20 Rotkiewicz 问题

Rotkiewicz 提出下面的三个问题.

(a)设 $p>3,p\neq 9$,且是一个给定的奇数,问是否存在奇数 q 使得 Jacobi 符号(参见 F5)$\left(\frac{q}{p}\right)=(-1)^\lambda$ 和 $\frac{p}{q}=\frac{1}{c_1}+\frac{1}{c_2}+\cdots+\frac{1}{c_\lambda}$,这里 $c_\lambda>1$.

(b)设 $M_p=\{n\mid\left(\frac{n}{p}\right)=(-1)^\lambda,0<n<p\text{ 且}\frac{p}{n}=c_1+\frac{1}{c_2}+\cdots+\frac{1}{c_\lambda},C_\lambda>1\}$,

$\overline{M}_p=\{n\mid(\frac{n}{p})=(-1)^{\lambda+1},0<n<p$ 且 $\frac{p}{n}=c_1+\frac{1}{c_2}+\cdots+\frac{1}{c_\lambda},C_\lambda>1\}$，令 $N(p)=|M_p|,\overline{N}(p)=|\overline{M}_p|$. 试找到函数 $N(p),\overline{N}(p)$ 的下界和上界.

(c) $\lim\limits_{p\to\infty}\frac{N(p)}{\overline{N}(p)}=1$ 成立吗？

曹珍富首先给出了问题(a)的肯定回答，同时，他还证明了，设 $p\equiv1\pmod 4$，$p>1$，则 $N(p)=\overline{N}(p)$，而在 $p\equiv3\pmod 4$ 时，他的结果支持他提出如下猜想

(d) $\overline{N}(p)\geqslant N(p)\geqslant2$.

(e) $\lim\limits_{p\to\infty}\frac{N(p)}{\overline{N}(p)}=1$ 不成立.

[1] 曹珍富. 关于 Rotkiewicz 的一个问题[J]. 数学研究与评论，1987，2：318-320.

[2] ROTKIEWICZ A. Application of Jacobi's symbol to Lehmer's numbers[J]. Acta Arith.，Al Ⅱ 1983：163-187.

F21　部分商为 *a* 或 *b* 问题

Bohuslav Divis 要求证明：在每一个实二次域中，存在一个无理数，其简单连分数所有的部分商等于 1 或 2. 他对用任意对不同的自然数替代 1 和 2 问了同样的问题.

F22　无界部分商的代数数

存在一个代数数(次数大于 2)其连分数有无界的部分商吗？每一个次数大于 2 的实代数数都有无界的部分商吗？Ulam 特别地问到 $\zeta=\frac{1}{(\zeta+\gamma)}$，其中 $\gamma=\frac{1}{(1+\gamma)}$ 如何？

Littlewood 注意到，如果 θ 存在具有有界部分商 a_n 的连分数，那么 $\liminf n|\sin n\theta|\leqslant A(\theta)$，其中 $A(\theta)$ 不是 0(尽管对几乎所有的 θ 它是 0). 他问

$$\liminf n\ |\sin n\theta\sin n\varphi|=0$$

对所有实的 θ 和 φ 都成立吗？已知对几乎所有的 θ 和 φ 成立. 另外

$$\liminf n^{1+\varepsilon}|\sin n\theta\sin n\varphi|=\infty$$

对几乎所有的 θ 和 φ 成立. Cassels 和 Swinnerton-Dyer 解决了一个孪生问题且

顺便证明了 $\theta=2^{1/3}$，$\varphi=4^{1/3}$ 给不出反例. Davenport 认为计算机也许有助于证明 $|(x\theta-y)(x\varphi-z)|<\varepsilon$ 对于每一个 θ,φ 有解，例如当 $\varepsilon=\frac{1}{10}$ 或 $\frac{1}{50}$ 时.

[1] CASSELS J W S, SWINNERTON DYER H P F. On the product of three homogeneous linear forms and indefinite ternary quadratic forms[J]. Philos. Tráns. Roy. Soc. London Ser. A, 1955, 248: 73-96.
[2] DAVENPORT H. Note on irregularities of distribution[J]. Mathematika, 1956, 3: 131-135.
[3] LITTLEWOOD J E. Some problems in real and complex analysis[J]. Heath, Lexington Mass., 1968: 19-20, Problems 5, 6.

F23 用 2 的幂逼近某些数

Littlewood 问：如何用 2^m 去逼近 3^n，使 3^n-2^m 与 2^m 的比尽可能小？他给出一个例子

$$\frac{3^{12}}{2^{19}}=1+\frac{7\ 183}{524\ 288}\approx 1+\frac{1}{73}$$

Croft 对 $n!-2^m$ 问了相应的问题. 2 的幂对 $n!$ 的前几个最好的近似是(表 17)：

表 17

$5!$	$20!$	$22!$	$24!$	$61!$	$63!$
2^7	2^{61}	2^{70}	2^{79}	2^{278}	2^{290}
-1.33	$+0.126$	-0.10	$+0.047$	$+0.023$	-0.0017

其中，第三行是指数误差比的百分数，例如设 $5!=2^x$，则 -1.33 是 $(x-7)/7$ 的百分数. Erdös 注意到 $n!=2^a\pm 2^b$，仅当 $n=1,2,3,4$ 和 5 成立.

F24 两个不同数字组成的平方数

Sin Hitotumatu 要求证明下述问题或举出它的反例：除 10^{2n}，4×10^{2n} 和 9×10^{2n} 外，仅存在有限多个平方数恰由两不同十进制数字组成，如

$1\ 444=38^2$，$7\ 744=88^2$，$11\ 881=109^2$，$29\ 929=173^2$，$44\ 944=212^2$，$55\ 225=235^2$ 和 $9\ 696\ 996=3\ 114^2$.

F25 数的住留度

在序列 679,378,168,48,32,6 中,每一项都是前项十进制数字的积. Neil Sloane 定义一个数的住留度为:一个数在下降到一位数以前的步数(例中为 5 步). 我们有

10,25,39,77,679,6 788,68 889,2 677 889,26 888 999,3 778 888 999, 277 777 788 888 899

住留度分别为

1,2,3,4,5,6,7,8,9,10,11

住留度大于 11 的数都大于 10^{50}. Sloane 猜想,存在一个数 c,使得对全部的数其住留度均小于等于 c.

在二进制数中最大的住留度是 1. 在三进制中,任何数的数字之积只能是 0 或 2 的幂. 人们猜想,比 2^{15} 大的所有 2 的幂当记为三进制时包含 0. 已知此猜想对不超过 2^{500} 的 2 的幂都为真. 此猜想的真实性将蕴含三进制数的最大住留度是 3.

Sloane 的一般猜想是,存在数 $c(b)$ 使得 b 进制数的住留度不能超过 $c(b)$.

Erdös 设 $f(n)$ 是 n 的非零十进制数字的积,他问,一个数到达 1 位数能多快? 且哪个数下降最慢? 他说易于证明 $f(n) < n^{1-c}$,因此至多需要 $c \ln \ln n$ 步.

[1] SLOANE N J A. The persistence of a number[J]. J. Recreatianal Math., 1973,6:97-98.

F26 用 1 表示数

用 1 和任意个"+"和"×"号来表达 n,设 $f(n)$ 是 1 的最少个数,由

$64 = (1+1+1+1) \times (1+1+1+1) \times (1+1+1+1)$

$80 = (1+1+1+1+1) \times (1+1+1+1) \times (1+1+1+1)$

知 $f(64) \leqslant 12$, $f(80) \leqslant 13$. 能够证明 $f(3^k) = 3k$ 且 $3 \log_3 n \leqslant f(n) \leqslant 5\log_3 n$,其中 log 以 3 为底,那么 $f(n) \sim 3 \log_3 n$(对于 $n \to \infty$)? Rawsthorne 对 $n \leqslant 3^{10}$ ($3^{10} = 59\ 049$)计算了 $f(n)$. 同时,他令 $S(m) = \{n : f(n) = m\}$,对 $1 \leqslant m \leqslant 37$,他证明了:如果 $b(m)$ 和 $b_1(m)$ 是 $S(m)$ 的最大和次最大的元素,那么 $b_1(m) = [(8/9)b(m)]$. 对更大的 m, $b_1(m)$ 与 $b(m)$ 的关系如何? 怎样确定他们?

[1] CONWAY J H, GUY M J T. π in four 4's[J]. Eureka, 1962, 25:18-19.
[2] POPKEN, MAHLER K. On a maximum problem in arithmetic[J]. Nieuw

Arch. voor Wisk. ,1953,1(3):1-15.
[3]RAWSTHORNE D A. How many 1's are needed[J]. Fibonacci Quart. ,1989, 27(1):14-17.

F27 Farey 级数

阶为 n 的 Farey 级数是指 0 与 1 之间的诸既约分数中,分母、分子小于或等于 n,且次序按大小排列. 例如,阶为 5 的 Farey 级数是

表 18 按根大小排列的二次方程系数行列式

a	b	c	根	行列式
0	1	0	0	
2	2	−1	$(\sqrt{3}-1)/2$	1
1	2	−1	$\sqrt{2}-1$	0
0	2	−1	$\frac{1}{2}$	0
0	2	−1	$\frac{1}{2}$	0
1	1	−1	$(\sqrt{5}-1)/2$	0
2	0	−1	$\sqrt{2}/2$	−1
1	2	−2	$\sqrt{3}-1$	−1
2	1	−2	$(\sqrt{17}-1)/4$	1
0	1	−1	1	0
0	1	−1	1	0
2	−1	−2	$(\sqrt{17}+1)/4$	0
2	−2	−1	$(\sqrt{3}+1)/2$	1
1	0	−2	$\sqrt{2}$	−1
1	−1	−1	$(\sqrt{5}+1)/2$	1
0	1	−2	2	0
0	1	−2	2	0
1	−2	−1	$\sqrt{2}+1$	1
1	−2	−2	$\sqrt{3}+1$	0
0	0	1	∞	

$$\frac{1}{5}\quad\frac{1}{4}\quad\frac{1}{3}\quad\frac{2}{5}\quad\frac{1}{2}\quad\frac{3}{5}\quad\frac{2}{3}\quad\frac{3}{4}\quad\frac{4}{5}\quad\frac{1}{1}\quad\frac{5}{4}\quad\frac{4}{3}\quad\frac{3}{2}\quad\frac{5}{3}\quad\frac{2}{1}\quad\frac{5}{2}\quad\frac{3}{1}\quad\frac{4}{1}\quad\frac{5}{1}$$

其两相邻分数分子、分母构成的行列式值是 ± 1. Mahler 把序列的元素看作为一线性方程的正实根,此方程的系数的最大公约数为 1,且系数本身不超过 n,他对二次方程得到下面明显的推广. 按根的大小列出有正实根的二次方程:$ax^2+bx+c=0$,$a\geqslant 0$,$(a,b,c)=1$,$b^2\geqslant 4ac$,$\max\{a,|b|,|c|\}\leqslant n$ 的系数(a,b,c),则

由表 18 知由 a,b,c 三相邻行组成的三阶行列式(参见 F28)值为 0 或 ±1.

表 18 中,对 $n=2$,从 0,1,0 开始,它对应于 0 根的情况. 为避免出现平凡的例外,Selfridge 建议重复有理根. 此表以 0,0,1 结束. 表中最后一列是行列式的值. 该行列式是由该行及与此相邻的上、下行组成.

表 18 能够证明吗? 它能推广到与 3 次方程相联系的 4 阶行列式吗?

F28 值为 1 的一个行列式

三阶行列式 $\begin{vmatrix} a_1 & a_2 & a_3 \\ a_4 & a_5 & a_6 \\ a_7 & a_8 & a_9 \end{vmatrix}$ 可定义为 $a_1(a_5a_9-a_6a_8)-a_2(a_4a_9-a_6a_7)+a_3(a_4a_8-a_5a_7)$. Basil Gordon 问:使得

$$\begin{vmatrix} a_1 & a_2 & a_3 \\ a_4 & a_5 & a_6 \\ a_7 & a_8 & a_9 \end{vmatrix}=1=\begin{vmatrix} a_1^2 & a_2^2 & a_3^2 \\ a_4^2 & a_5^2 & a_6^2 \\ a_7^2 & a_8^2 & a_9^2 \end{vmatrix}$$

成立的全部的数字 $a_1,a_2,\cdots,a_9$ 是什么?(其中没有一个为 0 或 ±1).

F29 两个同余式

给定一素数 p,试找到函数 $f(x),g(x)$ 使得同余式 $f(x)\equiv n,g(x)\equiv n \pmod p$ 之一对所有整数 n 可解. 一平凡的例子是 $f(x)=x^2,g(x)=ax^2$,其中 a 是奇素数 p 的二次非剩余. Mordell 给出进一步的例子,$f(x)=2x+dx^4,g(x)=x-1/4dx^2$,其中 d 是与 p 互素的任意整数,且 $1/z$ 被定义为 $\bar{z}$,其中 $z\cdot\bar{z}\equiv1 \pmod p$.

F30 一个整除问题

Znám 曾问,是否对每一整数 $n>1$,都存在整数 $x_i>1(i=1,\cdots,n)$ 使得对每一个 i,x_i 是 $x_1\cdots x_{i-1}x_{i+1}\cdots x_n+1$ 的真因子? 这个问题已经被孙琦解决. 设 $Z(n)$ 表示 Znám 问题的解 $(x_1,\cdots,x_n)(1<x_1<\cdots<x_n)$ 的个数,他证明了 $Z(n)\geqslant\Omega(n)-\Omega(n-1)(n>1)$,这里 $\Omega(n)$ 是方程

$$\sum_{j=1}^{n}\frac{1}{x_j}+\frac{1}{x_1\cdots x_n}=1,1<x_1<\cdots<x_n \tag{A}$$

的解的个数(参见 D10). 由于他和曹珍富依次证明了:当 $n\geqslant10$ 时,$\Omega(n+1)\geqslant\Omega(n)+3$;当 $n\geqslant10$ 时,$\Omega(n+1)\geqslant\Omega(n)+5$;当 $n\geqslant11$ 时,$\Omega(n+1)\geqslant\Omega(n)+$

8;当 $n \geqslant 11$ 时,$\Omega(n+1) \geqslant \Omega(n)+17$ 和当 $n \geqslant 11, 2 \nmid n$ 时,$\Omega(n+1) \geqslant \Omega(n)+23$,且后来曹珍富等人证明了当 $n \geqslant 11$ 时,$\Omega(n+1) \geqslant \Omega(n)+39$,当 $2 \nmid n \geqslant 11$ 时,$\Omega(n+1) \geqslant \Omega(n)+57$,故在 $n \geqslant 12$ 时,$Z(n) \geqslant 39$ 且在 $n \geqslant 12$ 时,$2 \mid n$ 时,$Z(n) \geqslant 57$. 但是,要得出 $Z(n)$ 的渐近公式仍很不易. 孙琦和曹珍富提出如下猜想:当 $n \geqslant 4$ 时,$Z(n+1)>Z(n)$.

类似于 Znám 问题,曹珍富提出了如下问题:对任意给定的正整数 a 是否对每一个整数 $n>1$,都存在整数 $x_i>1(i=1,\cdots,n)$ 使得对每一个 i,x_i 是 $ax_1\cdots x_{i-1}x_{i+1}\cdots x_n+1$ 的真因子? 当 $a \equiv 7,18,22 \pmod{25}$ 时,这个问题已被解决(参见 D26).

另一个与方程(A)是孪生的方程是

$$\sum_{j=1}^{n} \frac{1}{x_j}-\frac{1}{x_1 \cdots x_n}=1, 1<x_1<\cdots<x_n \tag{B}$$

设解的个数为 $A(n)$,则已知当 $n \geqslant 9$ 时,$A(n+1) \geqslant \Omega(n)+\Omega(n-1)+78$,且当 $n \geqslant 12, 2 \mid n$ 时,$A(n+1) \geqslant \Omega(n)+\Omega(n-1)+104$. 可见 $A(n)$ 远远大于 $\Omega(n)$. 曹珍富问:$\lim\limits_{n \rightarrow \infty} \frac{\Omega(n)}{A(n)}=$? 他曾提出如下的猜想:当 $n>1$ 时,$A(n+1)>A(n)$.

[1]曹珍富. 丢番图方程引论[M]. 哈尔滨:哈尔滨工业大学出版社,1989:417-423.

[2]CAO Z F, LIU R, ZHANG R. On the equation $\sum_{j=1}^{s} \frac{1}{x_j}+\frac{1}{x_1 \cdots x_s}=1$ and Znám's problem[J]. J. Number Theory, 1987, 27:206-211.

[3]曹珍富. 数论中的一些新的问题和结果[J]. 河池师专学报,1987,1:1-8.

[4]孙琦. 关于 Znám 问题[J]. 四川大学学报(自然科学版),1983,4:9-11.

[5]孙琦,曹珍富. 关于方程 $\sum_{j=1}^{n} \frac{1}{x_j}+\frac{1}{x_1 \cdots x_n}=1$[J]. 数学研究与评论,1987,1:125-128.

[6]孙琦,曹珍富. On the equation $\sum_{j=1}^{s} \frac{1}{x_j}+\frac{1}{x_1 \cdots x_s}=n$ and the number of solution of Znám's problem[J]. 数学进展,1986,3:329-330.

刘培杰数学工作室
已出版(即将出版)图书目录——初等数学

书　　名	出版时间	定　价	编号
新编中学数学解题方法全书(高中版)上卷(第2版)	2018－08	58.00	951
新编中学数学解题方法全书(高中版)中卷(第2版)	2018－08	68.00	952
新编中学数学解题方法全书(高中版)下卷(一)(第2版)	2018－08	58.00	953
新编中学数学解题方法全书(高中版)下卷(二)(第2版)	2018－08	58.00	954
新编中学数学解题方法全书(高中版)下卷(三)(第2版)	2018－08	68.00	955
新编中学数学解题方法全书(初中版)上卷	2008－01	28.00	29
新编中学数学解题方法全书(初中版)中卷	2010－07	38.00	75
新编中学数学解题方法全书(高考复习卷)	2010－01	48.00	67
新编中学数学解题方法全书(高考真题卷)	2010－01	38.00	62
新编中学数学解题方法全书(高考精华卷)	2011－03	68.00	118
新编平面解析几何解题方法全书(专题讲座卷)	2010－01	18.00	61
新编中学数学解题方法全书(自主招生卷)	2013－08	88.00	261
数学奥林匹克与数学文化(第一辑)	2006－05	48.00	4
数学奥林匹克与数学文化(第二辑)(竞赛卷)	2008－01	48.00	19
数学奥林匹克与数学文化(第二辑)(文化卷)	2008－07	58.00	36′
数学奥林匹克与数学文化(第三辑)(竞赛卷)	2010－01	48.00	59
数学奥林匹克与数学文化(第四辑)(竞赛卷)	2011－08	58.00	87
数学奥林匹克与数学文化(第五辑)	2015－06	98.00	370
世界著名平面几何经典著作钩沉——几何作图专题卷(上)	2009－06	48.00	49
世界著名平面几何经典著作钩沉——几何作图专题卷(下)	2011－01	88.00	80
世界著名平面几何经典著作钩沉(民国平面几何老课本)	2011－03	38.00	113
世界著名平面几何经典著作钩沉(建国初期平面三角老课本)	2015－08	38.00	507
世界著名解析几何经典著作钩沉——平面解析几何卷	2014－01	38.00	264
世界著名数论经典著作钩沉(算术卷)	2012－01	28.00	125
世界著名数学经典著作钩沉——立体几何卷	2011－02	28.00	88
世界著名三角学经典著作钩沉(平面三角卷Ⅰ)	2010－06	28.00	69
世界著名三角学经典著作钩沉(平面三角卷Ⅱ)	2011－01	38.00	78
世界著名初等数论经典著作钩沉(理论和实用算术卷)	2011－07	38.00	126
发展你的空间想象力(第2版)	2019－11	68.00	1117
空间想象力进阶	2019－05	68.00	1062
走向国际数学奥林匹克的平面几何试题诠释.第1卷	2019－07	88.00	1043
走向国际数学奥林匹克的平面几何试题诠释.第2卷	2019－09	78.00	1044
走向国际数学奥林匹克的平面几何试题诠释.第3卷	2019－03	78.00	1045
走向国际数学奥林匹克的平面几何试题诠释.第4卷	2019－09	98.00	1046
平面几何证明方法全书	2007－08	35.00	1
平面几何证明方法全书习题解答(第2版)	2006－12	18.00	10
平面几何天天练上卷・基础篇(直线型)	2013－01	58.00	208
平面几何天天练中卷・基础篇(涉及圆)	2013－01	28.00	234
平面几何天天练下卷・提高篇	2013－01	58.00	237
平面几何专题研究	2013－07	98.00	258

刘培杰数学工作室

已出版(即将出版)图书目录——初等数学

书　　名	出版时间	定　价	编号
最新世界各国数学奥林匹克中的平面几何试题	2007－09	38.00	14
数学竞赛平面几何典型题及新颖解	2010－07	48.00	74
初等数学复习及研究(平面几何)	2008－09	58.00	38
初等数学复习及研究(立体几何)	2010－06	38.00	71
初等数学复习及研究(平面几何)习题解答	2009－01	48.00	42
几何学教程(平面几何卷)	2011－03	68.00	90
几何学教程(立体几何卷)	2011－07	68.00	130
几何变换与几何证题	2010－06	88.00	70
计算方法与几何证题	2011－06	28.00	129
立体几何技巧与方法	2014－04	88.00	293
几何瑰宝——平面几何 500 名题暨 1000 条定理(上、下)	2010－07	138.00	76,77
三角形的解法与应用	2012－07	18.00	183
近代的三角形几何学	2012－07	48.00	184
一般折线几何学	2015－08	48.00	503
三角形的五心	2009－06	28.00	51
三角形的六心及其应用	2015－10	68.00	542
三角形趣谈	2012－08	28.00	212
解三角形	2014－01	28.00	265
三角学专门教程	2014－09	28.00	387
图天下几何新题试卷.初中(第 2 版)	2017－11	58.00	855
圆锥曲线习题集(上册)	2013－06	68.00	255
圆锥曲线习题集(中册)	2015－01	78.00	434
圆锥曲线习题集(下册・第 1 卷)	2016－10	78.00	683
圆锥曲线习题集(下册・第 2 卷)	2018－01	98.00	853
圆锥曲线习题集(下册・第 3 卷)	2019－10	128.00	1113
论九点圆	2015－05	88.00	645
近代欧氏几何学	2012－03	48.00	162
罗巴切夫斯基几何学及几何基础概要	2012－07	28.00	188
罗巴切夫斯基几何学初步	2015－06	28.00	474
用三角、解析几何、复数、向量计算解数学竞赛几何题	2015－03	48.00	455
美国中学几何教程	2015－04	88.00	458
三线坐标与三角形特征点	2015－04	98.00	460
平面解析几何方法与研究(第 1 卷)	2015－05	18.00	471
平面解析几何方法与研究(第 2 卷)	2015－06	18.00	472
平面解析几何方法与研究(第 3 卷)	2015－07	18.00	473
解析几何研究	2015－01	38.00	425
解析几何学教程.上	2016－01	38.00	574
解析几何学教程.下	2016－01	38.00	575
几何学基础	2016－01	58.00	581
初等几何研究	2015－02	58.00	444
十九和二十世纪欧氏几何学中的片段	2017－01	58.00	696
平面几何中考.高考.奥数一本通	2017－07	28.00	820
几何学简史	2017－08	28.00	833
四面体	2018－01	48.00	880
平面几何证明方法思路	2018－12	68.00	913
平面几何图形特性新析.上篇	2019－01	68.00	911
平面几何图形特性新析.下篇	2018－06	88.00	912
平面几何范例多解探究.上篇	2018－04	48.00	910
平面几何范例多解探究.下篇	2018－12	68.00	914
从分析解题过程学解题:竞赛中的几何问题研究	2018－07	68.00	946
从分析解题过程学解题:竞赛中的向量几何与不等式研究(全 2 册)	2019－06	138.00	1090
二维、三维欧氏几何的对偶原理	2018－12	38.00	990
星形大观及闭折线论	2019－03	68.00	1020
圆锥曲线之设点与设线	2019－05	60.00	1063
立体几何的问题和方法	2019－11	58.00	1127

刘培杰数学工作室

已出版(即将出版)图书目录——初等数学

书　　名	出版时间	定　价	编号
俄罗斯平面几何问题集	2009－08	88.00	55
俄罗斯立体几何问题集	2014－03	58.00	283
俄罗斯几何大师——沙雷金论数学及其他	2014－01	48.00	271
来自俄罗斯的 5000 道几何习题及解答	2011－03	58.00	89
俄罗斯初等数学问题集	2012－05	38.00	177
俄罗斯函数问题集	2011－03	38.00	103
俄罗斯组合分析问题集	2011－01	48.00	79
俄罗斯初等数学万题选——三角卷	2012－11	38.00	222
俄罗斯初等数学万题选——代数卷	2013－08	68.00	225
俄罗斯初等数学万题选——几何卷	2014－01	68.00	226
俄罗斯《量子》杂志数学征解问题 100 题选	2018－08	48.00	969
俄罗斯《量子》杂志数学征解问题又 100 题选	2018－08	48.00	970
俄罗斯《量子》杂志数学征解问题	2020－05	48.00	1138
463 个俄罗斯几何老问题	2012－01	28.00	152
《量子》数学短文精粹	2018－09	38.00	972
用三角、解析几何等计算解来自俄罗斯的几何题	2019－11	88.00	1119
谈谈素数	2011－03	18.00	91
平方和	2011－03	18.00	92
整数论	2011－05	38.00	120
从整数谈起	2015－10	28.00	538
数与多项式	2016－01	38.00	558
谈谈不定方程	2011－05	28.00	119
解析不等式新论	2009－06	68.00	48
建立不等式的方法	2011－03	98.00	104
数学奥林匹克不等式研究(第 2 版)	2020－07	68.00	1181
不等式研究(第二辑)	2012－02	68.00	153
不等式的秘密(第一卷)(第 2 版)	2014－02	38.00	286
不等式的秘密(第二卷)	2014－01	38.00	268
初等不等式的证明方法	2010－06	38.00	123
初等不等式的证明方法(第二版)	2014－11	38.00	407
不等式・理论・方法(基础卷)	2015－07	38.00	496
不等式・理论・方法(经典不等式卷)	2015－07	38.00	497
不等式・理论・方法(特殊类型不等式卷)	2015－07	48.00	498
不等式探究	2016－03	38.00	582
不等式探秘	2017－01	88.00	689
四面体不等式	2017－01	68.00	715
数学奥林匹克中常见重要不等式	2017－09	38.00	845
三正弦不等式	2018－09	98.00	974
函数方程与不等式:解法与稳定性结果	2019－04	68.00	1058
同余理论	2012－05	38.00	163
[x]与{x}	2015－04	48.00	476
极值与最值. 上卷	2015－06	28.00	486
极值与最值. 中卷	2015－06	38.00	487
极值与最值. 下卷	2015－06	28.00	488
整数的性质	2012－11	38.00	192
完全平方数及其应用	2015－08	78.00	506
多项式理论	2015－10	88.00	541
奇数、偶数、奇偶分析法	2018－01	98.00	876
不定方程及其应用. 上	2018－12	58.00	992
不定方程及其应用. 中	2019－01	78.00	993
不定方程及其应用. 下	2019－02	98.00	994

刘培杰数学工作室
已出版(即将出版)图书目录——初等数学

书　　名	出版时间	定　价	编号
历届美国中学生数学竞赛试题及解答(第一卷)1950—1954	2014—07	18.00	277
历届美国中学生数学竞赛试题及解答(第二卷)1955—1959	2014—04	18.00	278
历届美国中学生数学竞赛试题及解答(第三卷)1960—1964	2014—06	18.00	279
历届美国中学生数学竞赛试题及解答(第四卷)1965—1969	2014—04	28.00	280
历届美国中学生数学竞赛试题及解答(第五卷)1970—1972	2014—06	18.00	281
历届美国中学生数学竞赛试题及解答(第六卷)1973—1980	2017—07	18.00	768
历届美国中学生数学竞赛试题及解答(第七卷)1981—1986	2015—01	18.00	424
历届美国中学生数学竞赛试题及解答(第八卷)1987—1990	2017—05	18.00	769
历届中国数学奥林匹克试题集(第2版)	2017—03	38.00	757
历届加拿大数学奥林匹克试题集	2012—08	38.00	215
历届美国数学奥林匹克试题集:1972～2019	2020—04	88.00	1135
历届波兰数学竞赛试题集.第1卷,1949～1963	2015—03	18.00	453
历届波兰数学竞赛试题集.第2卷,1964～1976	2015—03	18.00	454
历届巴尔干数学奥林匹克试题集	2015—05	38.00	466
保加利亚数学奥林匹克	2014—10	38.00	393
圣彼得堡数学奥林匹克试题集	2015—01	38.00	429
匈牙利奥林匹克数学竞赛题解.第1卷	2016—05	28.00	593
匈牙利奥林匹克数学竞赛题解.第2卷	2016—05	28.00	594
历届美国数学邀请赛试题集(第2版)	2017—10	78.00	851
全国高中数学竞赛试题及解答.第1卷	2014—07	38.00	331
普林斯顿大学数学竞赛	2016—06	38.00	669
亚太地区数学奥林匹克竞赛题	2015—07	18.00	492
日本历届(初级)广中杯数学竞赛试题及解答.第1卷(2000～2007)	2016—05	28.00	641
日本历届(初级)广中杯数学竞赛试题及解答.第2卷(2008～2015)	2016—05	38.00	642
360个数学竞赛问题	2016—08	58.00	677
奥数最佳实战题.上卷	2017—06	38.00	760
奥数最佳实战题.下卷	2017—05	58.00	761
哈尔滨市早期中学数学竞赛试题汇编	2016—07	28.00	672
全国高中数学联赛试题及解答:1981—2019(第4版)	2020—07	138.00	1176
20世纪50年代全国部分城市数学竞赛试题汇编	2017—07	28.00	797
国内外数学竞赛题及精解:2017～2018	2019—06	45.00	1092
许康华竞赛优学精选集.第一辑	2018—08	68.00	949
天问叶班数学问题征解100题.Ⅰ,2016—2018	2019—05	88.00	1075
天问叶班数学问题征解100题.Ⅱ,2017—2019	2020—07	98.00	1177
美国初中数学竞赛:AMC8准备(共6卷)	2019—07	138.00	1089
美国高中数学竞赛:AMC10准备(共6卷)	2019—08	158.00	1105
高考数学临门一脚(含密押三套卷)(理科版)	2017—01	45.00	743
高考数学临门一脚(含密押三套卷)(文科版)	2017—01	45.00	744
高考数学题型全归纳:文科版.上	2016—05	53.00	663
高考数学题型全归纳:文科版.下	2016—05	53.00	664
高考数学题型全归纳:理科版.上	2016—05	58.00	665
高考数学题型全归纳:理科版.下	2016—05	58.00	666

刘培杰数学工作室
已出版(即将出版)图书目录——初等数学

书　名	出版时间	定　价	编号
王连笑教你怎样学数学:高考选择题解题策略与客观题实用训练	2014-01	48.00	262
王连笑教你怎样学数学:高考数学高层次讲座	2015-02	48.00	432
高考数学的理论与实践	2009-08	38.00	53
高考数学核心题型解题方法与技巧	2010-01	28.00	86
高考思维新平台	2014-03	38.00	259
30 分钟拿下高考数学选择题、填空题(理科版)	2016-10	39.80	720
30 分钟拿下高考数学选择题、填空题(文科版)	2016-10	39.80	721
高考数学压轴题解题诀窍(上)(第 2 版)	2018-01	58.00	874
高考数学压轴题解题诀窍(下)(第 2 版)	2018-01	48.00	875
北京市五区文科数学三年高考模拟题详解:2013～2015	2015-08	48.00	500
北京市五区理科数学三年高考模拟题详解:2013～2015	2015-09	68.00	505
向量法巧解数学高考题	2009-08	28.00	54
高考数学解题金典(第 2 版)	2017-01	78.00	716
高考物理解题金典(第 2 版)	2019-05	68.00	717
高考化学解题金典(第 2 版)	2019-05	58.00	718
我一定要赚分:高中物理	2016-01	38.00	580
数学高考参考	2016-01	78.00	589
2011～2015 年全国及各省市高考数学文科精品试题审题要津与解法研究	2015-10	68.00	539
2011～2015 年全国及各省市高考数学理科精品试题审题要津与解法研究	2015-10	88.00	540
最新全国及各省市高考数学试卷解法研究及点拨评析	2009-02	38.00	41
2011 年全国及各省市高考数学试题审题要津与解法研究	2011-10	48.00	139
2013 年全国及各省市高考数学试题解析与点评	2014-01	48.00	282
全国及各省市高考数学试题审题要津与解法研究	2015-02	48.00	450
高中数学章节起始课的教学研究与案例设计	2019-05	28.00	1064
新课标高考数学——五年试题分章详解(2007～2011)(上、下)	2011-10	78.00	140,141
全国中考数学压轴题审题要津与解法研究	2013-04	78.00	248
新编全国及各省市中考数学压轴题审题要津与解法研究	2014-05	58.00	342
全国及各省市 5 年中考数学压轴题审题要津与解法研究(2015 版)	2015-04	58.00	462
中考数学专题总复习	2007-04	28.00	6
中考数学较难题常考题型解题方法与技巧	2016-09	48.00	681
中考数学难题常考题型解题方法与技巧	2016-09	48.00	682
中考数学中档题常考题型解题方法与技巧	2017-08	68.00	835
中考数学选择填空压轴好题妙解 365	2017-05	38.00	759
中考数学:三类重点考题的解法例析与习题	2020-04	48.00	1140
中小学数学的历史文化	2019-11	48.00	1124
初中平面几何百题多思创新解	2020-01	58.00	1125
初中数学中考备考	2020-01	58.00	1126
高考数学之九章演义	2019-08	68.00	1044
化学可以这样学:高中化学知识方法智慧感悟疑难辨析	2019-07	58.00	1103
如何成为学习高手	2019-09	58.00	1107
高考数学:经典真题分类解析	2020-04	78.00	1134
从分析解题过程学解题:高考压轴题与竞赛题之关系探究	2020-08	88.00	1179

刘培杰数学工作室
已出版(即将出版)图书目录——初等数学

书　　名	出版时间	定　价	编号
中考数学小压轴汇编初讲	2017－07	48.00	788
中考数学大压轴专题微言	2017－09	48.00	846
怎么解中考平面几何探索题	2019－06	48.00	1093
北京中考数学压轴题解题方法突破(第5版)	2020－01	58.00	1120
助你高考成功的数学解题智慧:知识是智慧的基础	2016－01	58.00	596
助你高考成功的数学解题智慧:错误是智慧的试金石	2016－04	58.00	643
助你高考成功的数学解题智慧:方法是智慧的推手	2016－04	68.00	657
高考数学奇思妙解	2016－04	38.00	610
高考数学解题策略	2016－05	48.00	670
数学解题泄天机(第2版)	2017－10	48.00	850
高考物理压轴题全解	2017－04	48.00	746
高中物理经典问题25讲	2017－05	28.00	764
高中物理教学讲义	2018－01	48.00	871
2016年高考文科数学真题研究	2017－04	58.00	754
2016年高考理科数学真题研究	2017－04	78.00	755
2017年高考理科数学真题研究	2018－01	58.00	867
2017年高考文科数学真题研究	2018－01	48.00	868
初中数学、高中数学脱节知识补缺教材	2017－06	48.00	766
高考数学小题抢分必练	2017－10	48.00	834
高考数学核心素养解读	2017－09	38.00	839
高考数学客观题解题方法和技巧	2017－10	38.00	847
十年高考数学精品试题审题要津与解法研究.上卷	2018－01	68.00	872
十年高考数学精品试题审题要津与解法研究.下卷	2018－01	58.00	873
中国历届高考数学试题及解答.1949－1979	2018－01	38.00	877
历届中国高考数学试题及解答.第二卷,1980—1989	2018－10	28.00	975
历届中国高考数学试题及解答.第三卷,1990—1999	2018－10	48.00	976
数学文化与高考研究	2018－03	48.00	882
跟我学解高中数学题	2018－07	58.00	926
中学数学研究的方法及案例	2018－05	58.00	869
高考数学抢分技能	2018－07	68.00	934
高一新生常用数学方法和重要数学思想提升教材	2018－06	38.00	921
2018年高考数学真题研究	2019－01	68.00	1000
2019年高考数学真题研究	2020－05	88.00	1137
高考数学全国卷16道选择、填空题常考题型解题诀窍.理科	2018－09	88.00	971
高考数学全国卷16道选择、填空题常考题型解题诀窍.文科	2020－01	88.00	1123
高中数学一题多解	2019－06	58.00	1087
新编640个世界著名数学智力趣题	2014－01	88.00	242
500个最新世界著名数学智力趣题	2008－06	48.00	3
400个最新世界著名数学最值问题	2008－09	48.00	36
500个世界著名数学征解问题	2009－06	48.00	52
400个中国最佳初等数学征解老问题	2010－01	48.00	60
500个俄罗斯数学经典老题	2011－01	28.00	81
1000个国外中学物理好题	2012－04	48.00	174
300个日本高考数学题	2012－05	38.00	142
700个早期日本高考数学试题	2017－02	88.00	752
500个前苏联早期高考数学试题及解答	2012－05	28.00	185
546个早期俄罗斯大学生数学竞赛题	2014－03	38.00	285
548个来自美苏的数学好问题	2014－11	28.00	396
20所苏联著名大学早期入学试题	2015－02	18.00	452
161道德国工科大学生必做的微分方程习题	2015－05	28.00	469
500个德国工科大学生必做的高数习题	2015－06	28.00	478
360个数学竞赛问题	2016－08	58.00	677
200个趣味数学故事	2018－02	48.00	857
470个数学奥林匹克中的最值问题	2018－10	88.00	985
德国讲义日本考题.微积分卷	2015－04	48.00	456
德国讲义日本考题.微分方程卷	2015－04	38.00	457
二十世纪中叶中、英、美、日、法、俄高考数学试题精选	2017－06	38.00	783

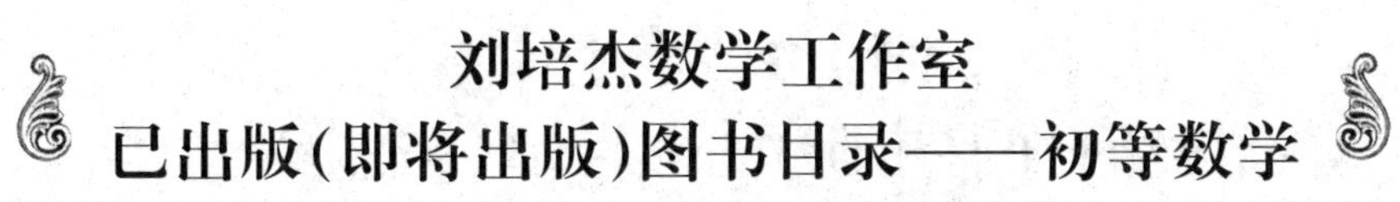

刘培杰数学工作室
已出版(即将出版)图书目录——初等数学

书　　名	出版时间	定　价	编号
中国初等数学研究　2009 卷(第 1 辑)	2009－05	20.00	45
中国初等数学研究　2010 卷(第 2 辑)	2010－05	30.00	68
中国初等数学研究　2011 卷(第 3 辑)	2011－07	60.00	127
中国初等数学研究　2012 卷(第 4 辑)	2012－07	48.00	190
中国初等数学研究　2014 卷(第 5 辑)	2014－02	48.00	288
中国初等数学研究　2015 卷(第 6 辑)	2015－06	68.00	493
中国初等数学研究　2016 卷(第 7 辑)	2016－04	68.00	609
中国初等数学研究　2017 卷(第 8 辑)	2017－01	98.00	712
初等数学研究在中国.第 1 辑	2019－03	158.00	1024
初等数学研究在中国.第 2 辑	2019－10	158.00	1116
几何变换(Ⅰ)	2014－07	28.00	353
几何变换(Ⅱ)	2015－06	28.00	354
几何变换(Ⅲ)	2015－01	38.00	355
几何变换(Ⅳ)	2015－12	38.00	356
初等数论难题集(第一卷)	2009－05	68.00	44
初等数论难题集(第二卷)(上、下)	2011－02	128.00	82,83
数论概貌	2011－03	18.00	93
代数数论(第二版)	2013－08	58.00	94
代数多项式	2014－06	38.00	289
初等数论的知识与问题	2011－02	28.00	95
超越数论基础	2011－03	28.00	96
数论初等教程	2011－03	28.00	97
数论基础	2011－03	18.00	98
数论基础与维诺格拉多夫	2014－03	18.00	292
解析数论基础	2012－08	28.00	216
解析数论基础(第二版)	2014－01	48.00	287
解析数论问题集(第二版)(原版引进)	2014－05	88.00	343
解析数论问题集(第二版)(中译本)	2016－04	88.00	607
解析数论基础(潘承洞,潘承彪著)	2016－07	98.00	673
解析数论导引	2016－07	58.00	674
数论入门	2011－03	38.00	99
代数数论入门	2015－03	38.00	448
数论开篇	2012－07	28.00	194
解析数论引论	2011－03	48.00	100
Barban Davenport Halberstam 均值和	2009－01	40.00	33
基础数论	2011－03	28.00	101
初等数论 100 例	2011－05	18.00	122
初等数论经典例题	2012－07	18.00	204
最新世界各国数学奥林匹克中的初等数论试题(上、下)	2012－01	138.00	144,145
初等数论(Ⅰ)	2012－01	18.00	156
初等数论(Ⅱ)	2012－01	18.00	157
初等数论(Ⅲ)	2012－01	28.00	158

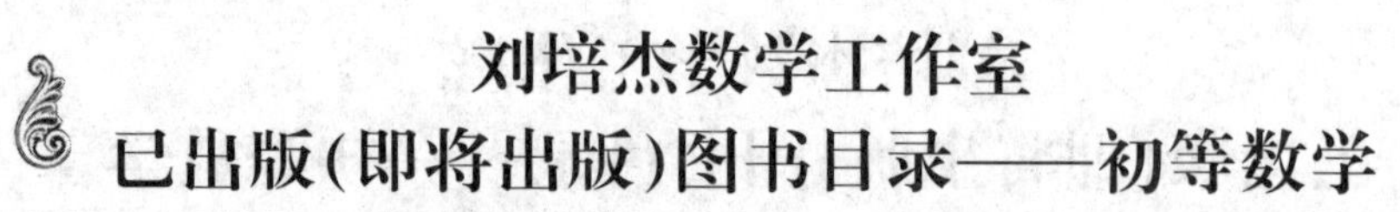

刘培杰数学工作室
已出版(即将出版)图书目录——初等数学

书　　名	出版时间	定　价	编号
平面几何与数论中未解决的新老问题	2013－01	68.00	229
代数数论简史	2014－11	28.00	408
代数数论	2015－09	88.00	532
代数、数论及分析习题集	2016－11	98.00	695
数论导引提要及习题解答	2016－01	48.00	559
素数定理的初等证明.第2版	2016－09	48.00	686
数论中的模函数与狄利克雷级数(第二版)	2017－11	78.00	837
数论:数学导引	2018－01	68.00	849
范氏大代数	2019－02	98.00	1016
解析数学讲义.第一卷,导来式及微分、积分、级数	2019－04	88.00	1021
解析数学讲义.第二卷,关于几何的应用	2019－04	68.00	1022
解析数学讲义.第三卷,解析函数论	2019－04	78.00	1023
分析·组合·数论纵横谈	2019－04	58.00	1039
Hall代数:民国时期的中学数学课本:英文	2019－08	88.00	1106
数学精神巡礼	2019－01	58.00	731
数学眼光透视(第2版)	2017－06	78.00	732
数学思想领悟(第2版)	2018－01	68.00	733
数学方法溯源(第2版)	2018－08	68.00	734
数学解题引论	2017－05	58.00	735
数学史话览胜(第2版)	2017－01	48.00	736
数学应用展观(第2版)	2017－08	68.00	737
数学建模尝试	2018－04	48.00	738
数学竞赛采风	2018－01	68.00	739
数学测评探营	2019－05	58.00	740
数学技能操握	2018－03	48.00	741
数学欣赏拾趣	2018－02	48.00	742
从毕达哥拉斯到怀尔斯	2007－10	48.00	9
从迪利克雷到维斯卡尔迪	2008－01	48.00	21
从哥德巴赫到陈景润	2008－05	98.00	35
从庞加莱到佩雷尔曼	2011－08	138.00	136
博弈论精粹	2008－03	58.00	30
博弈论精粹.第二版(精装)	2015－01	88.00	461
数学 我爱你	2008－01	28.00	20
精神的圣徒　别样的人生——60位中国数学家成长的历程	2008－09	48.00	39
数学史概论	2009－06	78.00	50
数学史概论(精装)	2013－03	158.00	272
数学史选讲	2016－01	48.00	544
斐波那契数列	2010－02	28.00	65
数学拼盘和斐波那契魔方	2010－07	38.00	72
斐波那契数列欣赏(第2版)	2018－08	58.00	948
Fibonacci数列中的明珠	2018－06	58.00	928
数学的创造	2011－02	48.00	85
数学美与创造力	2016－01	48.00	595
数海拾贝	2016－01	48.00	590
数学中的美(第2版)	2019－04	68.00	1057
数论中的美学	2014－12	38.00	351

刘培杰数学工作室
已出版(即将出版)图书目录——初等数学

书　　名	出版时间	定　价	编号
数学王者　科学巨人——高斯	2015-01	28.00	428
振兴祖国数学的圆梦之旅:中国初等数学研究史话	2015-06	98.00	490
二十世纪中国数学史料研究	2015-10	48.00	536
数字谜、数阵图与棋盘覆盖	2016-01	58.00	298
时间的形状	2016-01	38.00	556
数学发现的艺术:数学探索中的合情推理	2016-07	58.00	671
活跃在数学中的参数	2016-07	48.00	675
数学解题——靠数学思想给力(上)	2011-07	38.00	131
数学解题——靠数学思想给力(中)	2011-07	48.00	132
数学解题——靠数学思想给力(下)	2011-07	38.00	133
我怎样解题	2013-01	48.00	227
数学解题中的物理方法	2011-06	28.00	114
数学解题的特殊方法	2011-06	48.00	115
中学数学计算技巧	2012-01	48.00	116
中学数学证明方法	2012-01	58.00	117
数学趣题巧解	2012-03	28.00	128
高中数学教学通鉴	2015-05	58.00	479
和高中生漫谈:数学与哲学的故事	2014-08	28.00	369
算术问题集	2017-03	38.00	789
张教授讲数学	2018-07	38.00	933
陈永明实话实说数学教学	2020-04	68.00	1132
中学数学学科知识与教学能力	2020-06	58.00	1155
自主招生考试中的参数方程问题	2015-01	28.00	435
自主招生考试中的极坐标问题	2015-04	28.00	463
近年全国重点大学自主招生数学试题全解及研究.华约卷	2015-02	38.00	441
近年全国重点大学自主招生数学试题全解及研究.北约卷	2016-05	38.00	619
自主招生数学解证宝典	2015-09	48.00	535
格点和面积	2012-07	18.00	191
射影几何趣谈	2012-04	28.00	175
斯潘纳尔引理——从一道加拿大数学奥林匹克试题谈起	2014-01	28.00	228
李普希兹条件——从几道近年高考数学试题谈起	2012-10	18.00	221
拉格朗日中值定理——从一道北京高考试题的解法谈起	2015-10	18.00	197
闵科夫斯基定理——从一道清华大学自主招生试题谈起	2014-01	28.00	198
哈尔测度——从一道冬令营试题的背景谈起	2012-08	28.00	202
切比雪夫逼近问题——从一道中国台北数学奥林匹克试题谈起	2013-04	38.00	238
伯恩斯坦多项式与贝齐尔曲面——从一道全国高中数学联赛试题谈起	2013-03	38.00	236
卡塔兰猜想——从一道普特南竞赛试题谈起	2013-06	18.00	256
麦卡锡函数和阿克曼函数——从一道前南斯拉夫数学奥林匹克试题谈起	2012-08	18.00	201
贝蒂定理与拉姆贝克莫斯尔定理——从一个拣石子游戏谈起	2012-08	18.00	217
皮亚诺曲线和豪斯道夫分球定理——从无限集谈起	2012-08	18.00	211
平面凸图形与凸多面体	2012-10	28.00	218
斯坦因豪斯问题——从一道二十五省市自治区中学数学竞赛试题谈起	2012-07	18.00	196

刘培杰数学工作室
已出版(即将出版)图书目录——初等数学

书　　名	出版时间	定　价	编号
纽结理论中的亚历山大多项式与琼斯多项式——从一道北京市高一数学竞赛试题谈起	2012－07	28.00	195
原则与策略——从波利亚"解题表"谈起	2013－04	38.00	244
转化与化归——从三大尺规作图不能问题谈起	2012－08	28.00	214
代数几何中的贝祖定理(第一版)——从一道 IMO 试题的解法谈起	2013－08	18.00	193
成功连贯理论与约当块理论——从一道比利时数学竞赛试题谈起	2012－04	18.00	180
素数判定与大数分解	2014－08	18.00	199
置换多项式及其应用	2012－10	18.00	220
椭圆函数与模函数——从一道美国加州大学洛杉矶分校(UCLA)博士资格考题谈起	2012－10	28.00	219
差分方程的拉格朗日方法——从一道 2011 年全国高考理科试题的解法谈起	2012－08	28.00	200
力学在几何中的一些应用	2013－01	38.00	240
从根式解到伽罗华理论	2020－01	48.00	1121
康托洛维奇不等式——从一道全国高中联赛试题谈起	2013－03	28.00	337
西格尔引理——从一道第 18 届 IMO 试题的解法谈起	即将出版		
罗斯定理——从一道前苏联数学竞赛试题谈起	即将出版		
拉克斯定理和阿廷定理——从一道 IMO 试题的解法谈起	2014－01	58.00	246
毕卡大定理——从一道美国大学数学竞赛试题谈起	2014－07	18.00	350
贝齐尔曲线——从一道全国高中联赛试题谈起	即将出版		
拉格朗日乘子定理——从一道 2005 年全国高中联赛试题的高等数学解法谈起	2015－05	28.00	480
雅可比定理——从一道日本数学奥林匹克试题谈起	2013－04	48.00	249
李天岩一约克定理——从一道波兰数学竞赛试题谈起	2014－06	28.00	349
整系数多项式因式分解的一般方法——从克朗耐克算法谈起	即将出版		
布劳维不动点定理——从一道前苏联数学奥林匹克试题谈起	2014－01	38.00	273
伯恩赛德定理——从一道英国数学奥林匹克试题谈起	即将出版		
布查特一莫斯特定理——从一道上海市初中竞赛试题谈起	即将出版		
数论中的同余数问题——从一道普特南竞赛试题谈起	即将出版		
范·德蒙行列式——从一道美国数学奥林匹克试题谈起	即将出版		
中国剩余定理:总数法构建中国历史年表	2015－01	28.00	430
牛顿程序与方程求根——从一道全国高考试题解法谈起	即将出版		
库默尔定理——从一道 IMO 预选试题谈起	即将出版		
卢丁定理——从一道冬令营试题的解法谈起	即将出版		
沃斯滕霍姆定理——从一道 IMO 预选试题谈起	即将出版		
卡尔松不等式——从一道莫斯科数学奥林匹克试题谈起	即将出版		
信息论中的香农熵——从一道近年高考压轴题谈起	即将出版		
约当不等式——从一道希望杯竞赛试题谈起	即将出版		
拉比诺维奇定理	即将出版		
刘维尔定理——从一道《美国数学月刊》征解问题的解法谈起	即将出版		
卡塔兰恒等式与级数求和——从一道 IMO 试题的解法谈起	即将出版		
勒让德猜想与素数分布——从一道爱尔兰竞赛试题谈起	即将出版		
天平称重与信息论——从一道基辅市数学奥林匹克试题谈起	即将出版		
哈密尔顿一凯莱定理:从一道高中数学联赛试题的解法谈起	2014－09	18.00	376
艾思特曼定理——从一道 CMO 试题的解法谈起	即将出版		

刘培杰数学工作室

已出版(即将出版)图书目录——初等数学

书　　名	出版时间	定　价	编号
阿贝尔恒等式与经典不等式及应用	2018－06	98.00	923
迪利克雷除数问题	2018－07	48.00	930
幻方、幻立方与拉丁方	2019－08	48.00	1092
帕斯卡三角形	2014－03	18.00	294
蒲丰投针问题——从 2009 年清华大学的一道自主招生试题谈起	2014－01	38.00	295
斯图姆定理——从一道“华约”自主招生试题的解法谈起	2014－01	18.00	296
许瓦兹引理——从一道加利福尼亚大学伯克利分校数学系博士生试题谈起	2014－08	18.00	297
拉姆塞定理——从王诗宬院士的一个问题谈起	2016－04	48.00	299
坐标法	2013－12	28.00	332
数论三角形	2014－04	38.00	341
毕克定理	2014－07	18.00	352
数林掠影	2014－09	48.00	389
我们周围的概率	2014－10	38.00	390
凸函数最值定理:从一道华约自主招生题的解法谈起	2014－10	28.00	391
易学与数学奥林匹克	2014－10	38.00	392
生物数学趣谈	2015－01	18.00	409
反演	2015－01	28.00	420
因式分解与圆锥曲线	2015－01	18.00	426
轨迹	2015－01	28.00	427
面积原理:从常庚哲命的一道 CMO 试题的积分解法谈起	2015－01	48.00	431
形形色色的不动点定理:从一道 28 届 IMO 试题谈起	2015－01	38.00	439
柯西函数方程:从一道上海交大自主招生的试题谈起	2015－02	28.00	440
三角恒等式	2015－02	28.00	442
无理性判定:从一道 2014 年“北约”自主招生试题谈起	2015－01	38.00	443
数学归纳法	2015－03	18.00	451
极端原理与解题	2015－04	28.00	464
法雷级数	2014－08	18.00	367
摆线族	2015－01	38.00	438
函数方程及其解法	2015－05	38.00	470
含参数的方程和不等式	2012－09	28.00	213
希尔伯特第十问题	2016－01	38.00	543
无穷小量的求和	2016－01	28.00	545
切比雪夫多项式:从一道清华大学金秋营试题谈起	2016－01	38.00	583
泽肯多夫定理	2016－03	38.00	599
代数等式证题法	2016－01	28.00	600
三角等式证题法	2016－01	28.00	601
吴大任教授藏书中的一个因式分解公式:从一道美国数学邀请赛试题的解法谈起	2016－06	28.00	656
易卦——类万物的数学模型	2017－08	68.00	838
“不可思议”的数与数系可持续发展	2018－01	38.00	878
最短线	2018－01	38.00	879
幻方和魔方(第一卷)	2012－05	68.00	173
尘封的经典——初等数学经典文献选读(第一卷)	2012－07	48.00	205
尘封的经典——初等数学经典文献选读(第二卷)	2012－07	38.00	206
初级方程式论	2011－03	28.00	106
初等数学研究(Ⅰ)	2008－09	68.00	37
初等数学研究(Ⅱ)(上、下)	2009－05	118.00	46,47

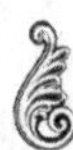

刘培杰数学工作室
已出版(即将出版)图书目录——初等数学

书　　名	出版时间	定　价	编号
趣味初等方程妙题集锦	2014－09	48.00	388
趣味初等数论选美与欣赏	2015－02	48.00	445
耕读笔记(上卷):一位农民数学爱好者的初数探索	2015－04	28.00	459
耕读笔记(中卷):一位农民数学爱好者的初数探索	2015－05	28.00	483
耕读笔记(下卷):一位农民数学爱好者的初数探索	2015－05	28.00	484
几何不等式研究与欣赏.上卷	2016－01	88.00	547
几何不等式研究与欣赏.下卷	2016－01	48.00	552
初等数列研究与欣赏・上	2016－01	48.00	570
初等数列研究与欣赏・下	2016－01	48.00	571
趣味初等函数研究与欣赏.上	2016－09	48.00	684
趣味初等函数研究与欣赏.下	2018－09	48.00	685
火柴游戏	2016－05	38.00	612
智力解谜.第1卷	2017－07	38.00	613
智力解谜.第2卷	2017－07	38.00	614
故事智力	2016－07	48.00	615
名人们喜欢的智力问题	2020－01	48.00	616
数学大师的发现、创造与失误	2018－01	48.00	617
异曲同工	2018－09	48.00	618
数学的味道	2018－01	58.00	798
数学千字文	2018－10	68.00	977
数贝偶拾——高考数学题研究	2014－04	28.00	274
数贝偶拾——初等数学研究	2014－04	38.00	275
数贝偶拾——奥数题研究	2014－04	48.00	276
钱昌本教你快乐学数学(上)	2011－12	48.00	155
钱昌本教你快乐学数学(下)	2012－03	58.00	171
集合、函数与方程	2014－01	28.00	300
数列与不等式	2014－01	38.00	301
三角与平面向量	2014－01	28.00	302
平面解析几何	2014－01	38.00	303
立体几何与组合	2014－01	28.00	304
极限与导数、数学归纳法	2014－01	38.00	305
趣味数学	2014－03	28.00	306
教材教法	2014－04	68.00	307
自主招生	2014－05	58.00	308
高考压轴题(上)	2015－01	48.00	309
高考压轴题(下)	2014－10	68.00	310
从费马到怀尔斯——费马大定理的历史	2013－10	198.00	Ⅰ
从庞加莱到佩雷尔曼——庞加莱猜想的历史	2013－10	298.00	Ⅱ
从切比雪夫到爱尔特希(上)——素数定理的初等证明	2013－07	48.00	Ⅲ
从切比雪夫到爱尔特希(下)——素数定理100年	2012－12	98.00	Ⅲ
从高斯到盖尔方特——二次域的高斯猜想	2013－10	198.00	Ⅳ
从库默尔到朗兰兹——朗兰兹猜想的历史	2014－01	98.00	Ⅴ
从比勃巴赫到德布朗斯——比勃巴赫猜想的历史	2014－02	298.00	Ⅵ
从麦比乌斯到陈省身——麦比乌斯变换与麦比乌斯带	2014－02	298.00	Ⅶ
从布尔到豪斯道夫——布尔方程与格论漫谈	2013－10	198.00	Ⅷ
从开普勒到阿诺德——三体问题的历史	2014－05	298.00	Ⅸ
从华林到华罗庚——华林问题的历史	2013－10	298.00	Ⅹ

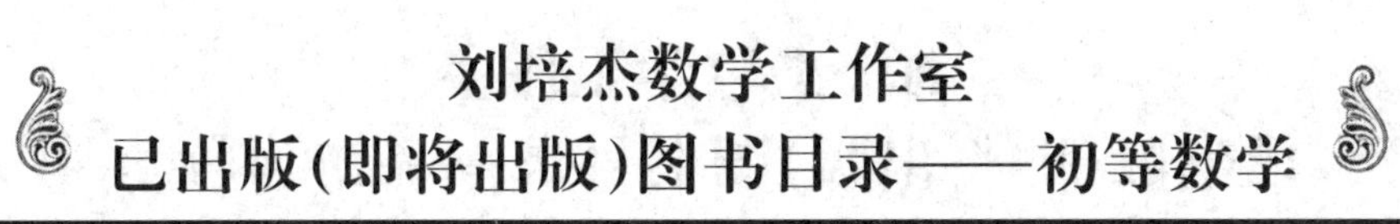

刘培杰数学工作室
已出版(即将出版)图书目录——初等数学

书　　名	出版时间	定　价	编号
美国高中数学竞赛五十讲.第1卷(英文)	2014-08	28.00	357
美国高中数学竞赛五十讲.第2卷(英文)	2014-08	28.00	358
美国高中数学竞赛五十讲.第3卷(英文)	2014-09	28.00	359
美国高中数学竞赛五十讲.第4卷(英文)	2014-09	28.00	360
美国高中数学竞赛五十讲.第5卷(英文)	2014-10	28.00	361
美国高中数学竞赛五十讲.第6卷(英文)	2014-11	28.00	362
美国高中数学竞赛五十讲.第7卷(英文)	2014-12	28.00	363
美国高中数学竞赛五十讲.第8卷(英文)	2015-01	28.00	364
美国高中数学竞赛五十讲.第9卷(英文)	2015-01	28.00	365
美国高中数学竞赛五十讲.第10卷(英文)	2015-02	38.00	366

书　　名	出版时间	定　价	编号
三角函数(第2版)	2017-04	38.00	626
不等式	2014-01	38.00	312
数列	2014-01	38.00	313
方程(第2版)	2017-04	38.00	624
排列和组合	2014-01	28.00	315
极限与导数(第2版)	2016-04	38.00	635
向量(第2版)	2018-08	58.00	627
复数及其应用	2014-08	28.00	318
函数	2014-01	38.00	319
集合	2020-01	48.00	320
直线与平面	2014-01	28.00	321
立体几何(第2版)	2016-04	38.00	629
解三角形	即将出版		323
直线与圆(第2版)	2016-11	38.00	631
圆锥曲线(第2版)	2016-09	48.00	632
解题通法(一)	2014-07	38.00	326
解题通法(二)	2014-07	38.00	327
解题通法(三)	2014-05	38.00	328
概率与统计	2014-01	28.00	329
信息迁移与算法	即将出版		330

书　　名	出版时间	定　价	编号
IMO 50年.第1卷(1959-1963)	2014-11	28.00	377
IMO 50年.第2卷(1964-1968)	2014-11	28.00	378
IMO 50年.第3卷(1969-1973)	2014-09	28.00	379
IMO 50年.第4卷(1974-1978)	2016-04	38.00	380
IMO 50年.第5卷(1979-1984)	2015-04	38.00	381
IMO 50年.第6卷(1985-1989)	2015-04	58.00	382
IMO 50年.第7卷(1990-1994)	2016-01	48.00	383
IMO 50年.第8卷(1995-1999)	2016-06	38.00	384
IMO 50年.第9卷(2000-2004)	2015-04	58.00	385
IMO 50年.第10卷(2005-2009)	2016-01	48.00	386
IMO 50年.第11卷(2010-2015)	2017-03	48.00	646

刘培杰数学工作室
已出版(即将出版)图书目录——初等数学

书　　名	出版时间	定　价	编号
数学反思(2006—2007)	即将出版		915
数学反思(2008—2009)	2019—01	68.00	917
数学反思(2010—2011)	2018—05	58.00	916
数学反思(2012—2013)	2019—01	58.00	918
数学反思(2014—2015)	2019—03	78.00	919
历届美国大学生数学竞赛试题集.第一卷(1938—1949)	2015—01	28.00	397
历届美国大学生数学竞赛试题集.第二卷(1950—1959)	2015—01	28.00	398
历届美国大学生数学竞赛试题集.第三卷(1960—1969)	2015—01	28.00	399
历届美国大学生数学竞赛试题集.第四卷(1970—1979)	2015—01	18.00	400
历届美国大学生数学竞赛试题集.第五卷(1980—1989)	2015—01	28.00	401
历届美国大学生数学竞赛试题集.第六卷(1990—1999)	2015—01	28.00	402
历届美国大学生数学竞赛试题集.第七卷(2000—2009)	2015—08	18.00	403
历届美国大学生数学竞赛试题集.第八卷(2010—2012)	2015—01	18.00	404
新课标高考数学创新题解题诀窍:总论	2014—09	28.00	372
新课标高考数学创新题解题诀窍:必修1～5分册	2014—08	38.00	373
新课标高考数学创新题解题诀窍:选修2－1,2－2,1－1,1－2分册	2014—09	38.00	374
新课标高考数学创新题解题诀窍:选修2－3,4－4,4－5分册	2014—09	18.00	375
全国重点大学自主招生英文数学试题全攻略:词汇卷	2015—07	48.00	410
全国重点大学自主招生英文数学试题全攻略:概念卷	2015—01	28.00	411
全国重点大学自主招生英文数学试题全攻略:文章选读卷(上)	2016—09	38.00	412
全国重点大学自主招生英文数学试题全攻略:文章选读卷(下)	2017—01	58.00	413
全国重点大学自主招生英文数学试题全攻略:试题卷	2015—07	38.00	414
全国重点大学自主招生英文数学试题全攻略:名著欣赏卷	2017—03	48.00	415
劳埃德数学趣题大全.题目卷.1:英文	2016—01	18.00	516
劳埃德数学趣题大全.题目卷.2:英文	2016—01	18.00	517
劳埃德数学趣题大全.题目卷.3:英文	2016—01	18.00	518
劳埃德数学趣题大全.题目卷.4:英文	2016—01	18.00	519
劳埃德数学趣题大全.题目卷.5:英文	2016—01	18.00	520
劳埃德数学趣题大全.答案卷:英文	2016—01	18.00	521
李成章教练奥数笔记.第1卷	2016—01	48.00	522
李成章教练奥数笔记.第2卷	2016—01	48.00	523
李成章教练奥数笔记.第3卷	2016—01	38.00	524
李成章教练奥数笔记.第4卷	2016—01	38.00	525
李成章教练奥数笔记.第5卷	2016—01	38.00	526
李成章教练奥数笔记.第6卷	2016—01	38.00	527
李成章教练奥数笔记.第7卷	2016—01	38.00	528
李成章教练奥数笔记.第8卷	2016—01	48.00	529
李成章教练奥数笔记.第9卷	2016—01	28.00	530

刘培杰数学工作室
已出版(即将出版)图书目录——初等数学

书　　名	出版时间	定　价	编号
第19～23届"希望杯"全国数学邀请赛试题审题要津详细评注(初一版)	2014－03	28.00	333
第19～23届"希望杯"全国数学邀请赛试题审题要津详细评注(初二、初三版)	2014－03	38.00	334
第19～23届"希望杯"全国数学邀请赛试题审题要津详细评注(高一版)	2014－03	28.00	335
第19～23届"希望杯"全国数学邀请赛试题审题要津详细评注(高二版)	2014－03	38.00	336
第19～25届"希望杯"全国数学邀请赛试题审题要津详细评注(初一版)	2015－01	38.00	416
第19～25届"希望杯"全国数学邀请赛试题审题要津详细评注(初二、初三版)	2015－01	58.00	417
第19～25届"希望杯"全国数学邀请赛试题审题要津详细评注(高一版)	2015－01	48.00	418
第19～25届"希望杯"全国数学邀请赛试题审题要津详细评注(高二版)	2015－01	48.00	419
物理奥林匹克竞赛大题典——力学卷	2014－11	48.00	405
物理奥林匹克竞赛大题典——热学卷	2014－04	28.00	339
物理奥林匹克竞赛大题典——电磁学卷	2015－07	48.00	406
物理奥林匹克竞赛大题典——光学与近代物理卷	2014－06	28.00	345
历届中国东南地区数学奥林匹克试题集(2004～2012)	2014－06	18.00	346
历届中国西部地区数学奥林匹克试题集(2001～2012)	2014－07	18.00	347
历届中国女子数学奥林匹克试题集(2002～2012)	2014－08	18.00	348
数学奥林匹克在中国	2014－06	98.00	344
数学奥林匹克问题集	2014－01	38.00	267
数学奥林匹克不等式散论	2010－06	38.00	124
数学奥林匹克不等式欣赏	2011－09	38.00	138
数学奥林匹克超级题库(初中卷上)	2010－01	58.00	66
数学奥林匹克不等式证明方法和技巧(上、下)	2011－08	158.00	134,135
他们学什么:原民主德国中学数学课本	2016－09	38.00	658
他们学什么:英国中学数学课本	2016－09	38.00	659
他们学什么:法国中学数学课本.1	2016－09	38.00	660
他们学什么:法国中学数学课本.2	2016－09	28.00	661
他们学什么:法国中学数学课本.3	2016－09	38.00	662
他们学什么:苏联中学数学课本	2016－09	28.00	679
高中数学题典——集合与简易逻辑・函数	2016－07	48.00	647
高中数学题典——导数	2016－07	48.00	648
高中数学题典——三角函数・平面向量	2016－07	48.00	649
高中数学题典——数列	2016－07	58.00	650
高中数学题典——不等式・推理与证明	2016－07	38.00	651
高中数学题典——立体几何	2016－07	48.00	652
高中数学题典——平面解析几何	2016－07	78.00	653
高中数学题典——计数原理・统计・概率・复数	2016－07	48.00	654
高中数学题典——算法・平面几何・初等数论・组合数学・其他	2016－07	68.00	655

刘培杰数学工作室
已出版(即将出版)图书目录——初等数学

书　　名	出版时间	定　价	编号
台湾地区奥林匹克数学竞赛试题.小学一年级	2017—03	38.00	722
台湾地区奥林匹克数学竞赛试题.小学二年级	2017—03	38.00	723
台湾地区奥林匹克数学竞赛试题.小学三年级	2017—03	38.00	724
台湾地区奥林匹克数学竞赛试题.小学四年级	2017—03	38.00	725
台湾地区奥林匹克数学竞赛试题.小学五年级	2017—03	38.00	726
台湾地区奥林匹克数学竞赛试题.小学六年级	2017—03	38.00	727
台湾地区奥林匹克数学竞赛试题.初中一年级	2017—03	38.00	728
台湾地区奥林匹克数学竞赛试题.初中二年级	2017—03	38.00	729
台湾地区奥林匹克数学竞赛试题.初中三年级	2017—03	28.00	730
不等式证题法	2017—04	28.00	747
平面几何培优教程	2019—08	88.00	748
奥数鼎级培优教程.高一分册	2018—09	88.00	749
奥数鼎级培优教程.高二分册.上	2018—04	68.00	750
奥数鼎级培优教程.高二分册.下	2018—04	68.00	751
高中数学竞赛冲刺宝典	2019—04	68.00	883
初中尖子生数学超级题典.实数	2017—07	58.00	792
初中尖子生数学超级题典.式、方程与不等式	2017—08	58.00	793
初中尖子生数学超级题典.圆、面积	2017—08	38.00	794
初中尖子生数学超级题典.函数、逻辑推理	2017—08	48.00	795
初中尖子生数学超级题典.角、线段、三角形与多边形	2017—07	58.00	796
数学王子——高斯	2018—01	48.00	858
坎坷奇星——阿贝尔	2018—01	48.00	859
闪烁奇星——伽罗瓦	2018—01	58.00	860
无穷统帅——康托尔	2018—01	48.00	861
科学公主——柯瓦列夫斯卡娅	2018—01	48.00	862
抽象代数之母——埃米·诺特	2018—01	48.00	863
电脑先驱——图灵	2018—01	58.00	864
昔日神童——维纳	2018—01	48.00	865
数坛怪侠——爱尔特希	2018—01	68.00	866
传奇数学家徐利治	2019—09	88.00	1110
当代世界中的数学.数学思想与数学基础	2019—01	38.00	892
当代世界中的数学.数学问题	2019—01	38.00	893
当代世界中的数学.应用数学与数学应用	2019—01	38.00	894
当代世界中的数学.数学王国的新疆域(一)	2019—01	38.00	895
当代世界中的数学.数学王国的新疆域(二)	2019—01	38.00	896
当代世界中的数学.数林撷英(一)	2019—01	38.00	897
当代世界中的数学.数林撷英(二)	2019—01	48.00	898
当代世界中的数学.数学之路	2019—01	38.00	899

刘培杰数学工作室
已出版(即将出版)图书目录——初等数学

书名	出版时间	定价	编号
105 个代数问题:来自 AwesomeMath 夏季课程	2019－02	58.00	956
106 个几何问题:来自 AwesomeMath 夏季课程	即将出版		957
107 个几何问题:来自 AwesomeMath 全年课程	2020－07	58.00	958
108 个代数问题:来自 AwesomeMath 全年课程	2019－01	68.00	959
109 个不等式:来自 AwesomeMath 夏季课程	2019－04	58.00	960
国际数学奥林匹克中的 110 个几何问题	即将出版		961
111 个代数和数论问题	2019－05	58.00	962
112 个组合问题:来自 AwesomeMath 夏季课程	2019－05	58.00	963
113 个几何不等式:来自 AwesomeMath 夏季课程	即将出版		964
114 个指数和对数问题:来自 AwesomeMath 夏季课程	2019－09	48.00	965
115 个三角问题:来自 AwesomeMath 夏季课程	2019－09	58.00	966
116 个代数不等式:来自 AwesomeMath 全年课程	2019－04	58.00	967
紫色彗星国际数学竞赛试题	2019－02	58.00	999
数学竞赛中的数学:为数学爱好者、父母、教师和教练准备的丰富资源.第一部	2020－04	58.00	1141
数学竞赛中的数学:为数学爱好者、父母、教师和教练准备的丰富资源.第二部	2020－07	48.00	1142
澳大利亚中学数学竞赛试题及解答(初级卷)1978～1984	2019－02	28.00	1002
澳大利亚中学数学竞赛试题及解答(初级卷)1985～1991	2019－02	28.00	1003
澳大利亚中学数学竞赛试题及解答(初级卷)1992～1998	2019－02	28.00	1004
澳大利亚中学数学竞赛试题及解答(初级卷)1999～2005	2019－02	28.00	1005
澳大利亚中学数学竞赛试题及解答(中级卷)1978～1984	2019－03	28.00	1006
澳大利亚中学数学竞赛试题及解答(中级卷)1985～1991	2019－03	28.00	1007
澳大利亚中学数学竞赛试题及解答(中级卷)1992～1998	2019－03	28.00	1008
澳大利亚中学数学竞赛试题及解答(中级卷)1999～2005	2019－03	28.00	1009
澳大利亚中学数学竞赛试题及解答(高级卷)1978～1984	2019－05	28.00	1010
澳大利亚中学数学竞赛试题及解答(高级卷)1985～1991	2019－05	28.00	1011
澳大利亚中学数学竞赛试题及解答(高级卷)1992～1998	2019－05	28.00	1012
澳大利亚中学数学竞赛试题及解答(高级卷)1999～2005	2019－05	28.00	1013
天才中小学生智力测验题.第一卷	2019－03	38.00	1026
天才中小学生智力测验题.第二卷	2019－03	38.00	1027
天才中小学生智力测验题.第三卷	2019－03	38.00	1028
天才中小学生智力测验题.第四卷	2019－03	38.00	1029
天才中小学生智力测验题.第五卷	2019－03	38.00	1030
天才中小学生智力测验题.第六卷	2019－03	38.00	1031
天才中小学生智力测验题.第七卷	2019－03	38.00	1032
天才中小学生智力测验题.第八卷	2019－03	38.00	1033
天才中小学生智力测验题.第九卷	2019－03	38.00	1034
天才中小学生智力测验题.第十卷	2019－03	38.00	1035
天才中小学生智力测验题.第十一卷	2019－03	38.00	1036
天才中小学生智力测验题.第十二卷	2019－03	38.00	1037
天才中小学生智力测验题.第十三卷	2019－03	38.00	1038

刘培杰数学工作室
已出版(即将出版)图书目录——初等数学

书　　名	出版时间	定　价	编号
重点大学自主招生数学备考全书:函数	2020－05	48.00	1047
重点大学自主招生数学备考全书:导数	2020－08	48.00	1048
重点大学自主招生数学备考全书:数列与不等式	2019－10	78.00	1049
重点大学自主招生数学备考全书:三角函数与平面向量	即将出版		1050
重点大学自主招生数学备考全书:平面解析几何	2020－07	58.00	1051
重点大学自主招生数学备考全书:立体几何与平面几何	2019－08	48.00	1052
重点大学自主招生数学备考全书:排列组合・概率统计・复数	2019－09	48.00	1053
重点大学自主招生数学备考全书:初等数论与组合数学	2019－08	48.00	1054
重点大学自主招生数学备考全书:重点大学自主招生真题.上	2019－04	68.00	1055
重点大学自主招生数学备考全书:重点大学自主招生真题.下	2019－04	58.00	1056

书　　名	出版时间	定　价	编号
高中数学竞赛培训教程:平面几何问题的求解方法与策略.上	2018－05	68.00	906
高中数学竞赛培训教程:平面几何问题的求解方法与策略.下	2018－06	78.00	907
高中数学竞赛培训教程:整除与同余以及不定方程	2018－01	88.00	908
高中数学竞赛培训教程:组合计数与组合极值	2018－04	48.00	909
高中数学竞赛培训教程:初等代数	2019－04	78.00	1042
高中数学讲座:数学竞赛基础教程(第一册)	2019－06	48.00	1094
高中数学讲座:数学竞赛基础教程(第二册)	即将出版		1095
高中数学讲座:数学竞赛基础教程(第三册)	即将出版		1096
高中数学讲座:数学竞赛基础教程(第四册)	即将出版		1097

联系地址:哈尔滨市南岗区复华四道街10号　哈尔滨工业大学出版社刘培杰数学工作室
网　　址:http://lpj.hit.edu.cn/
邮　　编:150006
联系电话:0451－86281378　　13904613167
E-mail:lpj1378@163.com